国家卫生和计划生育委员会"十二五"规划教材
全国高等医药教材建设研究会"十二五"规划教材
全国高等学校制药工程、药物制剂专业规划教材
供制药工程专业用

制药工程导论

主　编　宋　航

副主编　章亚东　武法文　贡济宇

编　者（以姓氏笔画为序）

付廷明（南京中医药大学）

贡济宇（长春中医药大学）

宋　航（四川大学化学工程学院）

陈国良（沈阳药科大学）

武法文（中国药科大学）

承　强（四川大学化学工程学院）

郭　强（牡丹江医学院）

章亚东（郑州大学化工与能源学院）

人民卫生出版社
PEOPLE'S MEDICAL PUBLISHING HOUSE

图书在版编目（CIP）数据

制药工程导论 / 宋航主编 . —北京：人民卫生出版社，2014

ISBN 978-7-117-18485-4

Ⅰ. ①制…　Ⅱ. ①宋…　Ⅲ. ①制药工业 – 化学工程 – 高等学校 – 教材　Ⅳ. ①TQ46

中国版本图书馆 CIP 数据核字（2014）第 030792 号

| 人卫社官网 | www.pmph.com | 出版物查询，在线购书 |
| 人卫医学网 | www.ipmph.com | 医学考试辅导，医学数据库服务，医学教育资源，大众健康资讯 |

制药工程导论

主　　编：宋　航
出版发行：人民卫生出版社（中继线 010-59780011）
地　　址：北京市朝阳区潘家园南里 19 号
邮　　编：100021
E - mail：pmph @ pmph.com
购书热线：010-59787592　010-59787584　010-65264830
印　　刷：北京盛通印刷股份有限公司
经　　销：新华书店
开　　本：787×1092　1/16　印张：15
字　　数：374 千字
版　　次：2014 年 4 月第 1 版　2024 年 6 月第 1 版第 11 次印刷
标准书号：ISBN 978-7-117-18485-4/R · 18486
定　　价：28.00 元
打击盗版举报电话：010-59787491　E-mail：WQ @ pmph.com
（凡属印装质量问题请与本社市场营销中心联系退换）

出 版 说 明

　　《国家中长期教育改革和发展规划纲要(2010-2020年)》和《国家中长期人才发展规划纲要(2010-2020年)》中强调要培养造就一大批创新能力强、适应经济社会发展需要的高质量各类型工程技术人才,为国家走新型工业化发展道路、建设创新型国家和人才强国战略服务。制药工程、药物制剂专业正是以培养高级工程化和复合型人才为目标,分别于1998年、1987年列入《普通高等学校本科专业目录》,但一直以来都没有专门针对这两个专业本科层次的全国规划性教材。为顺应我国高等教育教学改革与发展的趋势,紧紧围绕专业教学和人才培养目标的要求,做好教材建设工作,更好地满足教学的需要,我社于2011年即开始对这两个专业本科层次的办学情况进行了全面系统的调研工作。在广泛调研和充分论证的基础上,全国高等医药教材建设研究会、人民卫生出版社于2013年1月正式启动了全国高等学校制药工程、药物制剂专业国家卫生和计划生育委员会"十二五"规划教材的组织编写与出版工作。

　　本套教材主要涵盖了制药工程、药物制剂专业所需的基础课程和专业课程,特别是与药学专业教学要求差别较大的核心课程,共计17种(详见附录)。

　　作为全国首套制药工程、药物制剂专业本科层次的全国规划性教材,具有如下特点:

　　一、立足培养目标,体现鲜明专业特色

　　本套教材定位于普通高等学校制药工程专业、药物制剂专业,既确保学生掌握基本理论、基本知识和基本技能,满足本科教学的基本要求,同时又突出专业特色,区别于本科药学专业教材,紧紧围绕专业培养目标,以制药技术和工程应用为背景,通过理论与实践相结合,创建具有鲜明专业特色的本科教材,满足高级科学技术人才和高级工程技术人才培养的需求。

　　二、对接课程体系,构建合理教材体系

　　本套教材秉承"精化基础理论、优化专业知识、强化实践能力、深化素质教育、突出专业特色"的原则,构建合理的教材体系。对于制药工程专业,注重体现具有药物特色的工程技术性要求,将药物和工程两方面有机结合、相互渗透、交叉融合;对于药物制剂专业,则强调不单纯以学科型为主,兼顾能力的培养和社会的需要。

　　三、顺应岗位需求,精心设计教材内容

　　本套教材的主体框架的制定以技术应用为主线,以"应用"为主旨甄选教材内容,注重学生实践技能的培养,不过分追求知识的"新"与"深"。同时,对于适用于不同专业的同一课程的教材,既突出专业共性,又根据具体专业的教学目标确定内容深浅度和侧重点;对于适用于同一专业的相关教材,既避免重要知识点的遗漏,又去掉了不必要的交叉重复。

四、注重案例引入,理论密切联系实践

本套教材特别强调对于实际案例的运用,通过从药品科研、生产、流通、应用等各环节引入的实际案例,活化基础理论,使教材编写更贴近现实,将理论知识与岗位实践有机结合。既有用实际案例引出相关知识点的介绍,把解决实际问题的过程凝练至理性的维度,使学生对于理论知识的掌握从感性到理性;也有在介绍理论知识后用典型案例进行实证,使学生对于理论内容的理解不再停留在凭空想象,而源于实践。

五、优化编写团队,确保内容贴近岗位

为避免当前教材编写存在学术化倾向严重、实践环节相对薄弱、与岗位需求存在一定程度脱节的弊端,本套教材的编写团队不但有来自全国各高等学校具有丰富教学和科研经验的一线优秀教师作为编写的骨干力量,同时还吸纳了一批来自医药行业企业的具有丰富实践经验的专家参与教材的编写和审定,保障了一线工作岗位上先进技术、技能和实际案例作为教材的内容,确保教材内容贴近岗位实际。

本套教材的编写,得到了全国高等学校制药工程、药物制剂专业教材评审委员会的专家和全国各有关院校和企事业单位的骨干教师和一线专家的支持和参与,在此对有关单位和个人表示衷心的感谢!更期待通过各校的教学使用获得更多的宝贵意见,以便及时更正和修订完善。

全国高等医药教材建设研究会

人民卫生出版社

2014 年 2 月

序号	教材名称	主编	适用专业
1	药物化学 *	孙铁民	制药工程、药物制剂
2	药剂学	杨 丽	制药工程
3	药物分析	孙立新	制药工程、药物制剂
4	制药工程导论	宋 航	制药工程
5	化工制图	韩 静	制药工程、药物制剂
5-1	化工制图习题集	韩 静	制药工程、药物制剂
6	化工原理	王志祥	制药工程、药物制剂
7	制药工艺学	赵临襄 赵广荣	制药工程、药物制剂
8	制药设备与车间设计	王 沛	制药工程、药物制剂
9	制药分离工程	郭立玮	制药工程、药物制剂
10	药品生产质量管理	谢 明 杨 悦	制药工程、药物制剂
11	药物合成反应	郭 春	制药工程
12	药物制剂工程	柯 学	制药工程、药物制剂
13	药物剂型与递药系统	方 亮 龙晓英	药物制剂
14	制药辅料与药品包装	程 怡 傅超美	制药工程、药物制剂、药学
15	工业药剂学	周建平 唐 星	药物制剂
16	中药炮制工程学 *	蔡宝昌 张振凌	制药工程、药物制剂
17	中药提取工艺学	李小芳	制药工程、药物制剂

注:* 教材有配套光盘。

5

全国高等学校制药工程、药物制剂专业教材评审委员会名单

主任委员

尤启冬　中国药科大学

副主任委员

赵临襄　沈阳药科大学

蔡宝昌　南京中医药大学

委　　员（以姓氏笔画为序）

于奕峰　河北科技大学化学与制药工程学院

元英进　天津大学化工学院

方　浩　山东大学药学院

张　珩　武汉工程大学化工与制药学院

李永吉　黑龙江中医药大学

杨　帆　广东药学院

林桂涛　山东中医药大学

章亚东　郑州大学化工与能源学院

程　怡　广州中医药大学

虞心红　华东理工大学药学院

前　言

　　制药工程导论是制药工程专业学生在大学一年级接触到的第一门专业基础课,并与化工制图构成了第一学年主要的工程基础教育课程。因此,制药工程导论既要为学生进行后继工程课程的学习提供"知识地图",也应通过展示工程技术在药品生产中的应用,进而提高学生的学生兴趣,更好地了解工程与工程师的"真实情景"。

　　因此,本教材在广度上,定位于向学生介绍制药工业所需的共性科学理论体系、工程科学技术在制药工业中的应用,介绍药品生产相关的主要工程概念和工程师职业特征,以使更多的学生对药品生产的工程特点和工程与工程师活动有一个总体把握;在深度上,定位于化学工程科学技术与药品生产的融合,介绍本领域内独特的研究对象、研究方法和理论深度,通过侧重物理图景的浅显阐述,为学生后继学习"化工原理"、"制药分离工程"、"制药工艺学"、"药物制剂工程"和"制药设备与车间设计"等工程类专业课程提供必要的指南,尤其是有助于理解制药工程专业课程的整体知识构架和各个专业课程之间的联系。本书强调引入定性和定量研究方法,从而努力使学生具有进行技术和工艺创新所需的学科知识和研究能力。在教学目标上,使学生了解后继课程之间的联系与综合应用概况,并为有兴趣的学生提供进行深度自学、钻研的一定引导。

　　作为入门性的工程导论课程,本书关注"以学生为中心"的自主学习模式的养成。当然,自主学习模式也许意味着学生的知识积累可能是"跳跃"性的、归纳性的。这不同于较为习惯的知识传授模式。本书尝试通过核心知识点、能力要求的教学,形成学生自主学习的"起跳点"、"生长点",促使学生获得基本训练并在毕业后不断自学。这些知识点、生长点的合理分布,构成本书必要的知识广度;而每一个知识点、生长点内的方法介绍和案例分析等则体现本书潜在的理论深度。

　　本教材按照32~48学时进行编写,各学校可根据实际情况选讲有关内容。全书分为总论、原料药的制造及制剂生产、药品生产质量工程及系统设计、药物生产技术发展及新药研发等四大部分,内容贯穿整个药物制造的全过程。共计十一章,由宋航主编,章亚东、武法文及贡济宇任副主编。编写分工如下:第一章、第五章、第十章:宋航,第二章、第八章:承强,第三章:章亚东,第四章:付廷明,第六章:郭强,第七章:贡济宇,第九章:武法文,第十一章:陈国良。本教材为高校教师与企业专家合作完成,强调未来工程人才综合素质与能力的塑造。本书作为高等院校相关专业师生教学用书和参考书,也可供制药领域的管理和技术人员阅读参考。

　　本书在编写过程中,姚田、左涛等学生在资料收集、整理及制图等方面也作出了积极贡献。本书在编写中引用了一些文献,由于篇幅有限,仅列出其中主要的一部分,在此谨向所有著作权者表示诚挚的感谢。

编　者

2014 年 2 月

目　录

第一篇　总　论

第一章　药物与制药产业 ·· 1

第一节　药物的发现与发展 ·· 1
　一、药物发现过程 ·· 1
　二、药品的生命周期 ·· 3
第二节　制药工业的形成与发展 ·· 5
　一、制药工业的形成过程 ·· 5
　二、制药工业技术途径的发展 ·· 6
第三节　医药产业发展概况 ·· 7
　一、世界医药产业发展概况 ·· 7
　二、中国医药产业发展概况 ·· 8
　三、中国医药产业发展前景 ·· 9

第二章　工程师与制药工程 ·· 13

第一节　工程师与职业素养 ··· 13
　一、工程师的职业活动与工程师名词的起源和含义 ····························· 13
　二、工程师的执业制度 ··· 14
　三、职业素养 ··· 15
第二节　工程技术的特点与基本原理 ··· 17
　一、科学、技术、工程的特点 ·· 17
　二、工程方法的基本原理 ··· 18
第三节　制药工程 ··· 20
　一、现代制药工业的分类和主要特点 ·· 20
　二、制药工程技术的学科构成 ··· 20
　三、制药工程技术的作用及主要内容 ·· 21
第四节　工程教育 ··· 22
　一、中国工程教育概况 ··· 22

二、工程教育模式与发展 ·································· 23

三、工程教育认证与国际化 ······························ 24

四、制药工程专业教育的发展及培养要求 ················· 25

第二篇　原料药的制造及制剂生产

第三章　化学制药工业过程 ······························· 27

第一节　化学药物合成基本原理 ························· 27

一、卤化反应 ·· 28

二、硝化反应 ·· 28

三、磺化反应 ·· 28

四、重氮化反应 ······································ 29

五、氧化反应 ·· 29

六、还原反应 ·· 29

七、烃化反应 ·· 29

八、酰化反应 ·· 30

九、缩合反应 ·· 31

十、环合反应 ·· 31

第二节　化学药物合成途径设计 ························· 31

一、化学药物合成途径设计的基本原则 ················· 31

二、化学药物合成途径设计的基本策略 ················· 33

三、化学药物合成途径设计的基本方法 ················· 34

第三节　化学药物合成工艺路线的选择与评价 ············· 38

一、化学反应类型的选择 ······························ 38

二、合成工艺路线的评价原则 ························· 38

三、合成步骤和总收率 ································ 39

四、原辅材料供应 ···································· 40

五、原辅材料更换和合成步骤改变 ····················· 41

六、合成工艺设计中的需要综合考虑的相关因素及设计案例 ···· 45

第四节　化学药物合成工艺的优化 ······················· 48

一、影响制药工艺反应过程的主要因素 ················· 48

二、工艺优化的作用及基本方法 ······················· 49

三、优化路线时需综合考虑的问题 ····················· 50

第五节　绿色化学及其在化学制药领域中的应用 ··········· 52

一、绿色化学基本含义 ································ 53

二、绿色化学的基本原则 ······························ 53

三、绿色化学在化学制药领域的应用实例 ··············· 53

第六节　化学药物制造的过程研究与开发 ················· 55

一、化学药物制造的一般工业过程 ····················· 55

二、化学药物制造的工业过程开发 ····················· 56

三、化学制药反应器类型及其操作方式 ……………………………………… 59

四、反应过程放大 ……………………………………………………………… 62

第四章　中药及天然药物制药工业过程 ……………………………………… 65

第一节　概述 …………………………………………………………………… 65

一、中医药的形成与发展 ……………………………………………………… 66

二、天然药物科学的形成与发展 ……………………………………………… 69

三、中药和天然药物的发展趋势 ……………………………………………… 70

第二节　中药与天然药物原材料加工 ………………………………………… 71

一、药材质量控制与中药材生产质量管理规范（GAP）……………………… 71

二、中药炮制加工技术 ………………………………………………………… 72

第三节　中药与天然药物的提取分离和纯化过程 …………………………… 75

一、提取 ………………………………………………………………………… 76

二、精制和纯化 ………………………………………………………………… 77

三、中药与天然药物提取分离新技术 ………………………………………… 79

第五章　生物制药过程 ………………………………………………………… 84

第一节　概述 …………………………………………………………………… 84

一、生物药物及其发展简史 …………………………………………………… 84

二、生物药物的分类 …………………………………………………………… 85

第二节　微生物发酵制药 ……………………………………………………… 86

一、概述 ………………………………………………………………………… 86

二、微生物发酵制药的基本工艺及过程控制 ………………………………… 87

三、大规模发酵罐的设计与放大 ……………………………………………… 89

四、青霉素的工业化发酵技术 ………………………………………………… 89

第三节　现代生物技术制药的基本原理与工艺 ……………………………… 90

一、现代生物技术制药的技术与工程体系 …………………………………… 90

二、基因工程在现代生物技术制药中的地位和作用 ………………………… 92

三、现代生物技术制药工艺过程 ……………………………………………… 92

四、现代生物技术应用实例 …………………………………………………… 93

第四节　生物制药分离技术 …………………………………………………… 94

一、预处理和细胞破碎 ………………………………………………………… 94

二、初步分离 …………………………………………………………………… 96

三、纯化分离和成品加工 ……………………………………………………… 97

四、分离工艺放大 ……………………………………………………………… 99

五、生物分离纯化实例 ………………………………………………………… 100

第六章　制剂及其生产工艺技术 ……………………………………………… 102

第一节　概述 …………………………………………………………………… 102

一、药物剂型的用途及药效 …………………………………………………… 102

二、药物制剂的发展 ……………………………………………………………………… 103

三、药物制剂工程 …………………………………………………………………………… 104

第二节 固体制剂主要生产技术及基本工艺 ……………………………………………… 107

一、原料药晶型及尺度控制 ……………………………………………………………… 107

二、固体输送与混合 ………………………………………………………………………… 109

三、干燥 ……………………………………………………………………………………… 111

四、制粒 ……………………………………………………………………………………… 112

五、包衣 ……………………………………………………………………………………… 113

六、片剂的制备 ……………………………………………………………………………… 114

七、颗粒剂及丸剂的制备 ………………………………………………………………… 115

八、胶囊剂及散剂的制备 ………………………………………………………………… 117

第三节 液体制剂及注射用无菌粉末的基本生产工艺技术 …………………………… 119

一、口服液制剂的基本生产工艺 ………………………………………………………… 119

二、注射液和输液制剂的基本生产工艺 ………………………………………………… 120

三、注射用无菌粉末的基本生产工艺 …………………………………………………… 123

四、外用液体制剂的基本生产工艺 ……………………………………………………… 124

第四节 气雾剂的基本生产工艺 …………………………………………………………… 125

一、气雾剂的用途及组成 ………………………………………………………………… 125

二、气雾剂的制备生产工艺 ……………………………………………………………… 126

第五节 半固体制剂的基本生产工艺 ……………………………………………………… 126

一、软膏剂 …………………………………………………………………………………… 126

二、眼膏剂 …………………………………………………………………………………… 127

三、凝胶剂 …………………………………………………………………………………… 127

四、栓剂 ……………………………………………………………………………………… 127

第六节 新剂型与新技术 …………………………………………………………………… 127

一、药物传输系统 …………………………………………………………………………… 127

二、制剂新技术 ……………………………………………………………………………… 129

第七节 仿制药质量一致性研究 …………………………………………………………… 130

一、仿制药质量一致性的意义 …………………………………………………………… 130

二、仿制药质量一致性的评价 …………………………………………………………… 130

第三篇 药品生产质量工程及系统设计

第七章 药品生产过程质量检测与控制 …………………………………………………… 133

第一节 概述 ………………………………………………………………………………… 133

一、药品的质量特性 ………………………………………………………………………… 133

二、药品质量管理与监控 ………………………………………………………………… 135

第二节 药品质量标准及分析检验工作程序 …………………………………………… 136

一、药品质量分析检验的作用及分类 …………………………………………………… 136

二、药品质量标准 ………………………………………………………………………… 138

三、药品检验工作程序及主要内容 ················· 140

四、药品质量分析检验常用方法 ················· 141

第三节　药品生产过程的在线质量分析与监测 ················· 148

一、过程分析在药品生产质量控制中的作用 ················· 148

二、药品生产过程在线质量分析与检测主要内容 ················· 149

三、药品生产过程在线质量控制方法与技术简介 ················· 151

第八章　药品生产监管与质量保证 ················· 155

第一节　药品生产的监管 ················· 155

一、市场经济中的行政监管作用 ················· 155

二、我国药品行政监管的实施 ················· 156

第二节　药品生产质量管理规范（GMP） ················· 157

一、药品生产质量管理规范的基本理念 ················· 157

二、药品生产质量管理规范的基本框架 ················· 158

三、质量风险管理 ················· 159

第三节　药品生产验证 ················· 160

一、药品生产验证的引入 ················· 160

二、药品生产验证实施 ················· 161

三、药品生产验证的正确运用 ················· 162

第四节　药品技术转移 ················· 163

一、药品技术转移的概念 ················· 163

二、药品技术转移的实施 ················· 164

第九章　制药工程设计 ················· 167

第一节　概述 ················· 167

一、制药工程设计的基本概念和程序 ················· 167

二、制药工程设计的基本规范 ················· 169

第二节　工艺设计及设备选型 ················· 169

一、工艺流程设计与优化 ················· 169

二、物料与能量衡算 ················· 171

三、工艺设备选型与设计 ················· 172

第三节　车间与厂房设计 ················· 174

一、原料药生产车间设计与 GMP ················· 174

二、制剂生产设计与 GMP ················· 175

三、公用工程的设计 ················· 178

第四节　洁净（无菌）生产区域的气流组织 ················· 179

一、我国 GMP 对空气净化的要求 ················· 179

二、气流组织 ················· 180

第五节　制药过程的安全设计及环境保护 ················· 181

一、制药过程的安全设计 ················· 181

二、环境保护 ··· 182

第六节　技术经济与工程概算 ··· 183
　　一、技术经济的指标体系 ··· 183
　　二、工程概算 ·· 184

第四篇　药物生产技术发展及新药研发

第十章　药物生产制造技术 ··· 187

第一节　生产单元和设备 ··· 187
　　一、反应器的计算模拟 ·· 187
　　二、微反应器及平行放大 ··· 191
　　三、挤出制粒 ·· 194
第二节　一次性生产技术及设备 ······································ 196
　　一、一次性生产装置及应用简介 ································· 196
　　二、一次性使用技术的特点及发展前景 ························ 198
第三节　物料的循环使用和清洁工艺 ································· 198
　　一、物料的循环使用 ·· 198
　　二、清洁工艺 ·· 200

第十一章　新药研究与开发 ··· 204

第一节　概况 ·· 204
　　一、新药研发的现状及发展趋势 ································· 204
　　二、中国的药物研究 ·· 205
第二节　新药申报与审批 ·· 207
　　一、新药分类 ·· 207
　　二、新药的申报与审批 ·· 208
第三节　新药研究开发原理和过程 ··································· 210
　　一、新药研究与开发过程 ··· 210
　　二、先导化合物的发现与优化 ···································· 211
　　三、新药设计(先导化合物优化)的原理和方法 ··············· 213
　　四、药学研究 ·· 216
　　五、药理毒理学研究 ·· 217
　　六、临床试验与生物等效性试验 ································· 218
第四节　新药研发中的新技术与新方法 ······························ 218
　　一、计算机辅助药物分子设计 ···································· 218
　　二、高通量药物筛选 ·· 220
　　三、组合化学 ·· 221
　　四、纳米药物技术 ··· 222
　　五、药物作用靶点 ··· 222
　　六、生物芯片技术 ··· 223

主要参考文献 ··· 225

第一篇　总　　论

第一章　药物与制药产业

学习目标
1. 初步掌握制药工程技术学科的构成、主要作用及基本内容,初步熟悉该专业本科人才培养的基本要求。
2. 初步熟悉国内外药物市场及制药产业的发展概况,了解其发展前景。
3. 了解药物发现和发展的历史,初步了解制药工业的形成及技术发展的基本历程。

第一节　药物的发现与发展

一、药物发现过程

人们对化学药物的研究最初是从植物开始的。19 世纪初,人们从植物中分离出了一些有效成分,如从鸦片中分离出了吗啡,从金鸡纳树皮分离得到了奎宁,从颠茄中分离出了阿托品,从茶叶中分离得到了咖啡因等。在 20 世纪初前后,由于植物化学和有机合成化学的发展,根据植物有效成分的构效关系合成了许多化学药物,促进了药物合成的发展。例如,根据柳树叶中的水杨苷和某些植物的挥发油中的水杨酸甲酯合成了阿司匹林(乙酰水杨酸)和水杨酸苯酯;根据毒扁豆碱合成了新斯的明;根据吗啡合成了派替啶和美沙酮。在这种情况之下,许多草药的有效成分成为合成化学药物的模型,即先导化合物。根据天然化合物的构效关系,对其进行结构的简化或修饰,合成了大量自然界不存在的人工合成药物。下面将就药物发现及发展中有代表性的事例做进一步介绍。

(一) 阿司匹林镇痛类药物

1. 镇痛功能的发现　水杨酸早在公元前 1500 年就被用来治病了。1753 年,英格兰牧师 E·斯通尝试用一种极苦的柳树皮来治疗间断性神经紊乱,获得满意的效果。这种从柳树皮中提取的口味很苦的主要物质是水杨苷,即水杨酸的前体。在人体内,水杨苷会被水解成葡萄糖和水杨醇,水杨醇又会在胃部被氧化成水杨酸。

2. 副作用的解决及合成方法改进 19世纪,拜耳药物研究所的一位化学研究员 F·霍夫曼的父亲因风湿病服用水杨酸,对胃造成了很大的伤害,最终不得不停止用药。为了找到一种对胃没有刺激的镇痛药,霍夫曼在实验室里尝试了合成许多和水杨酸相似的化合物。终于在 1897 年利用改进的合成路线合成了纯度更高的阿司匹林,发现其可以很好地发挥抗炎镇痛作用并没有产生严重的肠胃副作用。后来的研究证实,阿司匹林进入人体后被分解成真正发挥疗效的化合物水杨酸,其作为水杨酸的前药,并不会对胃带来副作用,这样就避免直接服用水杨酸而造成的肠胃副作用。

3. 作用机制的揭示 尽管阿司匹林在 20 世纪中期已获得商业上极大的成功,然而它的作用机制直到上市销售使用 70 年后,于 1971 年才被揭示。后来不久,又发现了其他的非甾体抗炎药如布洛芬、萘普生也是通过抑制环氧酶来发挥作用的。1975 年,伯格斯特朗和萨米埃尔松证实了 RCS 是前列腺素家族中的一员——前列环素 A_2。由于发现了前列腺素与相关生物活性物质的关系,进一步揭示了非甾体抗炎的机理,万恩、伯格斯特朗和萨米埃尔松于 1982 年共同获得了诺贝尔生理学或医学奖。

如何较大规模合成阿司匹林是一项亟待解决的问题。水杨酸是阿司匹林合成的主要原料或前体。1859 年,马尔堡大学的德国化学家 H·科尔贝发展了一种合成水杨酸的方法,只需在高压下将苯酚与二氧化碳接触即可,该反应在有机化学书中被称作科尔贝反应;1853年,蒙彼利埃大学的法国化学家 C·热拉尔第一次用水杨酸钠和乙酰氯合成了阿司匹林;1869 年,德国化学家 K·克劳特也通过相似的方法合成了阿司匹林。由于拜耳公司 F·霍夫曼的合成产品纯度更好,从而使小型染料生产商拜耳公司,在 1899 年实现了镇痛解热药阿司匹林的市场化。

4. 更好镇痛药物的发现 阿司匹林作为镇痛药物长期大剂量地使用,仍然会发生肠胃出血,从而导致死亡,神奇的药物并不完美。

(1) 布洛芬:第二次世界大战以后,由于阿司匹林在商业上的巨大成功,药物公司开始试图寻找比阿司匹林更有效而副作用更少的药物。借助于新的抗炎症检测模型的建立,1960年,化学家尼科尔森合成了叔丁基苯乙酸,发现其对于治疗风湿性关节炎很有效,但由于一些患者出现了皮疹而停止使用。与叔丁基苯乙酸非常相似的另一个药物(异丁卡因)虽然不会引起皮疹,但少数患者长期服用被发现其对肝脏有害,又导致异丁卡因在英国停止使用。但异丁卡因在日本却很受欢迎,因为在日本人中并没有产生对肝脏的危害,可能是由于人种差异,药效发挥的作用也不同。后来发现,异丁基苯丙酸尽管不是最有效的药物,但却是安全性最高的药物。于是一家小型制药公司于 1969 年将异丁基苯丙酸投入了英国市场,取名为布洛芬(ibuprofen)。

布洛芬的成功,将一个名不见经传的小型制药公司推向国际市场,最终成为抗炎药物研究领域的佼佼者。直到今天布洛芬仍然被广泛应用,被称为名副其实的"超级阿司匹林"。

异丁卡因和布洛芬在安全性上的惊人差异可以作为药理学中一条理论的典范:一个小分子中的微小变化都可能对药效带来巨大影响。分子结构上布洛芬(异丁基苯丙酸)只比异丁卡因(异丁基苯乙酸)多了一个碳,异丁卡因分子上多了一个甲基就成为对肝脏无害的布洛芬。

(2) 萘普生:萘普生也是一种与布洛芬药理作用相同的丙酸,但是萘普生比布洛芬的药效强两倍,并且在体内的作用期比布洛芬长很多。萘普生由一家美国制药公司研制,于1976 年进入美国市场,在销售的顶峰时期,其年销售额超过了 10 亿美元,并保持为在 20 世纪下半叶唯一一个生产萘普生的制药公司。萘普生的专利权到期后,美国食品和药物管理局(FDA)于 1994 年批准萘普生制剂为非处方药,使萘普生的生产和市场前景更为广阔。

总的来说,过去的 40 多年以来进入市场的 30 种非甾体抗炎药中,无一例不对肠胃有副作用。寻找一种对肠胃完全无副作用的非甾体抗炎药仍是需要继续努力的工作。

(二)胰岛素

1. 胰岛素的发现　胰岛素是由多伦多大学的 F·G·班廷和 C·贝斯特于 1921 年发现的。1920 年的夏天,一篇关于糖尿病与胰腺之间联系的文章深深吸引了班廷。他决定寻找胰脏的内分泌物,提取出来治疗糖尿病,并获得了多伦多大学一位著名生理学教授 J·J·R·麦克劳德的支持。

后来,生物化学教授 J·B·科利普也加入了他们的工作,并找到了一个制备更纯且更加有效的激素提取液的方法,将所制备的提取液用于几个很瘦弱且濒于死亡边缘的患者,使其渐渐地康复了。糖尿病是一种常见的致命疾病,胰岛素挽救了濒临死亡的糖尿病患者,使之在人类历史上第一次得到了控制。

2. 胰岛素的工业化生产　为了确保胰岛素产品的质量,班廷、贝斯特和科利普申请了专利,并把它以每人 1 美元卖给了多伦多大学。多伦多大学将这一技术转让给了美国的一家制药公司,由他们在 1922 年开始从屠宰场的猪和牛胰脏里提取胰岛素。因为胰岛素是一种由 51 种氨基酸组成、以多肽存在的蛋白质,实际衍生物很多,该制药公司仅从动物的胰脏中提取有效的胰岛素,使其难以适用于更多不同程度的患者。数年后,胰岛素的生产使该制药公司从一家不知名的小药厂一跃成为药物制造业的大企业。

总之,发现胰岛素的一个主要因素就是班廷的持之以恒。他对自己的想法有着强烈而不动摇的信念。在这种情况下,太多的顾虑也许会是一种危害。

一位化学家 G·瓦尔登敏锐地观察到,对于胰岛素的稳定性,pH 比温度更重要。在等电点时胰岛素会更加纯净和有效。1926 年,约翰·霍普金斯大学药理学教授 J·J·阿贝尔运用等电点沉淀原理,成为第一位分离出胰岛素晶体的人。此后,40 岁的桑格因成功解析了蛋白质尤其是胰岛素的结构,在 1958 年获得了诺贝尔化学奖。

1953 年,桑格关于牛胰岛素的氨基酸排列序列发表以后,在世界各地的有机化学家之间便展开了试图通过全合成的方法合成氨基酸的竞赛。经过十年的激烈竞争,一个中国科学院研究小组在 1965 年首次成功合成了牛胰岛素,具有与天然牛胰岛素完全相同的晶型和生物活性。

1983 年,B·H·富兰克和 R·E·钱思在大肠杆菌中通过克隆重组 DNA 合成了人的胰岛素,取代了传统的从猪和牛胰脏中得到的提取物。胰岛素是第一个被分离、结晶、排序和通过基因工程合成的蛋白质激素。

二、药品的生命周期

药物从探索、研究、制造开发及投入临床应用,都需经历多个不同的生命周期阶段。不同的药物因被发现的早迟、本身的特性、新技术和新药的研发等,其存在的生命周期将显著不同。例如,发现于 1 个多世纪前的镇痛药阿司匹林本来早已被副作用更小、效果更好的其他非甾体类镇痛药例如前述谈到的布洛芬、萘普生等所取代,但后来由于发现了阿司匹林新的治疗作用,使其生命周期一直延续至今。而曾经抗炎效果极好的例如默克公司于 1999 年投入市场的万络(罗非昔布),由于经实际临床使用证实其患心肌梗死(心脏病)的危险比萘普生大 5 倍,最终于 2004 年从市场上收回了该药物。下面将举例对于药品生命周期做进一步介绍。

(一) 阿司匹林

当阿司匹林首次被市场化的时候,内科医生们曾担忧会发生对心血管系统的副作用。然而,近一个世纪后,阿司匹林居然被证实具有显著的治疗心血管的作用。这项发现并不是来自什么实力雄厚的研究所,而是一个职业内科医师的发现。

20 世纪 40 年代,美国加州的内科医师 L·克莱温发现大量服用含阿司匹林咀嚼糖的患者在手术后伤口很难愈合,这种现象激发了克莱温的兴趣。他很想知道阿司匹林是否具有抗凝血的作用,于是推荐多数都是中年的肥胖患者,服用一定量的阿司匹林作为预防抗凝血的药物。奇迹发生了,其近 1500 名男性患者中没有任何 1 例患有冠状动脉阻塞或冠状动脉供血不足。1952 年,他的研究结果由于被认为临床观察缺乏严谨的科学论据而受到质疑,但仍然引起了不少科学家的关注。直到 20 世纪 80 年代,大量临床研究的统计学结果及严谨的科学实验终于明确地证明了阿司匹林可以预防心肌梗死和脑血栓的新功效。

不过,长达 10 年的对 40 000 位女性的研究发现,阿司匹林在女性预防心脏病方面的作用不如男性那么有效。令人更担忧的是,大剂量的阿司匹林使美国士兵大量出血,因此每年都有成千上万的患者去世。很显然,神奇的药物并不完美。

(二) 胰岛素

大约 50% 的男性都会在患糖尿病 10 年后出现糖尿病的一个严重副作用,即勃起功能障碍。在早期对于胰岛素效果不太确信的时期,胰岛素治疗恢复了一些男性患者性功能的效果,促使很多男性接受胰岛素的治疗。

胰岛素也曾经无意识地发现可用于治疗精神疾病特别是精神分裂症——胰岛素昏迷疗法或胰岛素休克疗法,这一激进的疗法是由一位有抱负的波兰主治医师 M·J·撒克尔于 20 世纪 20 年代在维也纳发明的。经过进一步的实验,撒克尔将"胰岛素昏迷疗法"扩展到治疗精神分裂症,并声称可达 88% 的惊人的治愈率。在当时并没有治疗精神分裂症的有效方法的情况下,这一治疗方法被全世界采用了。当然,胰岛素昏迷疗法后来被电子惊厥疗法取代了,后者对重度顽固性精神分裂症和紧张抑郁症患者都有明显效果。

(三) 塞来昔布和罗非昔布

20 世纪 70 年代早期,万恩及其同事曾证明非甾体抗炎药通过抑制环氧酶的活性发挥作用。20 世纪 80 年代中期,大量的事实证明存在两种环氧酶亚型,并最终成功破译了两种环氧酶亚型的基因密码。在两种环氧酶异构体中,一种是相对稳定的称为 COX-1,主要是对正常的生理过程负责,例如保护胃部黏膜,保持血管扩张等。另一种是容易被诱导的称为 COX-2,与炎症有关。一般来说,COX-1 是一种有利的酶,而 COX-2 是一种不利的酶。因此,通过选择性抑制 COX-2 将有益于抑制前列腺素的生成,并减少胃肠部和血液方面的副作用。

1993 年 10 月,在尼德尔曼的带领下,一家美国公司的史考基实验室通过采用了新策略合成了第一个 COX-2 的选择性抑制剂:塞来昔布。1999 年,该公司和另一家制药公司开始合作将其推向市场。6 个月后,另外一家制药公司亦开始将他们的 COX-2 选择性抑制剂罗非昔布推向市场。塞来昔布和罗非昔布很快成为治疗骨关节炎和风湿性关节炎药物中的重磅炸弹。

不过,罗非昔布的命运代表这个时代最具戏剧性的药物神话。制药公司 2000 年发表的临床试验测试结果表明,与服用萘普生相比,服用罗非昔布的患者的心肌梗死危险增大了5倍之多。2004年9月,一篇研究报告证实该药物的确增加了心肌梗死和脑卒中的发生率,并于同年9月30日从市场上收回了该药物。

第二节 制药工业的形成与发展

一、制药工业的形成过程

药品生产源自传统医药,随着检测技术和生产工艺及设备的发展,开始从天然物质中分离提取具有确定效果的天然药物;染料化学工业及其他化学工业的形成和发展,为人工大规模化学合成结构已知的部分天然药物提供了技术条件,进而逐步开发和建立了化学药物的工业生产体系。随着生物技术和生物工业的形成和发展,又为生物方法制备药物奠定了基础,从而催生了生物制药工业的形成和不断地发展。

(一)化学制药工业

化学制药工业发源于西欧。19世纪初至60年代,科学家先后从传统的药用植物中分离得到纯的化学成分,如那可丁、吗啡、吐根碱、番木鳖碱、奎宁、烟碱、阿托品、可卡因和毒扁豆碱等。这些有效成分的结构鉴定和化学合成技术的发展,为化学药品的发展奠定了基础。19世纪先后出现了一批化学合成药,例如通过可卡因化学结构改造的研究,发明了一系列结构简单的局部麻醉药苯佐卡因、普鲁卡因、丁卡因等,并通过化学合成的途径进行规模化的制备。还有诸如麻醉药乙醚,外科消毒药石炭酸,催眠药水合氯醛,血管扩张剂有机亚硝酸酯(1874年),解热镇痛药非那西丁和阿司匹林等,可通过化学合成方式实现工业化生产。到19世纪末,化学制药工业已初具雏形。20世纪30年代,一系列对细菌感染效果良好的磺胺药的发明及工业化生产,表明化学制药工业获得了长足的发展。

(二)抗生素工业

青霉素的发现(1928年)和分离提纯(1941年)以及不久实现的深层发酵生产,使人类有了对付细菌性感染更为有效的武器。青霉素的工业化生产,形成了抗生素工业的雏形并奠定了生物制药工业的发展基础。青霉素之后许多其他抗生素,如链霉素、土霉素、氯霉素、四环素等相继出现,并投入生产和应用,进一步发展和巩固了抗生素工业。1959年6-氨基青霉烷酸(6-APA)的分离成功,为一系列半合成青霉素的开发创造了有利条件。头孢菌素C的发现(1961年)推动了头孢菌素类药物的开发。

(三)天然药物活性物质的提取和合成

化学工业的发展,积累了更多成熟的分离纯化技术和设备,使胰岛素和其他生物化学药物的提取和精制得以实现工业化生产,有的还进一步实现了现代人工合成。例如抗疟药的研究和最初来源于天然植物的喹啉生产始于20世纪20年代,于第二次世界大战中达到高峰;维生素的人工合成始于20世纪30年代,其产量在整个化学制药工业中一直占有重要的份额;激素(包括性激素和皮质激素)的人工合成和生产也始于20世纪30年代。

其后,各种抗结核药、降血压药、抗心绞痛药、抗精神失常药、合成降血糖药、安定药、抗肿瘤药、抗病毒药和非甾体抗炎药等相继出现,进一步推动了制药工业的发展。

(四)制剂技术

初期的药物制剂基本是诸如内外用的水剂和膏剂,口服为主的丸剂和固体粉末散剂等,具有药物成分含量不准确、吸收不好等缺陷。随着生物药剂学的发展，人们认识到，许多药物的疗效不仅与其所含有效成分的化学结构和剂量有关，而且也与其晶型、粒度和药物制剂的剂型、所用辅料和生产工艺等密切相关。现在，对于药品的有效性和安全性要求进一步提高，例如对于固体剂型提出了溶出速率、释放度、生物利用度和生物等效性等更多、更高的要求。各国制药企业非常重视研究开发新的剂型和新型给药系统，先后推出多种缓释制剂、可控释放制剂、定位释放制剂、前体药物制剂和透皮制剂等。

二、制药工业技术途径的发展

（一）制药工业技术演变、发展的基本概况

自人类从植物中发现具有治疗效果的药物并开始工业化制备以来，随着工业技术的发展和药物研究的逐步深入，不断有新的工业生产方式和技术得到应用，使制药工业的范围不断拓展。依据不同制药方式和技术产生的先后，其基本情况大致如下。

1. 从可能获得的动植物中提取、纯化已知的有效成分，这是从制药工业诞生起就一直在不断运用和发展的工艺技术。这类制药工业技术对于从可再生资源获得药物，在目前和将来必将继续发挥重要的作用。

2. 在人类对于药物部分有效成分的化学结构有了基本认识后，随着染料合成化学工业的发展，开始用化学合成方法生产部分药物，已经逐渐发展成现代化学工业的一个重要组成部分，在当今的现代制药工业中占有最大的份额。随着化学工业的发展，化学制药工业技术仍将保持良好的持续发展势头。

3. 历史上青霉素的生产开启了生物技术制药的新时代，尤其是从 20 世纪后半叶开始，随着生物科学和技术的较大发展、生物工业的逐步形成，以及目前更为强调绿色环保和可持续发展，越来越多的药物更适合运用生物方法来获得。生物制药工业技术在过去 20 年获得了快速的发展，发展前景最好，并将占据制药工业的主要地位。

4. 随着在青霉素基础上发展起来的新一代生物药物头孢菌素的问世和发展，新开发的生物合成方法与起步较早的化学合成方法协调运用，成功地制造一系列的半合成抗生素，例如目前广泛使用的头孢菌素类药物，展示出强大的生命力。

以上四类发展阶段不同、各有特点的制药技术途径和方法，将在目前及以后相当长的时期共生共存和发展。这些制药技术不是谁取代谁，而更多的是交叉、融合及相互促进。

（二）抗生素制造技术的发展

1. 青霉素的发现和生产 1928 年，英格兰的细菌学家亚历山大·弗莱明偶然发现了青霉素，随后在弗洛里对于其生物学性质，钱恩对于其分离纯化及生物化学性质作出了突出贡献后，终于实现了临床应用，成为人类医药史上最伟大的发现之一。三人于 1945 年共同获得诺贝尔生理学或医学奖。

青霉素是最早发现、最卓越的一种 β- 内酰胺类抗生素，其内酰胺环是重要的抗菌活性结构。青霉素临床应用了半个多世纪，至今仍然用于控制敏感金黄色葡萄球菌、链球菌、螺旋体等引起的感染，对大多数革兰阳性菌和某些革兰阴性菌及螺旋体有抗菌作用。青霉素的优点是毒性小，但其降解产物青霉烯酸或聚合产物与体内蛋白质的氨基结合形成青霉噻唑酸蛋白，可能引起免疫变态反应，即过敏反应，严重时会导致休克。

最初青霉素的生产菌是音符型青霉菌，生产能力只有几十个单位，不能满足工业需要。随后找到了适合深层培养的橄榄型青霉菌即产黄青霉，生产能力提高到 100U/ml。经过 X-

射线、紫外线诱变,生产能力达到 1000~1500U/ml。随后经过诱变,得到不产生色素的变种,发酵能力能够到数万单位。

青霉素是抗生素工业的首要产品。中国是青霉素生产大国,其产量已占世界产量的近70%。目前微生物方法生产青霉素原料药的典型工艺如图 1-1 所示。

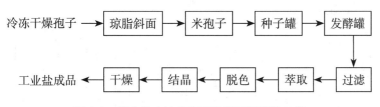

图 1-1　微生物方法生产青霉素原料药的工艺

青霉素可看成是 6- 氨基青霉烷酸(6-APA)苯乙酰衍生物,其侧链基团不同,从而形成不同的青霉素。青霉素发酵液中有 8 种天然青霉素,其中主要是青霉素 G。由于其结构特点,青霉素经过扩环后形成头孢菌素母核,成为各种半合成抗生素的重要原料。

青霉素的缺点是对酸不稳定,不能口服,排泄快,对革兰阴性菌无效。人们研制了各种非合成青霉素以克服天然青霉素缺点,例如氨苄青霉素(氨苄西林)耐酸广谱,磺苄青霉素(磺苄西林)对抗铜绿假单胞菌,萘夫西林(乙氧萘青霉素)耐酸、耐酶及能口服等。

2. 头孢菌素的发现及生产　1948 年,意大利人 Broyzn 发现头孢菌素,1956 年 Abraham 等人从头孢菌素的培养液中分离出头孢菌素 C 和头孢菌素 N,并于 1961 年确定了头孢菌素 C 的结构。美国礼来公司的研究人员于 1962 年成功地采用化学裂解头孢菌素 C,制造出头孢菌素母核——7- 氨基头孢烷酸后,人们对半合成进行了广泛的研究。由于头孢菌素具有高效、广谱、低毒、耐酶等优点,其发展相当迅速。到目前为止已开发了近 60 个品种,其品种数量居各类抗生素的首位。根据其抗菌作用特点及临床应用的不同,头孢菌素类抗生素已经发展到第四代,其临床效果在许多方面优于青霉素。

3. 抗生素生产的技术途径　抗生素的工业化生产有三条途径。第一条途径是微生物发酵生产工艺即生物合成途径,目前大多数抗生素品种采用发酵工艺,其特点是成本极低、周期较长。第二条途径是化学全合成生产工艺,结构相对简单的抗生素可采用此途径,如氯霉素和磷霉素。第三条途径是半合成生产工艺,利用化学方法修饰改良生物合成的抗生素,扩大抗菌谱、提高疗效和降低毒副作用等,获得新的抗生素,如半合成青霉素、半合成头孢菌素等。

抗生素在现代制药工业中占有举足轻重的地位,尤其是下游半合成抗生素的发展,进一步促进了上游的工业发酵。一些抗生素的工业生产规模非常大,如 β- 内酰胺类的青霉素和头孢菌素 C,大环内酯类的红霉素、利福霉素、庆大霉素。其他的一些抗生素,如林可霉素、四环素、金霉素、万古霉素等,单个发酵罐容积越来越大,100~200m³ 的发酵罐已经被采用。

第三节　医药产业发展概况

一、世界医药产业发展概况

多年来,世界医药市场快速发展。1970 年世界医药工业产值为 217 亿美元,到 2001 年猛增至 3930 亿美元,2005 年为 6050 亿美元。2001—2005 年的年均增长率为 10.2%,显著高于同期世界经济年均增长率。近年来,世界医药市场仍然保持继续增长的发展趋势(图 1-2),例如 2008 年世界医药市场总销售额达到 7810 亿美元,到 2013 年有望突破 10 000 亿美元。

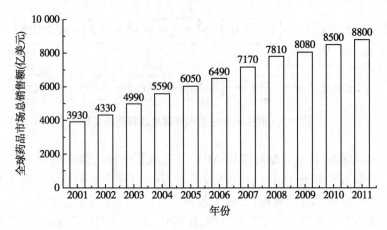

图 1-2　世界医药市场规模情况

关于世界医药市场分布,北美医药市场最大,欧洲其次,而占有世界人口最多的亚洲(不包括日本)、非洲和澳大利亚的市场份额总和仅略高于日本(图 1-3)。另一方面,这些市场份额尚较低的区域,其增长的速度却显著高于市场份额较高的区域(图 1-3)。可见,在全球医药市场持续增长的过程中,人口众多的第三世界国家的发展趋势会更为突出。

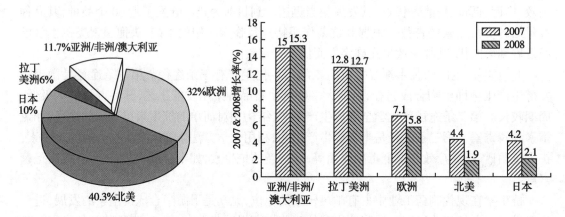

图 1-3　2008 年全球医药市场的分布及增长率

二、中国医药产业发展概况

(一)总体发展趋势

1978 年,我国医药工业总产值仅 66 亿元。20 世纪 80 年代以来,在改革开放和发展市场经济的推动下,我国医药工业生产发展迅速,医药工业总产值增加到 2000 年的 2330 亿元,到 2009 年已突破 10 000 亿元大关,比 2005 年增长了 5684 亿元,年增长率为 23%。

20 世纪 80 年代以来,我国医药工业发展速度加快,以平均每年 20% 左右的速度递增。

进入 21 世纪以来,制药工业的增长速率仍然保持良好的发展势头,制药行业是国民经济各行业中增速最快的行业之一,其工业生产和销售增长速度远远超过国家整个工业和商业的增长幅度。"十五"发展目标是医药工业总产值年平均递增 12%。据有关部门统计,2001—2004 年,我国年均国民生产总值的年均增长率为 8.6%,而 2000—2003 年制药工业的年均增长率为 18.9%,高出 10%。可见,制药工业的发展显著高于其他大多数工业的发展速度。有关的数据和趋势见图 1-4。

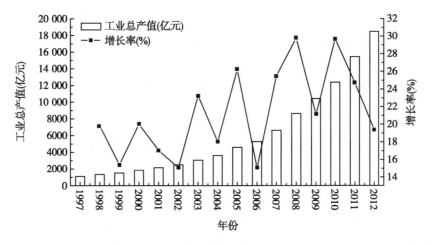

图 1-4 近十多年来我国医药工业增长概况

2001 年世界药品销售达 3150 亿美元,相当于 2.6 万亿元人民币。中国 2000 年医药工业总值 2332 亿元,仅占约 8.9%,与世界人口近 1/4 的大国所占有的国际医药市场份额差距较大。可见,与发达国家相比,我国的医药总产值还相当低,亟待发展,但同时也为我国医药产业提供了较大的国际发展空间。

(二)我国医药产业结构

我国有各种规模的医药企业 6000 多家,生产抗生素、激素、维生素、解热镇痛药等 24 大类,1300 多种化学合成原料药,化学制剂 4500 多种。青霉素、维生素 C、维生素 B 各占世界总产量的 20%~30%。我国的化学药物品种比较齐全,可基本满足临床需要;原料药出口在国际市场也占到了相当的比重,成为世界上第二大原料药生产国。

图 1-5 是近 10 年来我国医药各子行业所占的比例及增长的趋势。其中,中药产业是我国医药行业特有的一部分,它与西药产业有着很大的不同。中药在我国有着悠久的历史,发挥着重要的作用,占市场份额的近 1/3。化学药品制剂所占比例其次,近 5 年来保持增长趋势。兽用药品制造所占比例紧随其后,但增长率逐渐降低。其他子行业尽管所占比例不高,但增长趋势良好,例如卫生材料和医药制剂以及生物医药制剂制造子行业,近 10 年来一直保持增长的势头;受海外市场需求的推动,我国的原料药近期也保持一定的增长。

三、中国医药产业发展前景

(一)总体趋势

国家和个人财富的增长,扩大了我国医药市场的需求。相比于全球医药市场 6%~7% 的增长率,中国医药市场以两位数的比率高速增长,如今已发展成为全球最大的医药市场之

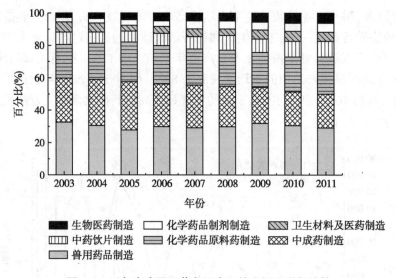

图 1-5　近年来我国医药各子产业的比例及增长趋势

一。全球著名医疗咨询机构预测,到 2015 年以后中国将成为全球第二大医药市场,仅次于美国。然而,与其他国家医药行业销售总收入及人均医药支出比较,我国仍然处于极低的水平(图 1-6)。主要原因有多种,其中包括农村的大量人口未获得较高水平的医疗服务;现有的医疗体制决定个人承担的医疗费用比例还较大(图 1-7)。

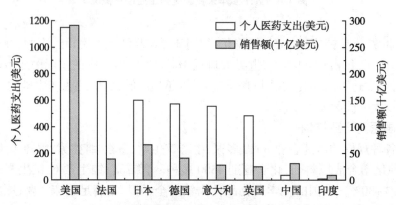

图 1-6　2005 年中国与其他国家医药行业销售收入与人均医药支出比较

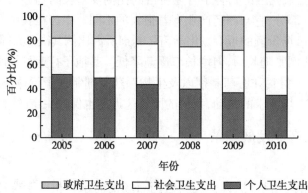

图 1-7　医疗费用承担的比例

"十五"期间，我国政府卫生投入占比为 16.9%，"十一五"期间快速提高到 24.8%，预计"十二五"期间，这一部分比重将提高到 29.6%，显示政府对医改投入将不断增加。而个人卫生支出的比重将从"十一五"期间的 40.9% 下降到"十二五"期末的 30% 左右。"十一五"期间，我国卫生总费用复合年增长率达到 18.8%，"十二五"期间预计将保持 19%~20% 的增长势头。根据国家"十二五"规划，2015 年 GDP 总量约 55 万亿元，在这期间，我国卫生费用占 GDP 的比重将超过 6%。

我国十几亿人对医药的持续刚性需求和正在实施的全民医保体制，政府对医药卫生投入加大，这些必将会带来医药消费水平的提升，从而确保中国医药经济的长期良好发展。

（二）发展的主要趋势

1. 世界医药制造中心之一的地位逐步增强　我国已发展成为世界原料药主要制造中心之一。进入 21 世纪以来，全球医药企业在世界范围内出现大规模结构调整和转移生产的趋势，这对我国医药产业发展的影响正在逐步显现，出口额多年来一直保持增长（表 1-1）。但我国目前以出口附加值不高的原料药、医用敷料为主，占医药出口总额的 85% 以上，我国化学药制剂的出口比重仅为约 5.4%。高污染、高能耗的原料药生产对我国环境造成的负面影响日益突出。

表 1-1　中国医药制造行业规模以上企业出口额

年份	2005	2006	2007	2008	2009	2010	2011
出口额（亿元）	422.3	515.7	568.4	661.2	675.4	823.6	1056.1
出口增长率（%）		22.12	10.23	16.32	2.15	21.94	28.23

近年来，世界医药产业转移出现了一些变化，例如美国默克公司曾是阿维菌素的专利发明人，现在转向我国采购阿维菌素。美国公司也计划把其在世界各地的 X 线机、CT 和 B 超三大类普通医疗产品生产转移到中国来。经过制药公司"转移生产"的发展，有可能使我国医药产业成为世界医药产业的加工中心，带来新一轮世界范围内的医药产销格局和利益的变化。

2. 医药研发基地建设初现端倪　随着我国经济的飞速发展，我国正面临从"世界工厂"向"世界研发基地"的转变，医药行业也呈现类似的趋势。其中之一就是中国的医药研发外包 CRO（contract research organization）行业在短短 20 年中，经历了从本土走向国际的过程。自 20 世纪 90 年代末开始，跨国公司纷纷在中国设立研发机构，加快新药在中国上市的速度，也促使中国 CRO 行业的发展。中国拥有大量的专业化人才优势，相对低价和优质的原材料及设备，以及 CRO 业务模式的灵活性和业务范围的多选择性，均有利于中国的 CRO 行业的进一步发展。

国内的药物研发提速，医药自主创新受到重视。"十二五"期间将更多地鼓励"突破式创新"。国外预测中国 2008—2010 年间对新特药的研发投入为 27 亿美元，未来 5 年内还将增加 60 亿美元。而国家重大新药创制专项已经提出，未来国家下拨重大新药创制项目的资金将达到 400 亿元。争取 2016 年成为后期研发大国，2020 年医药产业进入世界前 3 位。

国内各类医药企业对创新和研发的关注度提升。目前对创新投入较大的企业其研发投入占销售收入的比重已经达到 7% 以上，近年国内先后有多家企业自主研发的一类新药上市。在"十二五"规划中，未来 5 年的目标是产业整体研发投入占比将达到 3%，依靠自主创新促进产业升级的趋势正在悄然进行。

不断扩容的中国医药市场成为外资医药企业争夺之地,同时也推动了国营、民营与外资医药企业三方角力的并购潮。外资加快对华医药投资与合作。金融危机之后,跨国制药企业加紧在中国医药市场的布局,增加在医药制造业的直接投资,并购国内医药企业,巩固高端产品的垄断,与国内企业合作开展仿制药领域的业务,进行产能转移。

思 考 题

1. 人类药物发现和发展的历史,对于你有何启示?
2. 国内外药物市场及制药产业的发展概况是什么?
3. 国内外制药产业的发展趋势如何?

(宋 航)

第二章　工程师与制药工程

> **学习目标**
> 1. 了解工程师成长中所必须具备的非技术性能力。
> 2. 了解中国高等工程教育为适应国家新型工业化发展正在实施的重大改革。
> 3. 认识工程师在人类文明发展中的核心贡献,了解工程师特有的思维模式。

第一节　工程师与职业素养

21世纪的中国已成为一个工业化大国,据世界银行统计,中国对世界经济的贡献度仅略逊于美国,这在很大程度上是由于中国在制造业方面的成就,在制造业国际化的背景下,中国强大的经济增长能力越来越震撼世界,中国已经成为名副其实的"世界工厂"。

中国的工程技术人员尤其是工程师,在建设、运营这样一个全球少数几个比较完整的工业体系之一的宏伟活动中发挥了直接作用;而"新型工业化"则对中国的工程师、工程专业学生、工程专业教师提出了更高的挑战。

一、工程师的职业活动与工程师名词的起源和含义

(一)工程

工程活动是人类存在和发展的基础。古代的工程建造,如埃及的金字塔(公元前2500年)和中国的都江堰水利工程(公元前300年),主要是基于个人经验和智慧;而现代工程则更多地依赖科学和技术。在古代中国,"工程"一词主要指土木构筑,其含义也扩大至功课日程和日常劳作等。

英语的engineering和ingenious(创造能力)都来源于相同的拉丁语词根ingenerare,包含创造的意思。在中世纪的欧洲,"工程"最初含义是军队中的桥梁与堑壕修建、兵器制造等活动,并继而在和平时期转为建筑屋宇、制造机器、架桥修路等,这也是civil engineering由民用工程演进到土木工程的缘由。英国工程师Thomas Tredgold于1828年为工程所下的最早的定义是——"工程是一种引导自然资源的伟大力量为人类所用的艺术"。

在现代社会中,"工程"一词有广义和狭义之分。就狭义而言,工程定义为"以某组设想的目标为依据,应用有关的科学知识和技术手段,通过一群人的有组织活动,将某个(或某些)现有实体(自然的或人造的)转化为具有预期使用价值的人造产品过程"。这个定义包括了土木工程、机械工程、化学工程、电气工程、航空工程等传统领域。继而因为工程实践中强调系统性的、严格约束的、规范化的、可定量的过程化方法,由此衍生出工业工程、软件工程、生物工程、质量工程、金融工程等新研究领域。

就广义而言,工程则定义为由一群人为达到某种目的,在一个较长时间周期内进行协作活动的过程。这在当代中国非常易见,比如"高等学校质量工程"、"国家动漫精品工程"等。

(二)工程师

英文 engineer(工程师)一词由 11 世纪新出现的拉丁文词 ingeniator(或写为 engignor、incignerius)演变而来,ingeniator(攻城槌的发明者或使用者)又是由古拉丁文词 ingenium(天才)派生出来,这也表明公众对于工程师、建筑师聪明才智的崇拜。

早期西方的工程师主要指从事军工技术和城防工事的建造工匠。到了中世纪和近代早期,工程师们掌握的工程技术所涉及的领域已扩展至诸多方面,如要塞建筑、攻城器械、道路、桥梁、运河、堤坝及碾磨机、汲水器和起重机等力学机械,等。到了 18 世纪,工程师被用来称呼蒸汽机的操作者。

在汉语中,虽然"工程"一语古已有之,但工程师作为 engineer 的译语却是在清末洋务运动时期才开始出现的。此前,"工"和"匠",以及派生出的"工匠"、"匠工"或"匠人",多指从事工程活动或具有一定技能的劳作之人。所谓"百工"在古代是主管营建、制造的工官称谓。一般所谓的"工"或"匠"并未严格区分设计者、建造者和管理者等不同职属。在实际的工程实施中,由工匠中技艺高者成为身份高于普通工匠的匠人,并拥有"工师"等头衔。

在古代具体的工程活动中,"工师"时常负责拟订、掌管或传承程式。工程的具体规划与实施,一般是由懂得技术环节的官员和高级工匠依照旧有规范和设计图,将设计程式实现于具体工程项目中;其中杰出者,将之总结并著书立说,刊行后世。这类承担工程规划、设计、管理、操作或评估的实施者的角色已经与现代意义的工程师几乎一致。

"工师"、"工程司"和"工程师"等词汇在清末至民国时期一度处于并存的状态。被称为"中国第一位工程师"的詹天佑,最初也是被任命为"工程司"。随着中国工程事业的兴起,工程师也越来越被世人所接受。1912 年,中华工程师学会创立,"工程师"明确作为这一社会角色的正式称谓已再无异议。

二、工程师的执业制度

世界上大多数国家对那些涉及公众生命财产安全、社会诚信等的职业,如建筑师、工程师、医师、律师等,都制定了严格的个人执业制度和相应的管理制度,以便保证其实践活动是由具有一定专业知识和技能并由国家认可其职业资格的人员来进行。对建筑师、工程师实行执业注册已成为国际上的一种惯例,获准注册的建筑师、工程师才能负责设计工作的关键岗位,并承担相应的法律责任。

2001 年 1 月,国家人事部、建设部以人发[2001]5 号文正式出台了《勘察设计行业注册工程师制度总体框架及实施规划》,这是建立全行业注册制度的纲领性文件,标志着我国注册工程师制度的全面启动。总体框架将我国勘察设计行业执业资格注册制度分为三大类:即注册建筑师、注册工程师和注册景观设计师,其中,注册工程师又分为 17 个专业,包括土木、结构、公用设备、电气、机械、化工、电子工程、航天航空、农业、冶金、矿业/矿物、核工业、石油/天然气、造船、军工、海洋、环保,基本上反映出了勘察设计行业的特点,同国际上通行的做法也是相一致的。2012 年,公安部、人力资源和社会保障部联合启动了注册消防工程师制度。

执业工程师的责、权、利是通过法律规章明确的,对执业人员的权利既有保护又有约束,既赋予权力同时又赋予责任。执业资格注册制度的实施,将使工程师成为一个高付出与高回报并存的令人尊重的挑战性职业。

三、职业素养

（一）工程师与科学家不同的工作特点

自然科学的任务是发现客观规律，既然是客观的，所以一定是已经存在的；因此我们说科学家主要在探索已经存在的世界的奥秘，科学家主要回答"为什么"。在回答"为什么"时，往往需要将问题分解、再分解，直到研究的对象成为一个简单到可以被认识的东西，这就是现代科学自笛卡尔以来所一直沿用的"还原论"的基本理念。工程师则主要在创造不曾存在的新世界，要回答"怎么办"。在回答"怎么办"时，他们往往不得不同时考虑各种外界条件的制约，把各方面的诉求和限制都综合起来，给出全套的解决方案，以使这个方案尽可能巧妙地处理各方面的矛盾。

科学家拥有的知识主要是科学知识，而工程师拥有的知识主要是工程知识，包括设计知识、工艺知识、研发知识、设备知识、生产加工知识、技术管理知识、安全生产知识、维修知识、质量控制知识、产品知识、市场知识、相关的社会知识等。所以，工程师和科学家也成为两种不同类型的社会职业和工作岗位。

设计知识是一种典型的工程知识，设计活动是工程活动中的一个关键性和特征性的环节。从科学研究的角度看，由于在设计工作，包括某些卓越的设计工作中可能仅采用或运用了不多的"新发现的科学知识"，在许多情况下甚至完全没有采用或运用最"新"的科学知识。所以，按照科学知识的评价标准，设计工作的成果或许应该是没有什么"科学价值"的。然而，工程活动或许在创造科学知识方面有所限制，但却是需要用更大的创造力去创新已有知识的运用，这就是工程中的创新性设计。

工程师必须给他们面对的问题找出一个方案来，至于这个方案是先进或是落后与否还在其次。而科学家就不一样，科学家面对一个课题时，可以首先考虑这个课题是否成熟到可以解决；如果科学家认为这个课题尚不成熟，他有充分的自由来重新选择其他的课题。表2-1简要归纳出科学家与工程师工作的简要对比。例如，化工生产中的搅拌、过滤、沉淀等常规操作都涉及流体的流动。流体的流动受到其黏度、摩擦力大小和密度、动量、温度等参数分布的多种效应叠加的影响，形成了一个专门的学科领域——流体动力学。由于流体动力学涉及的问题极其复杂，除了个别最简单的理想化模型外，与工程实践相关的各种非线性方程求解非常困难，物理学者基本上"回避"此领域的研究探索。但是，流体动力学对于航空、化

表 2-1　科学家与工程师工作的简要对比

	科学家	工程师
力学尺度	牛顿力学 + 相对论力学	主要是牛顿力学
变量处理	单变量研究为主	多变量组合
模型选用	简单、理想模型	真实、复杂模型
研究人员	个人为主	团队为主
试验方法	自上而下	逆向工程、模型放大
工作约束	弱	法规、标准的强约束
表达与交流	文字为主	图形为主
知识需求	科学知识	科学知识、经济管理知识

工等工程领域的应用非常重要。工程师们持续在此领域内进行奋斗,终于在20世纪60年代建立了流体动力学的数值近似解法,可以逐步满足工程实践的需要,流体力学也因此成为化学工程科学的基础支撑。有趣的是,自流体力学在数值计算上取得突破后,力学就"正式"从物理学中分离出来。

(二)团队协作

团队协作是工程师工作的主要模式,也是中国工程师、后备工程师亟待增强的能力之一。这需要对团队协作的核心要素有更多的理解,因为尽管多人组成了一个工作团队,但其运行实质一般只是"群体工作"而不是"团队协作",两者的差异见表2-2。同时,传统的理科教学尤其是考试方法和"应试教育"理念,使学生习惯于独自完成作业和考试,而大学工程教育的理科化倾向也在一定程度上强化了这个各自为战的认识。

表2-2　群体与团队之间的对比

指标	群体工作	团队协作
领导人	有明确的领导人	不一定,尤其团队发展到成熟阶段,成员共享决策权
目标	必须跟组织保持一致	必须跟组织保持一致,还可以产生自己的目标
协作	中等程度,有时成员还有些消极,有些对立	齐心协力
责任	领导者要负很大责任	除了领导者要负责之外,每一个团队的成员也要负责,甚至要一起相互作用,共同负责
技能	技能可能是不同的,也可能是相同的	技能是相互补充的,把不同知识、技能和经验的人综合在一起,形成角色互补
结果	个体的绩效相加之和	大家共同合作完成的产品

团队协作的基础是尊重个人的兴趣和成就,核心是协同合作,最高境界是全体成员的向心力、凝聚力,反映的是个体利益和整体利益的统一,并进而保证组织的高效率运转。团队精神的形成并不要求团队成员牺牲自我;相反,发挥个性、表现特长保证了成员共同完成任务目标,而明确的协作意愿和协作方式则产生了真正的内心动力。

有效团队协作的特征:

(1)成员密切合作,配合默契,共同决策和与他人协商。

(2)决策之前听取相关意见,把手头的任务和别人的意见联系起来。

(3)在变化的环境中担任各种角色。

(4)经常评估团队的有效性和本人在团队中的长处与短处。

(三)谨守规范

工程活动与科研活动有一个显著的不同,就是工程活动明显受到规章、技术标准、行业规范、职业伦理等的严格约束。这些约束不仅不是对创新的妨碍,相反却是对创新的有效保护。

中国工程院朱高峰院士指出,工程活动本身就蕴涵着很多创造的因子;要想大批量培养创新型的工程科技人才,首要的一点就是要培养能够遵守工程规范、可以"循规蹈矩"的工程师。为什么很多人认为原装的产品要比中国本地制造的产品好,归根结底就是因为很多中国的工人和技术人员没有一丝不苟地按要求去做。他认为,对当今的中国来说,能"循规蹈矩"做好自身的工作,本身就是创造力的表现。

工程伦理是国内工程实践中最薄弱的一环。工程伦理在最初阶段的核心问题是工程师与雇主的利益关系,以工程师对雇主的忠诚和持续不断地提高技术能力为主要内容。随着时间的推移和社会的进步,工程伦理所要求的远远不止是对雇主的忠诚,而是更要求对公共安全、生产安全、环境安全、可持续的社会发展等的全面负责,它还要求工程师的行为能够体现严谨求实的本质特征、体现社会整体的公正目标和工程团队的合作精神。近年来出现的"三聚氰胺"、"毒胶囊"等食品药品安全事件,应该都反映了在生产现场的有关工程技术人员在工程伦理方面的严重缺失。

第二节　工程技术的特点与基本原理

一、科学、技术、工程的特点

在当代社会,科学、技术、工程三者之间没有一个非常清晰的边界。科学技术常连在一起作为统一的领域,为了区别于纯科学(数学、物理、化学、天文、地理、生物),有应用科学、工程科学和技术科学的分类,为了区别于其他非工程的应用技术(如农学、医学、军事学等),又有工程技术的分类。因此,"科学技术"可以理解为"科学与技术",而"工程技术"似乎特指工程化的技术或在工程中使用的技术。

很多时候,"科学"成为"科学、工程、技术"混合体的简称,典型如美国的科学基金会在其工作文件中对"科学"的解释。

(一)科学的本质是发现:即揭示客观事物的本质和规律

在现代汉语中,科学是英文"science"的翻译,这一术语可以追溯到古拉丁义"Scio"和衍生的"scientia",本义是"知识",在近代侧重关于自然的学问。概括地讲,科学是发现、积累普遍真理并且形成的系统化、公式化的知识。

"科学"一词在中文古已有之,其原意本来是指"科举之学"。中国传统上将所有的知识统称"学问",古代中国将关于自然万物道理的学问称为"物理",因此古代的物理即是自然科学,数学学科独立于"物理";自从明末耶稣会传教士来华,中国学者一直是用"格致"来翻译西方的 science,取"格物致知"之意,以表示研究自然之物所得的学问。

日本明治维新时(19 世纪 70 年代),日本学者福泽瑜吉将 science 译成"科学",是从"分科之学"的意义上理解 science 的。19 世纪末期,康有为、严复在译介日文、西文著作时,开始用"科学"二字;"科学"大范围取代"格致"是发生在 20 世纪初废除科举制度之时,此后,"科学"二字便在中国广泛运用。

当代关于科学的基本描述是反映自然、社会、思维等的客观规律的分科知识体系;因其研究对象是客观规律,所以我们不能说科学创新(因为我们不可能创造客观规律),只能说知识创新。

(二)工程的核心是建造

工程研究的目的不是获得新知识,而是获得新事物,是要将头脑中的观念形态的东西转化为现实,并以物的形式呈现给人们。工程活动包括三大组成,如图 2-1 所示。

图 2-1　工程活动三大组成

科学知识、科学理论的系统引入使工程师能够处理更加复杂的系统,从而将工程师与工匠有效区分,并且指导工程师不断改进工程活动,避免数学家希尔伯特对于工程师的批评——工程师只是在一遍又一遍地重复前人的错误。

然而,工程并不仅仅是科学知识的应用。人类历史无数次地表明,工程实践活动常常会先于相应科学知识出现,比如莱特兄弟成功飞行时并没有空气动力学,第一台蒸汽机运行时也没有热力学。

(三) 技术的灵魂是发明

技术的最原始概念是熟练,所谓熟能生巧,巧就是技术。人类的技术发展史几乎与人类历史一样悠久,并且远早于科学的历史。《史记·货殖列传》中就出现了"技术"一词,意为"技艺方术"。直到宋朝之前,中国的技术水平曾长期处于世界的前列。英文中的技术一词"technology"由希腊文"techne"(工艺、技能)和"logos"(词,讲话)构成,意为对工艺、技能的论述。

近代,技术对自然科学理论的应用导致了技术的理论化倾向,产生了技术科学,甚至出现了后来的所谓"技术是科学的应用"的说法,从而使得在技术的构成要素中,科学知识开始占据越来越重的地位。这时的技术也从最初的 techne 转变为 technology,其后缀"ology"有"学问"、"学说"之意。技术的目的在于改造世界,实现对自然物和自然力的利用;解决变革自然界"做什么"、"怎么做"的问题。图 2-2 示意技术生成的理论模式。

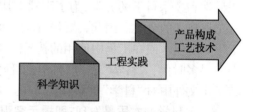

图 2-2　技术生成的理论模式

一般认为,技术有三种形态:一是知识形态的技术,即技术科学;二是物化形态的技术,即人所创造的工具、设备、仪器等;三是功能形态的技术,指对客体的加工、改造方法。英文"technology"作"技术"理解时,即意指技术科学知识或者工具、仪器等;作"工艺"理解时,多指产品的生产专门知识。

二、工程方法的基本原理

许多工程问题很难用理论、数学方法去解决,必须通过实验来研究。但直接实验方法会有很大的局限性,其实验结果只适用于某些特定条件,不能解释物理本质;有许多现象不宜进行直接实验,例如飞机太大,不能在风洞中直接研究飞机原型的飞行问题;而昆虫的原型又太小,也不宜在风洞中直接进行吹风实验。我们更希望用缩小的飞机模型或放大的昆虫模型进行研究。这样,我们最关心的问题就是从模型的实验结果所描述的物理现象能否真实再现原来的物理现象。

在工程技术研究中,使用相似模型原理进行试验研究是工程方法的基本内容之一。在水利、航空、交通、土木等领域,主要是使用小比例模型;在化工领域内,则是小比例模型与逐级放大模型皆有,以便从实验室的烧瓶合成逐步放大为工业规模生产。进行模型试验研究时,必须保证模型与原型之间的相似性,这样才能由模型试验数据合理地推算出与原型相对应的结果。

(一) 相似简述

相似是指组成模型的每个要素必须与原型的对应要素相似,包括几何要素和物理要素,其具体体现为由一系列物理量组成的场对应相似。对于同一个物理过程,若两个物理现象的各个物理量在各对应点上及各对应瞬间大小成比例,且各矢量的对应方向一致,则称这两个物理现象相似。

1. 几何相似 几何相似是指模型与其原型形状相同,但尺寸可以不同,而一切对应的线性尺寸成比例,这里的线性尺寸可以是直径、长度及粗糙度等。

2. 运动相似 运动相似是指模型与其原型的所有对应点处对应的速度和加速度的方向一致,且比值相等。

3. 动力相似 动力相似即模型与其原型相应位置处的各种力,如重力、压力、黏性力和弹性力等,它们的方向对应相同,且大小的比值相等。

4. 边界条件相似 边界条件相似要求模型和原型在与外界接触的区域内的各种条件保持相似,也即要求支承条件相似、约束情况相似及边界上受力情况相似。

(二) 相似定理

相似准数(similarity criterion)指由确定物理现象的物理量组成的反映现象物理相似的数量特征的无量纲数群。在相似现象中,相应的相似准数数值相同,而且描述相似现象的准数关系式也相同。因此,如果把模拟结果整理成准数关系式,那么得到的准数关系式就可推广到其他与之相似的现象上去。因为准数关系中各项都是无量纲项,所以准数关系式的形式不随选用的物理量度量单位的变化而变。

相似第一定理(牛顿定律):凡相似的现象其准数的数值相等。相似第一定律确定了在实验中应测量包含在相似准数或微分方程中的那些量。

相似第二定理(费捷尔曼 - 列夫辛斯基定律):可以用相似准数的函数关系来表示微分方程的积分结果。相似第二定理回答了应该如何整理实验数据问题。

相似第三定理(基尔皮切夫 - 古赫曼定理):凡现象的单值条件相似,而且由其组成的模型准数相等,则这些现象就彼此相似。这也就是说,小实验的结果只能应用于与小实验的单值条件相似、模型准数相等的大装置中。

(三) 相似方法的应用

在制药生产中,无菌注射用水、纯化水的输送需要保证管道中无死角、静止区域,以此保证管道消毒效果,避免滋生微生物;工程上采用的手段就是实现管道内工艺用水流动的湍流状态。此时,通过雷诺数的控制,就能基本保证在不同管道直径、流速等实际情况下均能获得湍流。雷诺数(Reynolds number)是用来表征流体流动情况的无量纲数,以 Re 表示,$Re=\rho vd/\eta$,其中 v、ρ、η 分别为流体的流速、密度与黏性系数,d 为特征长度。例如流体流过圆形管道,则 d 为管道直径。

与化工分离过程中运用相似方法成功归纳出单元操作的定量计算方法不同,在化学品的反应过程中,有不少研究者力图用类似的"单元反应"模式在试验模型上研究反应机理并以此逐步放大,但均未获成功。原因在于,对于两个运行中的化学反应釜,要实现几何相似、动力学相似已经是非常困难,但化学相似更要求反应釜内各点的浓度相似、温度相似,这实际上是无法同时满足的。因此,自 20 世纪 60 年代"反应工程"学科诞生以来,试图借助"单元反应"来总结反应过程的努力无一例外地失败。

动物实验是药品研究中的基本手段,要使动物实验的结果适用于人类或其他动物,理论上应该要求实验动物与模拟对象之间有生理相似性,但在现有工作文献中很难看到有关分析;有关实验动物的生理相似性及如何选择相应的物理量、化学量,或许值得进行研究。

相似方法在水利、化工、航空、建筑等领域的工程分析中已经并且还在继续发挥重要作用。当然,随着工程试验体系的真实性、复杂性增加,相似要求可能很难满足,这时就需要结合理论和计算机模拟等多种手段来综合处理。尽管如此,相似方法作为一个简便、清晰的研究工具,依然值得工程师学习、掌握。

第三节 制 药 工 程

一、现代制药工业的分类和主要特点

(一)现代制药工业的分类

从全医药产业的角度,可以粗略分为三大领域:药物原料及原料药的生产、药物制剂的生产及药物的经营。

按药物来源及从生产过程的技术特点考虑,可划分为:

(1)化学合成制药——由化工原料通过化学合成的方法制造各种制药中间体药物。

(2)天然药物及现代中药(包括中草药有效成分提取)——从动植物中分离和提取有效成分。

(3)微生物发酵制药及生化制药——用微生物发酵的方法产生抗生素和其他药物。

(4)现代生物技术制药——通过生物化学方法和现代生物工程技术生产药物。

(5)药物制剂过程技术——制成各具特性、满足各种需要的固体、液体及喷雾等药物制剂(药品)。

此外,国家有关部门在宏观管理工作中,参照国际惯例将医药行业分为 7 个子行业,包括:化学原料药工业、化学药品制剂工业、生物制剂工业、医疗器械工业、卫生材料工业、中成药工业及中药饮片工业。有时也可划分为 5 个子行业,即:化学原料药工业、化学药品制剂工业、生物制剂工业、中成药工业及中药饮片工业。

(二)制药工业的基本特点

现代医药工业绝大部分是现代化生产,它同其他工业有许多共性,但又有它自己的基本特点,可以简要地归纳为如下几点。

(1)高度的科学性、技术性。

(2)生产分工细致、质量要求严格。

(3)生产技术复杂、品种多、剂型多。

(4)生产的比例性、连续性。

(5)高投入、高风险、高产出、高效益。

二、制药工程技术的学科构成

制药工程技术最初形成是由药学、化学、工程学三大学科领域构成,形成支撑制药工程的基石。随着现代生物技术的运用及对于药品质量和安全性要求的进一步提高,生物技术和管理学科已发展成了现代制药工业不可或缺的重要保障。他们共同构成现代制药工程学科的基础,如图 2-3 所示。它是应用化学、药学、生物技术、工程学、管理学及相关科学理论和技术手段解决制造药物的实践工程的一门综合性的新兴交叉学科,涉及药物制造从开发到产品上市的全过程。

针对制药工业的不同领域,制药工程技术相应地产生、发展了一些分学科或方向,其基本构成如图 2-4 所示。其中的中药制药工程技术是我国独有的特色,也是我们更具有优势、

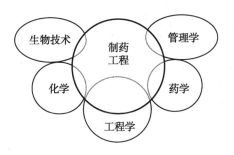

图 2-3 制药工程学科形成示意图

制药工程的领域
- 化学制药工程与技术
- 生物制药工程与技术
- 天然制药工程与技术
- 中药制药工程与技术
- 药物制剂工程与技术
- 药品生产质量管理系统工程
- 新药的研究与开发

图 2-4 制药工程学科的基本构成

更有责任发展的学科。

三、制药工程技术的作用及主要内容

（一）制药工程技术的地位和作用

在我国国民经济的各领域中，医药工业起着不可低估的作用和影响，而医药工业的发展是与制药工程技术的水平紧密相关的。随着我国医药工业的发展，我国的制药工程技术也取得了可喜的进展。应该说，医药工业的发展带动了制药工程技术的进步，制药工程技术的进步回过来又促进了医药工业的发展。制药工程技术在整个药物研究、制造及消费体系中的地位如图 2-5 所示。

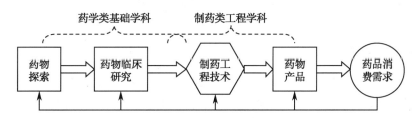

图 2-5 制药工程技术在药物体系中的地位

人类对健康的需求，促使人们不断地进行新药的探索研究，可能成为新药的物质经临床研究筛选出具有一定药用价值的对象，作为新的药物。而要生产出符合消费需要的药物产品即药品，必须在药物生产过程中利用制药工程技术方能实现。可见，制药工程技术在药物研究开发的产业化、商品化过程中，具有关键的作用和地位。在不断满足药品不断增长的消费需求的同时，又促进和推动药物探索研究、制药工程技术等的发展。任何药物的探索与研究成果，只有通过制药工程技术将其制成符合规范的药品，才能实现其价值。

（二）制药工程技术的概念及内容

制药工程是应用化学作用、生物作用以及各种分离技术，实现药物工业化生产的工程技术，在我国主要包括化学制药、生物制药、天然药物及中药制药等分学科，是建立在化学、药学（含中药学）、生物学和化学工程与技术基础上的多学科交叉专业，主要涉及药品规模化和规范化生产过程中的工艺、工程化和质量管理等共性问题。

制药工程技术是研究、设计和选用最安全、最经济和最简捷的药物工业生产途径的一门学科，也是研究、选用适宜的中间体和确定优质、高产的药物生产路线、工艺原理和工业生产过程，实现药物生产过程最优化的一门学科。制药工程是将制药技术研究的成果工程化、产业化的技术实践。

一般来说，"科学技术"一词的含义常常是指"科学和技术"；相应地，"工程技术"一词的含义也可以是指"工程与技术"，但也有认为"工程技术"一词的含义却不是指"工程与技术"，而应是"工程化的技术"或"在工程中使用的技术"。其实，无论何种见解，均表明制药工程与制药技术具有不可分割的紧密联系。很大程度上讲，制药工程的实施有赖于制药技术。本书把制药工程与技术作为一个整体即制药工程技术来进行阐述，主要是突出二者之间的不可分割性。

制药工程技术在药物产业化过程中具有举足轻重的作用，它涉及原料药及药品生产的方方面面，直接关系到产品的生产技术方案的确定、设备选型、车间设计、环境保护，决定着产品是否能够投入市场，以怎样的价格投入市场等企业生存与发展的关键因素。具体而言，制药工程技术至少涉及以下内容。

(1) 药物工艺路线设计、评价和选择。

(2) 药物生产工艺优化。

(3) 制药设备及工程设计。

(4) 药物原料、中间品和最终产品的质量分析检测与控制技术。

(5) 药品生产质量管理系统工程。

(6) 新药(包括新剂型)的研究与开发。

第四节　工　程　教　育

一、中国工程教育概况

近代中国工程教育始于 1895 年的天津北洋西学学堂，开办时设法科、土木工程、采矿冶金、机械工程等四学门。其后，南洋公学、唐山铁道学堂等逐渐开设。在影响工程教育发展的诸多因素中，工业化的程度尤其是推动或制约工程教育的重要环节。中国的工业化则从中华人民共和国建立的 1949 年开始，主要由政府推动。为适应国家工业发展需要，20 世纪 50 年代初期，我国高校先后进行了两次大规模院系调整，工科院校形成以单一行业性工学院为主的模式，本科工程教育有了飞速发展。在此阶段，工程教育采用的是前苏联模式，其突出特点之一即许多工科院校专攻一个行业，隶属于相应的部门，仅一部分多科性技术院校直接隶属于教育部。

我国工业化启动与工程教育的调整几乎同步，工程教育各方面的设置几乎为工业化推进"度身定做"，这种模式曾较为有效地配合了当时的工业化进程，但专业领域过于狭窄，使得学生很难适应日益迅猛发展的技术。同时，工程教育所需要资金基本来自国家，与企业间联系相当微弱，因此高校对企业的技术需要并不敏感，主要是提供人才，其自身的能动性没有完全发挥出来。

1978 年以来，尤其是 2000 年后，通过对前苏联模式的反思，认为这个模式本来就不完善，而国内在学习过程中又有很多的发展，有的专业分得比前苏联还细，尤其不利于学科之间交叉，不利于人才成长。考虑新中国成立以前中国高等工程教育基本上是学习美国模式，觉得现在应该适当地向原来的模式回归，因此就扩大专业的范围，或是合并相关专业，直到较大规模的并校，建立以综合大学为主的高等教育格局。

当代中国的工程教育规模历来较大，扩招前其招生规模约占本科的 40%，扩招后也在 30% 以上。2011 年，我国普通院校工科的本科毕业生、招生和在校生人数分别占当年的 31.6%(884 542)、31.8%(113 4270)和 31.7%(4 275 808);工科的研究生相应数据分别是
33.6%(139 653)、34.7%(187 520)和 35.6%(564 892)。

二、工程教育模式与发展

作为当今的工业化大国,工业界要求国内的工程教育机构有效迎接挑战,在培养高质量
工程人才上作出相应的贡献。中国、欧洲、美国的工程教育模式各有特点,欧洲以培养文凭
工程师为特点,本科毕业生可以直接承担工程师职责;美国以强化本科教育中的工程实践环
节为主,毕业生在校接受工程通才培养,进入企业后再完成工程专业实践训练。中国、欧洲
及北美区域的高校与企业、政府、社会组织间的联系如图 2-6 所示。

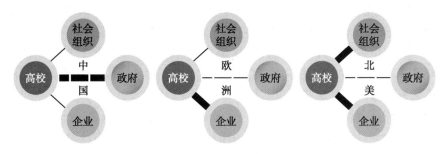

图 2-6 中国(左)、欧洲(中)、北美(右)高校与企业、政府、社会组织间的联系

图 2-6 的 3 种工程教育模式中,欧洲主要以企业推动为主,高校与企业保持密切联系,学
生在读期间可以接受比较充分的实习训练;北美以企业和社会推动为主,目标在于吸引更多
的学生选修工科,并继续保持其在制造业的领导地位;中国则是在市场经济发展中有所削弱
高校与企业之间的联系,且绝大多数企业无法向新入职人员提供适应的在职专业培训,期望
高校提供有足够专业训练的后备工程师,当前主要依靠政府推动,亟待强化与企业的合作。

图 2-7 给出了美国麻省理工学院的工程实践教学模式,在通识课程之上有三个层面,分
别是本科实践机会计划、CDIO 模式(图中第 3、4
两级)和工程领袖计划。

国内目前主要把工程师分为 4 类:

(1)服务工程师:主要从事工程项目建成后
的运行、维护与管理,或产品的营销、维修与服
务,或生产过程的维护。

(2)生产工程师:主要从事工程项目的建造,
产品的生产制造,或生产过程的运行。

(3)设计工程师:主要从事产品、工程项目或
生产过程的设计与开发。

(4)研发工程师:主要从事复杂产品或大型工
程项目的研究、开发和咨询及工程科学的研究。

上述 4 类工程师主要是按工作性质分类,没
有人为规定等级、层次之别,更多的应是实践经

图 2-7 美国麻省理工学院工程实践教学模式

验积累的不同。当然,随着工程实践经验的积累,服务、生产工程师能够向设计工程师领域
发展;生产、设计工程师如果对于构建系统知识、进行深度探索有兴趣,也会向研发工程师

(或工程科学家)发展。

国外的"工程技术人才"主要有技能型、技术型、工程型等3类。工程型人才主要依靠所学的专业基本理论,专门知识和基本技能,将科学原理及学科知识体系转化为设计方案或设计图纸。技术型人才主要从事产品开发、生产现场管理、经营决策等活动,将设计方案与图纸转化为产品。技能型人才则主要依靠熟练的操作技能来具体完成产品的制作,他们把决策、设计、方案等变成现实,转化为不同形态的产品,主要承担生产实践任务。在欧美各国,工程人才有多元化的工程技术教育模式。其中,工程教育对应于工程师(engineer- 美 PE、英 CEng、德 Dipl Ing);工程技术教育对应于技术工程师(technologist- 美 PTech、英 IEng、德 Dipl Ing FH)和技术员(technician- 英 EngTech/ICTTech、德 Techniker)。

美国在21世纪的工程教育改革更注重了对中小学生的工程意识培养。2011年,美国国家研究理事会发布了科学教育文件《K-12科学教育的框架:实践,跨学科概念与核心概念》,第一次将工程单独列出并加入到科学教育的新框架中,并且声明:"此科学框架,旨在帮助实现科学和工程领域教育的愿景,在这些领域,学生多年来积极从事科学和工程实践、应用跨学科概念去加深他们对这些领域的核心思想的理解"。

此框架对工程教育给出了明确的说明,定义工程领域的核心概念是——工程设计,相应的跨学科概念是——工程、技术、科学与社会的联系,进一步细化为:ETS1. 工程设计,A. 工程问题的定义和界限,B. 寻找可能的解决方案,C. 优化设计方案;ETS2. 工程、技术、科学和社会的联系,A. 科学、工程、技术的相互依赖性,B. 工程、技术、科学对社会和自然界的影响。在此摘录对高中毕业生的工程教学标准,供新进入大学的中国学生参考、对照:

Students who demonstrate understanding can:

HS-ETS1-1. Analyze a major global challenge to specify qualitative and quantitative criteria and constraints for solutions that account for societal needs and wants.

HS-ETS1-2. Design a solution to a complex real-world problem by breaking it down into smaller, more manageable problems that can be solved through engineering.

HS-ETS1-3. Evaluate a solution to a complex real-world problem based on prioritized criteria and trade-offs that account for a range of constraints, including cost, safety, reliability, and aesthetics, as well as possible social, cultural, and environmental impacts.

HS-ETS1-4. Use a computer simulation to model the impact of proposed solutions to a complex real-world problem with numerous criteria and constraints on interactions within and between systems relevant to the problem.

自2010年起,我国正式实施"卓越工程师教育培养计划",主要思路是面向工业界、面向未来、面向世界,改革人才培养模式,完善校企合作机制,合作培养卓越工程师后备人才。

三、工程教育认证与国际化

按照国际惯例,工程师的注册一般包括三方面的要求:教育要求,经历要求和考试要求,因为三者都以 E 字母为首,故称为3E 要求;其中,教育要求应不低于经过鉴定的4年制工程学士学位教育。因此,工程教育专业认证是工程师注册制度实施的前提和基础。

我国工程教育认证由教育部委托"全国工程教育认证专家委员会"进行体系设计。目前,认证工作按教育部本科专业目录在13个工科专业类(不包括土建类)成立了认证分支机构,开展了认证工作。

认证工作的目标是:促进我国工程教育改革,加强工程实践教育,进一步提高工程教育的质量;建立与注册工程师制度相衔接的工程教育专业认证体系;吸引工业界的广泛参与,进一步密切工程教育与工业界、社会的联系,提高工程教育人才培养对工业产业的适应性;促进我国工程教育参与国际交流,实现国际互认。

专业认证是针对工程教育专业进行的鉴定、评估,而且认证过程由非营利性的组织实施,被评估专业所在学校可自愿申请参与认证。专业认证的主要依据是全国工程教育专业认证标准,其分为:通用标准和专业补充标准两部分。通用标准是各工程教育专业应该达到的基本要求;专业补充标准是在通用标准基础之上根据本专业特点提出的特有的具体要求。通用标准中主要包含七方面的内容:学生发展、培养目标、师资队伍建设、学生毕业要求、持续改进机制、课程体系设置和专业支撑条件。

我国工程教育专业认证制度的基本理念是具有"国际实质等效性",即是针对《华盛顿协议》签约国的通用要求,我国的工程教育认证标准设计、认证程序实施、认证结论审计等制度的制定要与《华盛顿协议》的基本要求保持一致。同时,在认证工作中还要考虑我国工程教育专业体量大、发展迅速的实际情况,符合中国工程教育的发展进程与需要。

工程专业认证的基本特点包括:认证工作面向工业界、面向世界、面向未来;工程教育专家和行业专家联合实施认证的基本方法;认证工作具有国际实质等效的通用标准;以学生学习产出为导向,面向全体学生;认证工作是合格评估而非水平评估。

根据《华盛顿协议》的要求,教育部组建并授权"中国工程教育认证协会"开展认证工作,对外由中国科协代表中国加入《华盛顿协议》。2013年6月19日,在韩国首尔,经《华盛顿协议》全体签约成员表决,全票通过我国加入《华盛顿协议》,我国成为《华盛顿协议》的第21个签约成员。首先获得的是预备成员资格,预备成员通过规定的审查和评估,方可转为正式成员。

四、制药工程专业教育的发展及培养要求

制药产业的兴衰主要取决于制药工艺与制药工程的进步和发展。若把制药产业比喻成一个人,那么工艺和工程则是这个人的两条腿,由于长短不一,走起路来很不协调。要使我国的制药工业继续保持高速协调发展,实现2020年乃至本世纪中叶的远景目标,建立起高度现代化的医药工业体系,必须十分重视制药工程的发展,更新观念,改变长期以来形成的重工艺、轻工程,忽视过程效益和规模效益的传统观念。实现大医药、大集团战略,重视药物制造工艺和工程过程的研究、开发和重效益。因而,现代医药工业的发展要求制药工程学科的支撑,对制药工程学科发展提出了迫切的要求。

而另一方面,随着社会的不断进步,原有的由药学、工程和管理等院系分别培养,掌握单一学科门类知识的人才已不能适应现代制药业对制药人才的需求。现代制药业需要掌握制药过程和产品双向定位,具有多种能力和交叉学科知识,了解密集工业信息,熟悉全球和本国政策法规的复合型制药工程师。他们将集成各种知识,有效地优化药物的开发和制造过程。在这样的背景下,制药工程技术专业人才成为当今社会的急需人才,而高素质的人才首先取决于良好的人才培训和教育体系。1998年,我国也开始建立医药领域内的交叉性工程专业——制药工程。迄今,已建立起专科、本科、硕士和博士及博士后的完整人才培养体系。

该专业具有以下特点:

培养目标:培养德、智、体等方面全面发展,能适应制药工业发展的专业技术人才。毕业生应具备制药工程专业知识和从事药品、药用辅料、医药中间体及其他相关产品的技术开发、工

程设计和生产质量管理等方面的能力,具有良好的职业道德和高度社会责任感、较强的产品质量意识和社会交流能力,能在制药行业及其相关领域的生产企业、科研院所、设计院和管理部门等从事产品开发、工程设计、生产管理和科技服务等工作或进入本学科及相关学科继续深造。

培养要求:主要学习药品制造、工程设计和生产质量管理等方面的基本理论和基本知识,接受专业实验技能、工艺研究和工程设计方法等方面的基本训练,掌握从事药品研究与开发、制药工艺设计与放大、制药设备与车间设计、药品生产质量管理等方面的基本能力。

核心知识领域:无机化学、有机化学、分析化学、物理化学、生物化学、工程制图、化工原理、药物化学、制药工艺学和制药设备与车间设计。

制药工程专业的毕业生应获得以下几方面的知识和能力。

(1) 具有良好的职业道德、强烈的爱国敬业精神、高度的社会责任感和良好的人文科学素养。

(2) 具有从事制药工程工作所需的自然科学知识及一定的经济管理知识。

(3) 具有良好的质量、环境、职业健康、安全和服务意识。

(4) 掌握药品制造的基本理论与技术、工程设计的基本原理与方法和生产质量管理等方面的基本知识,掌握药品生产工艺流程制订与车间设计的方法和原理,了解制药工程学科的前沿和药品生产新工艺、新技术与新设备的发展动态。

(5) 能综合运用所学科学理论,分析提出和解决问题的方案,具有解决工程实际问题的能力。

(6) 具有对药品新资源、新产品、新工艺进行研究、开发和设计的初步能力,具有良好的开拓精神和创新意识及获取新知识的能力。

(7) 了解本专业领域技术标准,熟悉国家关于药品生产、药品安全、环境保护、社会责任等方面的政策和法规。

(8) 具有较好的组织管理能力、较强的交流沟通、环境适应和团队合作的能力。

(9) 具有应对药品生产和使用中突发事件的初步能力。

(10) 具有一定的国际视野和跨文化环境下的交流、竞争与合作的初步能力。

思 考 题

1. 工程师的知识内核由科学知识、设计知识和管理知识三大部分组成,请简要分析工程师所需的管理知识具体涵盖什么内容。

2. 数学家希尔伯特对其同时代的工程师有着较为严格的批评——工程师只是在一遍又一遍地重复前人的错误。请从工程创新的角度分析这句话。

3. 在职业实践中,工程师与医生一样,都非常强调实践时的严谨、规范。请思考,为什么要强调专业人员在职业实践时谨守规范? 谨守是否会影响创新实现?

4. 联合国教科文组织在 1996 年提出了面向 21 世纪的教育的四大支柱——学会认知(Learning to know),学会做事(Learning to do),学会共同生活(Learning to live together)和学会生存(Learning to be)。请结合图 2-7 中的 CDIO 模式简要分析两者之间的关联。

5. 制药工程技术学科主要与哪些学科相关? 其主要作用及基本内容是什么?

6. 制药工程本科专业人才的培养要求有哪些?

(承　强)

第二篇 原料药的制造及制剂生产

第三章 化学制药工业过程

学习目标

1. 初步熟悉化学药物生产的基本工业过程及工艺优化的基本方法。
2. 了解化学药物合成基本原理,初步熟悉其合成工艺路线选择与评价方法。
3. 了解化学药物合成中的绿色化学概念及基本原则。
4. 初步了解化学制药反应装备及过程放大的基本原理和方法。

现代工业根据药物的生产性质,将药品分为原料药和制剂两大门类。在原料药中,又根据药物的来源与生产技术的不同,分为天然药物、化学合成药物、微生物药物与生物技术药物。20 世纪药物主要来源于化学合成、天然物质提取与微生物发酵。21 世纪药物来源更加丰富。传统的化学合成药在合成设计、合成思路、合成技术与方法上将与多学科交叉融合,产生新的突破。

化学合成药物一般由化学结构比较简单的化工原料经过一系列化学合成和物理处理过程制得(习称全合成);或由已知具有一定基本结构的天然产物经化学结构改造和物理处理过程制得(习称半合成)。在多数情况下,一个化学合成药物往往可有多种合成途径,通常将具有工业生产价值的合成途径称为该药物的工艺路线。在化学制药工业生产中,首先是工艺路线的设计和选择,以确定一条最经济、最有效的生产工艺路线。

化学合成药在 21 世纪将仍然是药物的主要来源。全合成、半合成仍然是合成新药的主要手段。手性药物的合成将是 21 世纪化学合成药物的热点之一。不同光学对映体的药物在人体内的活性、代谢、毒性上存在显著差异,而目前使用的大部分药物是消旋体。今后化学合成药物大多将以其有效的单一异构体上市使用。

第一节 化学药物合成基本原理

一个药物的化学合成,有的一步反应即可得到目的药物;有的则要几步、十几步,甚至数十步的化学反应才得以获取目的药物。随着现代物理学、化学、生物学、医学、药学及工程学科的迅速发展,旧的药物在不断淘汰并大大加快了汰劣速度,新的药物在不断涌现并提高了对新的疾病治疗药物发现速度和化学合成技术的更新,周而复始,循环往复,螺旋式整体上升,更加不断带动了化学药物合成方法、合成手段、合成技术的创新和化学药物合成水平的整体提高。

理论上,无论一个药物分子结构多么复杂,大都可以做到经由若干个单元化学合成反应,或合成反应组合来完成其化学合成。为了方便认识、了解和掌握药物化学合成单元反应的相关基本知识,现介绍常用的 10 种单元合成反应及其基本原理。

一、卤化反应

从广义上讲,向有机分子中引入卤素原子的反应称为卤化反应(halogenation reaction)。根据引入卤素的不同,可分为氟化、氯化、溴化和碘化。由于不同种类卤素的活性和碳 - 卤键的稳定性差异等因素,氟化、氯化、溴化和碘化各有其不同的特点。其中,氯化和溴化较为常用。近年来,随着含氟药物在临床上的应用呈上升趋势,氟化反应也相应引起了人们的关注。

一般说来,氯、溴和碘原子的引入,可采用直接对应的卤化方式进行反应;但是氟的引入只能用间接方式进行。卤化反应还可以细分为加成反应、取代反应、置换反应。

二、硝化反应

在有机化合物分子中引入一个或几个硝基的反应称为硝化反应(nitration reaction)。常用的硝化试剂主要是混酸、硝酸、氯化硝酰及氮氧化物等。

广义的硝化反应包括氧 - 硝化、氮 - 硝化和碳 - 硝化。用混酸硝化双脱水山梨醇,生成抗心绞痛药硝酸异山梨酯(isosorbide dinitrate)的反应为氧 - 硝化反应。

用 2- 甲基 -2- 羟基 - 丙腈硝酸酯硝化吗啉,生成 *N*- 硝基吗啉的反应为氮 - 硝化反应。

用混酸硝化乙苯,生成抗菌药氯霉素(chloramphenicol)的中间体对硝基乙苯的反应为碳 - 硝化反应。

三、磺化反应

磺化反应(sulfonation reaction)是指在有机化合物分子中引入磺酸基($-SO_3H$),磺酸盐基

(如 -SO$_3$Na)或磺酰卤基(-SO$_2$X)的化学反应。生成的产品是磺酸(R-SO$_3$H,R 表示烃基)、磺酸盐(R-SO$_3$M,M 表示 NH$_4$ 或金属离子)或磺酰卤(R-SO$_2$X)。S 原子和 C 原子相连,得到的产物是磺酸(R-SO$_3$H);S 原子和 O 原子相连,得到的产物是硫酸酯(R-OSO$_3$H);S 原子和 N 原子相连,则得到磺胺(R-NHSO$_3$H)化合物。

四、重氮化反应

芳香族伯胺在无机酸存在下与亚硝酸作用,生成重氮盐的反应,称为重氮化反应(diazotization reation)。芳伯胺常称为重氮组分,亚硝酸为重氮化剂。由于亚硝酸不稳定,通常使用亚硝酸钠和无机酸作用,使反应时生成的亚硝酸立即与芳伯胺反应,以避免亚硝酸的分解。反应通式为:

$$ArNH_2 + NaNO_2 + 2HX \longrightarrow ArN_2^+X^- + NaX + 2H_2O$$

式中,X=Cl,Br,HSO$_4$,NO$_3$ 等。

重氮化反应的生成物为重氮盐,因其与铵盐或季铵盐相似,溶于水且电离出 $Ar\overset{+}{N}\equiv N$ 正离子和酸根负离子,光和热都能促进重氮分解,因此,重氮化反应常在低温下进行,重氮盐溶液也不宜久放,通常是制得后就用于下一步反应。重氮盐的化学性质很活泼,可与多种试剂反应,转化成许多类型的化合物。

五、氧化反应

氧化反应(oxidation reaction)是一类常见的有机化学反应,在药物合成中应用十分广泛。广义上讲,有机化合物分子中凡是失去电子或电子发生偏移,从而使碳原子上电子云密度降低的反应,统称为氧化反应。狭义上讲,则是指有机物分子中增加氧、失去氢,或同时增加氧、失去氢的反应,而不涉及形成 C-X、C-N、C-S 等新化学键。通过氧化反应,可以将烯烃、醇、醛、酮、活性亚甲基化合物、芳烃等氧化成相应的醇、环氧化物、醛、酮、酸等化合物,这些化合物都是药物合成的重要中间体,有些本身就是药物,可直接用于临床。因此,氧化反应在药物合成中的应用非常广泛。

氧化反应通常是在氧化剂或氧化催化剂存在下实现的。氧化剂种类很多,特点各异。常用的氧化试剂为高价金属或非金属元素含氧酸或盐(如高锰酸钾、高氯酸),高价金属或非金属元素氧化物(如二氧化锰、二氧化氯),有机或无机富氧化合物(如有机过氧酸、硝基化合物、臭氧、过氧化氢),非金属单质(如氯气)或元素(如硫黄)等。往往一种氧化剂可以与多种不同的基团发生反应,而同一种基团也可以被多种氧化剂氧化,同时氧化过程往往伴随很多副反应。因而,选择适宜的符合要求的氧化剂是比较复杂的过程,需要将多方面的因素加以综合考虑。

六、还原反应

广义地说,还原反应(reduction)指的是化合物获得电子的反应,或使参加反应的原子上电子云密度增加的反应。狭义地说,有机物的还原反应指的是有机物分子中增加氢的反应或减少氧(以及硫或卤素)的反应,或两者兼而有之的反应。还原反应的主要类型有 5 种,实现还原反应的方式可以分为三大类,如图 3-1 所示。

七、烃化反应

在有机化合物分子中的碳、氮、氧等原子上引入烃基的反应称为烃化反应(hydrocarbylation

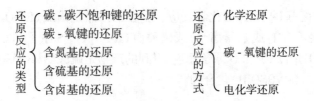

图 3-1 还原反应的主要类型及方式

reaction)。引入的烃基包括饱和的、不饱和的、脂肪的、芳香的,以及具有各种取代基的烃基。

烃基的引入方式主要是通过取代反应,也可通过双键加成实现烃化。

$$R—O—H + X—R' \longrightarrow R—O—R'$$

$$R—O—H + H_2C=CH—CN \longrightarrow R—O—CH_2—CH_2—CN$$

上述反应中,一般 R-OH 称为被烃化物,X-R',RX,$H_2C=CH—CN$ 一般称为烃化剂。烃化反应按被烃化物的结构可分为:氧原子上的烃化反应(O- 烷化)、氮原子上的烃化反应(N-烷化)和碳原子上的烃化反应(C- 烷化)。常见的被烃化物有醇(ROH)、酚(ArOH)等,在羟基氧原子上引入烃基、胺类(RNH_2);在氨基氮原子上引入烃基,活性亚甲基($CH_2—$),芳烃(ArH)等;在碳原子上引入烃基。

烃化反应也可按使用的烃化剂分类。烃化剂的类型及其最常用的烃化剂如图 3-2 所示。图 3-2 还给出了烃化反应的机理类型。

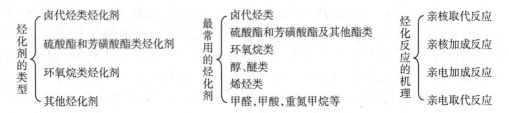

图 3-2 烃化剂分类、常用烃化剂以及烃化反应机理类型

八、酰化反应

酰化反应(acylation reation)是指有机化合物分子中与碳、氧、氮、硫等原子相连的氢被酰基取代的反应。碳原子上的氢被酰基取代的反应叫 C- 酰化,生成的产物是醛、酮或羧酸。氨基氮原子上的氢被酰基取代的反应叫 N- 酰化,生成的产物是酰胺。羟基氧原子上的氢被酰基取代的反应叫 O- 酰化,生成的产物是酯,通常叫酯化。

酰化反应可用下列通式表示:

$$\overset{O}{\overset{\|}{R—C—Z}} + G—H \longrightarrow \overset{O}{\overset{\|}{R—C—G}} + HZ$$

式中的 RCOZ 为酰化剂,Z 代表 X,-OCOR,-OH,-OR',-NHR'等;G-H 为酰化物,G 代表 ArNH,RNH,R'O,Ar 等。

通过碳酰化在芳环上引入酰基制得芳醛、芳酮如苯乙酮、蒽醌衍生物等,这类反应的特点是产物分子中形成新的 C—C 键,所以也称为非成环缩合。含氨基或羟基化合物与酰化剂作用转变为酰胺或酯,引入酰基后可改变原化合物的性质和功能。另外酰化可以作为氨基的"保护基团",反应完成后再将酰基水解掉。

九、缩合反应

缩合反应的含义很广,凡是两个分子互相作用失去一个小分子,生成一个较大分子的反应,以及两个分子通过加成反应生成一个较大分子的反应都可以称作缩合反应(condensation reation)。反应过程中,一般同时脱去一些简单的小分子(如水、醇、氨、卤化氢等),加成缩合不脱去任何分子。本部分只讨论脂链中亚甲基和甲基上的酸性活泼氢被取代而形成新的碳-碳键的缩合反应。它既有碳-烃化反应,也有碳-酰化反应,但有其共同的特点。通过这类缩合反应可制得一系列医药中间体。

十、环合反应

环合反应(ring closure reaction)是指在有机化合物分子中形成新的碳环或杂环化合物的反应。有时也称闭环或成环缩合。环合反应一般分成两种类型,一种是分子内部进行的环合,称为单分子环合反应;另一种是两个(或多个)不同分子之间进行的环合,称为双(或多)分子环合反应。

环合反应也可根据反应时所放出的简单分子的不同而分类。例如脱水环合、脱醇环合、脱卤化氢环合等。也有不放出简单分子的环合反应,例如,双烯1,4加成反应。环合反应具有4个特点,如表3-1所示。

表3-1　环合反应的特点

特点1	具有芳香性的六元环和五元环都比较稳定,而且也比较容易形成
特点2	除了少数以双键加成方式形成环状结构外,大多数环合反应在形成环状结构时,总是脱落某些简单的小分子,如水、氨、醇、卤化氢、氢气等
特点3	反应物分子中适当位置上必须有反应性基团,使易于发生分子内环合反应。为了形成杂环,起始反应物之一必须含有杂原子
特点4	绝大多数环合反应都是先由两个反应物分子在适当的位置发生反应,连接成一个分子,但尚未形成新环;然后在这个分子内部适当位置上的反应性基团间发生缩合反应而同时形成新环。即它们绝大多数是分子内环合反应

第二节　化学药物合成途径设计

一、化学药物合成途径设计的基本原则

(一)考虑化学药物合成途径的作用

一个化学合成药物往往可通过多种不同的合成途径制备,通常将具有工业生产价值的合成途径称为该药物的工艺路线。在化学合成药物的工艺研究中,首先是化学合成途径的设计和选择,以确定一条经济而有效的生产工艺路线。

化学合成途径是化学药物生产技术的基础和依据,它的技术先进性和经济合理性是衡量生产技术成本高低的尺度。结构复杂、化学合成步骤较多的药物,其合成途径的设计和选择尤其重要。必须探索化学合成途径的理论和策略,寻找化学合成药物的最佳途径,使它适

合于工业生产。同时,还必须认真地考虑经济成本问题。合成同一种药物,由于采用的原料不同,其合成途径与工艺、"三废"治理等不同,产品质量、收率和成本也不同。

(二)合成对象的基本特点

化学药物合成途径的研究对象往往具有以下特点:

(1)即将上市的新药。在新药研究的初期阶段,对研究中新药(investigational drug,IND)的成本等经济问题考虑较少,化学合成工作一般以实验室规模进行。当 IND 在临床试验中显示出优异性质之后,便要加紧进行生产工艺研究,并根据社会的潜在需求量确定生产规模。这时必须把药物化学合成的工业化、最优化和降低生产成本放在首位。

(2)专利即将到期的药物。药物专利到期后,其他企业便可以仿制,药物的价格将大幅度下降。成本低、价格廉的生产企业将在市场上具有更强的竞争力,设计、选择合理的工艺路线显得尤为重要。

(3)产量大、应用广泛的药物。某些活性确切的老药(如阿司匹林),社会需求量大、应用面广,如能设计、选择更加合理的工艺路线,简化操作程序、提高产品质量、降低生产成本、减少环境污染,可为企业带来极大的经济效益和良好的社会效益。

(三)判别化学合成途径是否合理的基本依据

理想的药物化学合成途径或路线应该具有如下一些特点:①化学合成途径简易;②原辅材料价廉、易得;③中间体容易以较纯形式分离出来,质量合乎要求的标准,最好是多步反应连续操作;④可在易于控制的条件下进行制备,如安全、无毒;⑤设备条件要求不苛刻;⑥"三废"少并且易于治理;⑦操作简便,经分离、纯化易达到药用标准;⑧收率高、成本低,社会、经济和环保效益好。

(四)选择化学合成途径的基本过程

药物化学合成途径设计和选择时,必须先对类似化合物进行国内外文献资料调查研究和论证。优选一条或若干条技术先进、操作切实可行、设备容易解决、原辅材料有可靠来源的合成途径或技术路线,写出文献总结和研究方案(包括多条技术路线的对比试验)。新药的生产研究还必须与原卫生部制定发布的《新药审批办法》相衔接,该《办法》要求新药审批材料中要有新药的合成路线、反应条件、精制方法;确证其化学结构的数据和图谱(红外、紫外、核磁、质谱等);生产过程中可能产生或残留的杂质、质量标准;稳定性试验数据;"三废"治理试验资料等。

当然,药物合成途径设计应针对药物化学结构和合成条件等不同特点,因地制宜地将它们结合起来考虑。例如,苯丙酸类抗炎药,当前常见的有布洛芬(ibuprofen),酮洛芬(ketoprofen),萘普生(naproxen)和非诺洛芬钙(fenoprofen calcium)等二十余种,它们共有的化学结构为 2 位芳香基取代丙酸,也是 α- 甲基芳基乙酸衍生物,都含有手性碳原子,一般在体内可由 R 型转化为 S 型:只有萘普生需拆分其 $S(+)$ 异构体方有效。又如,酮洛芬的合成反应若以二苯酮为原料,需在其间位引入碳 - 碳键,就不能用 Friedel-Crafts 反应中的酰化反应,而只能用 Friedel-Crafts 反应中的烷化反应,即由二氯甲醚($ClCH_2OCH_2Cl$)进行烷化反应,才能生成碳 - 碳键,引入氯甲基得其关键中间体:3- 氯甲基二苯基酮。

化学结构测定的资料对设计合成途径也很重要。在用降解法测定化学结构时,某个降解产物很可能被考虑作为该药物的关键中间体。因为在降解过程中,常需要从降解产物合成为原来的药物,确证它们之间的结构联系。特别是某些天然药物的合成,可简化为其某个关键中间体的合成。如图 3-3 所示,在樟脑的合成中,得知其降解产物为樟脑酸后,可设计

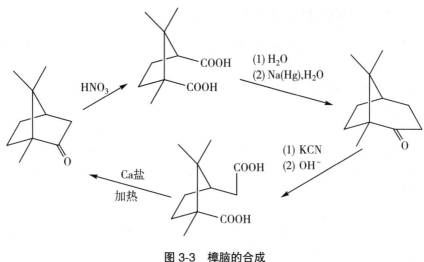

图 3-3　樟脑的合成

为二羧酸化合物再转变为樟脑。因此,先需要考虑合成樟脑酸的方式。

二、化学药物合成途径设计的基本策略

(一) 概述

化学药物合成路线设计方法与有机合成设计方法有许多类似之处,并在不断丰富和发展中。最近 20 年,人们在新的合成方法、技术以及合成化合物的复杂性方面,不断创新发展。哈佛大学 Kishi 教授领导的研究小组经过 8 年努力,于 1989 年完成了海葵毒素的全合成。海葵毒素是从海洋生物中分离出的一种剧毒物质,分子式为 $C_{129}H_{223}N_3O_{54}$,可能存在的异构体数目为 2 的 71 次方,合成海葵毒素是一项极具挑战性的工作。因此,该项成果亦被誉为有机合成界的“珠穆朗玛峰”。海葵毒素的全合成是有机化学 100 多年来积极探索、不断积累的结果,它的成功预示着有机合成必将步入新的辉煌,也必将为化学药物合成带来新的方法、技术和手段。

(二) 化学有机合成分类及合成路线设计策略

1. 化学有机合成分类　药物合成路线设计属于有机合成化学中的一个分支,从使用的原料来分,有机合成可分为全合成和半合成两类。

(1) 由具有一定基本结构的天然产物经化学结构改造和物理处理过程制得复杂化合物的过程,即所谓半合成(semi synthesis)。

(2) 以化学结构简单的化工产品为起始原料,经过一系列化学反应和物理处理过程制得复杂化合物的过程,即所谓全合成(total synthesis)。

2. 合成路线设计策略　与半合成、全合成相对应的,合成路线的设计策略也可分为两类。

(1) 由原料而定的合成策略:在由天然产物出发进行半合成或合成某些化合物的衍生物时,通常根据原料来制定合成路线。

(2) 由产物而定的合成策略:由目标分子作为设计工作的出发点,通过逆向变换,直到找到合适的原料、试剂以及反应为止,是合成中最为常见的策略。

三、化学药物合成途径设计的基本方法

有机合成常用的方法主要是正向合成分析法和逆向合成分析法（又称追溯求源法、倒推法）。

正向合成分析法是从已知原料入手，找出合成所需的直接或间接的中间体，逐步推向合成的目标有机物。

基础原料→中间体→中间体→……→目标化合物

逆向合成分析法是设计复杂化合物的常用方法。它是将目标化合物倒退一步寻找上一步反应的中间体，而这个中间体又可由上一步的中间体得到，以此类推，最后确定最适合的基础原料和最终的合成路线。

目标化合物→中间体→中间体→……→基础原料

此外还有：模拟类推法、分子对称法等。鉴于后继课程"药物合成反应"还要详细阐述具体方法和技巧，本书只做基本规则的简要介绍，不再详细举例。

（一）逆合成方法

1. 逆合成法的含义及发展过程　逆合成法（retrosynthesis）是从药物分子的化学结构出发，将其化学合成过程一步一步逆向推导进行寻源的思考方法，又称倒推法或逆向合成分析（retrosynthesis analysis），是合成路线设计中应用最为广泛的方法。逆合成的过程是对目标分子进行切断（disconnection），寻找合成子（synthon）及其合成等价物（synthetic equivalent）的过程。切断是对目标化合物结构剖析的一种处理方法，想象在目标分子中有价键被打断，形成碎片，进而推出合成所需要的原料。切断的方式有均裂和异裂两种，即切成自由基形式或电正性、电负性形式，后者更为常用。切断的部位极为重要，原则是"能合的地方才能切"，合是目的，切是手段。

2. 逆合成方法的基本过程　逆合成方法的基本过程包括：

（1）化合物结构的宏观判断：找出基本结构特征，确定采用全合成或半合成策略。

（2）化合物结构的初步剖析：分清主要部分（基本骨架）和次要部分（官能团），在通盘考虑各官能团的引入或转化的可能性之后，确定目标分子的基本骨架，这是合成路线设计的重要基础。

（3）目标分子基本骨架的切断：在确定目标分子的基本骨架之后，对该骨架的第一次切断将分子骨架转化为两个大的合成子，第一次切断部位的选择是整个合成路线的设计关键步骤。

（4）合成等价物的确定与再设计：对所得到的合成子选择合适的合成等价物，再以此为目标分子进行切断，寻找合成子与合成等价物。

（5）重复上述过程，直至得到可购得的原料。

3. 逆合成路线设计考虑的因素　一般说来，做合成路线设计分析时，根据药物的化学分子结构，首先考虑哪些官能团可以通过官能团化或官能团转换得到；在确定分子的基本骨架后，寻找其最后一个结合点作为第一次切断的部位，考虑这个切断所得到的合成子可能是哪种合成等价物，经过什么反应可以构建这个键；在对合成等价物进行新的剖析，继续切断，如此反复追溯求源直到最简单的化合物，即起始原料为止。起始原料应该是方便易得、价格合理的化工原料（中间体、副产物）或天然化合物。最后是各步反应的合理排列与完整合成路线的确立。

药物分子中 C—N、C—S、C—O 等碳 - 杂键的部位,通常是该分子的首先选择切断部位;在 C—C 键的切断时,通常选择与某些基团相邻或相近的部位作为切断部位,由于该基团的活化作用,使合成反应容易进行;在设计合成路线时,碳骨架形成和官能团的运用是两个不同的方面,二者相对独立但又相互联系;因为碳骨架只有通过官能团的运用才能装配起来。通常碳 - 杂键为易拆键,也易于合成。因此,先合成碳 - 杂键,然后再建立碳 - 碳键。

例 3-1:抗真菌药益康唑(econazole,结构式 3-1)

益康唑(econazole,结构式 3-1)

益康唑分子中有 C—O 和 C—N 两个碳 - 杂键的部位,可从 a、b 两处追溯其合成的前一步中间体。按虚线 a 处断开,(3-1)的前体为对氯甲基氯苯和 1-(2,4- 二氯苯基)-2-(1- 咪唑基)乙醇(结构式 3-2);剖析(3-2)的结构,进一步追溯求源,断开 C—N 键,(3-2)的前体为 1-(2,4- 二氯苯基)-2- 氯代乙醇(结构式 3-3)和咪唑。按虚线 b 处断开,(3-1)的前体则为 2-(4- 氯苯甲氧基)-2-(2,4- 二氯苯)氯乙烷(结构式 3-4)和咪唑,(3-4)的前体为对氯甲基氯苯和(3-3)。

这样,(3-1)的合成有 a、b 两种连接方法;C—O 键与 C—N 键形成的先后次序不同,对合成有较大影响。若用上述 b 法拆键,(3-3)与对氯甲基氯苯在碱性试剂存在下反应制备中间体(3-4)时,不可避免地将发生(3-4)自身分子间的烷基化反应,从而使反应复杂化,降低(3-4)的收率。因此,采用先形成 C—N 键,然后再形成 C—O 键的 a 法连接装配更为有利。

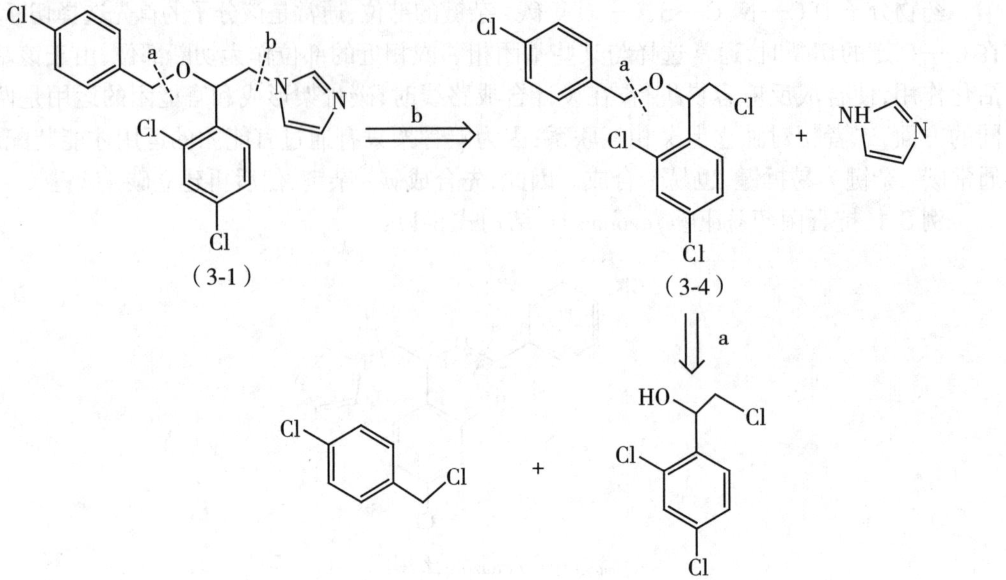

再剖析(3-3),它是一个仲醇,可由相应的酮还原制得。故其前体化合物为 β- 氯代 -2,4- 二氯苯乙酮(结构式 3-5),它可由 2,4- 二氯苯(间二氯苯)与氯乙酰氯经 Friedel-Crafts 反应制得。

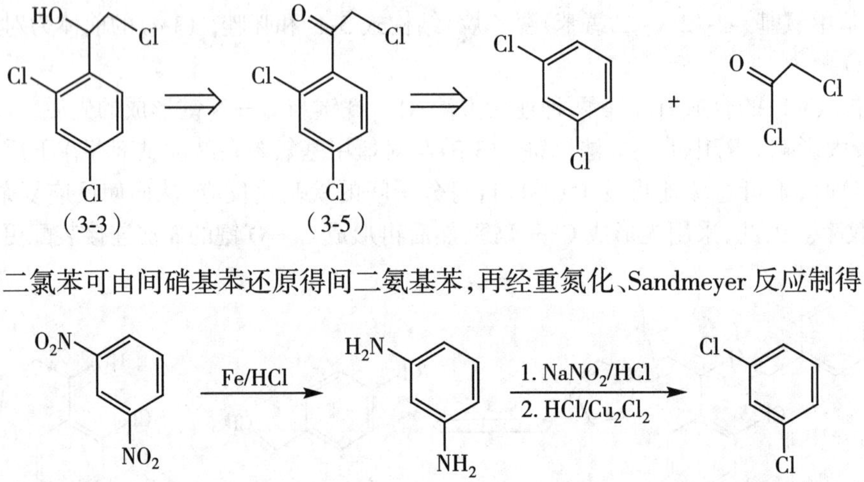

而间二氯苯可由间硝基苯还原得间二氨基苯,再经重氮化、Sandmeyer 反应制得。

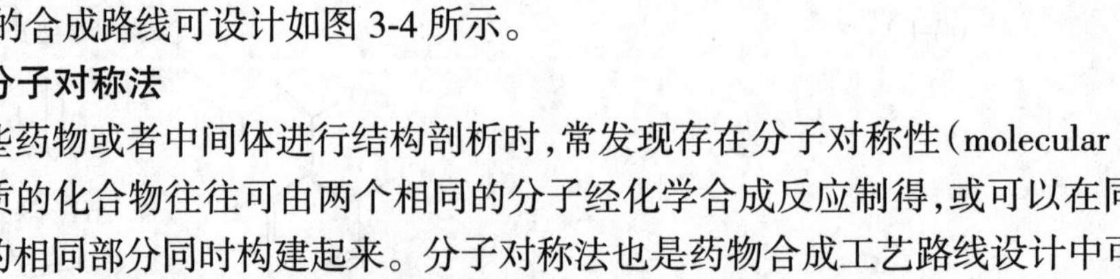

对氯甲基氯苯可由对氯甲苯经氯化制得。这样,以间二硝基苯和对氯甲苯为起始原料合成(3-1)的合成路线可设计如图 3-4 所示。

(二) 分子对称法

对某些药物或者中间体进行结构剖析时,常发现存在分子对称性(molecular symmetry),具有该性质的化合物往往可由两个相同的分子经化学合成反应制得,或可以在同一步反应中将分子的相同部分同时构建起来。分子对称法也是药物合成工艺路线设计中可采用的方法。分子对称法的切断部位主要是沿对称中心、对称轴、对称面切断。

例 3-2:从中药川芎中分离出来的川芎嗪(ligustrazine,结构式 3-6),又名四甲基吡嗪(tetramethylpyrazine),可用于治疗闭塞性血管疾病、冠心病、心绞痛。根据其分子内对称性和

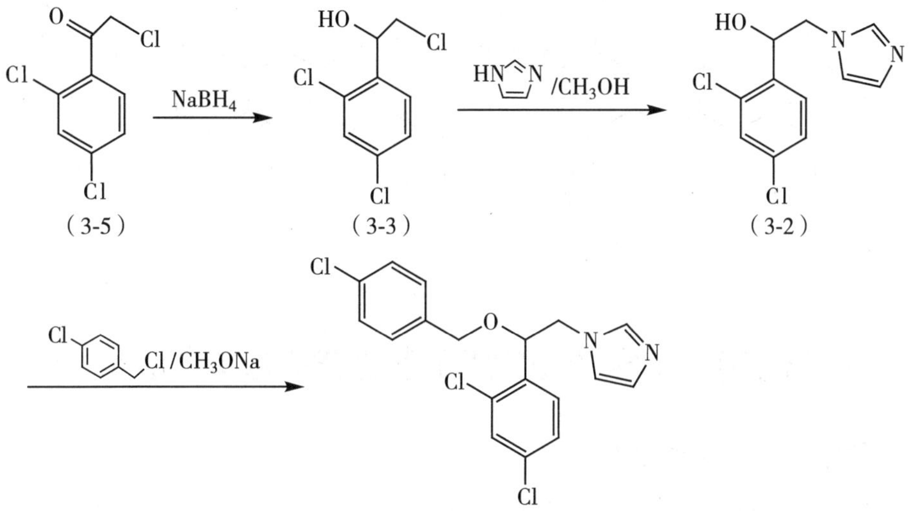

图 3-4 以间二硝基苯和对氯甲苯为起始原料合成（3-1）的合成路线

杂环吡嗪合成法，以 3- 氨基 -2- 丁酮为原料，经互变异构，两分子烯醇式原料自身缩合，再氧化制得（3-6）。

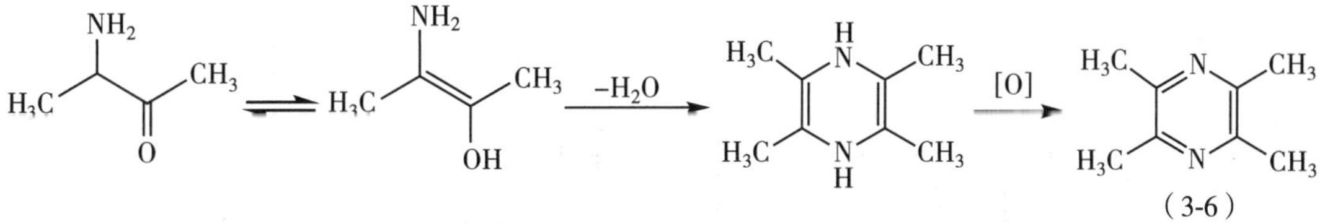

（三）模拟类推法

化学新药的合成往往在文献上无现成的合成途径可供参考；或者虽有，但不一定理想。对有些化合物或它的关键中间体，可根据它们的化学结构类型和功能基等情况，采用类型反应法进行药物工艺路线设计。所谓模拟类推法，系指利用常见的典型有机化学反应与合成方法进行药物合成设计的思考方法。这里包括各类化学结构的有机合成物的通用合成法，功能基的形成、转换、保护的合成反应单元等。有明显类型结构特点以及功能基特点的化合物，可采用此种方法进行设计。

对化学结构复杂、合成路线设计困难的药物，可模拟类似化合物的合成方法进行合成路线设计。从初步的设想开始，通过文献调研，改进他人尚不完善的概念和方法来进行药物工艺路线设计。但需要注意的是，在应用模拟类推法设计药物合成工艺路线时，还必须与已有方法对比，注意比较类似化学结构、化学活性的差异。模拟类推法的要点在于适当的类比和对有关化学反应的了解。

例 3-3：发展迅速的喹诺酮类抗菌药的基本骨架相似，合成以多取代苯胺为原料，构建吡酮酸环。构建方法是在诺氟沙星（norfloxacin）和环丙沙星（ciprofloxacin）等早期品种的合成经验基础上发展而来的，是典型的模拟类推法的应用实例。

诺氟沙星   环丙沙星

第三节   化学药物合成工艺路线的选择与评价

一、化学反应类型的选择

一般说来,化学反应可能存在两种不同的反应类型,即"平顶型"反应(图 3-5a)和"尖顶型"反应(图 3-5b)。采用"平顶型"类型反应,工艺操作条件要求不甚严格,稍有差异也不至于严重影响产品质量和收率,可减轻操作人员的劳动强度。对于"尖顶型"反应来说,反应条件要求苛刻,稍有变化就会使收率下降,副反应增多;"尖顶型"反应往往与安全生产技术、"三废"防治、设备条件等密切相关。

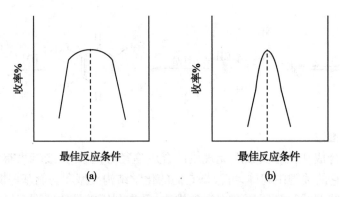

图 3-5   "平顶型"反应和"尖顶型"反应示意图

因此,在初步确定合成路线和制定实验室工艺研究方案时,还必须作必要的实际考察,有时还需要设计极端性或破坏性实验,以阐明化学反应类型到底属于"平顶型"还是属于"尖顶型",为工艺设备设计积累必要的实验数据。当然这个原则不是一成不变的,对于"尖顶型"反应,在工业生产上可通过精密自动控制予以实现。如在氯霉素的生产工艺中,对硝基乙苯催化氧化制备对硝基苯乙酮的反应属于"尖顶型"反应,也已成功地用于工业生产。

二、合成工艺路线的评价原则

通过文献调研可以找到关于一个药物的多条合成路线,它们各有特点。至于哪条路线可以发展成为适于工业生产的工艺路线,则必须通过深入细致的综合比较和论证,选择出最为合理的合成路线,并制定出具体的实验室工艺研究方案。当然,如果未能找到现成的合成路线或虽有但不够理想时,则可参照上一节所述的原则和方法进行设计。在综合药物合成领域大量实验数据的基础上,归纳总结出评价合成路线的基本原则,对于合成路线的评价与选择有一定的指导意义。

一个适宜或较佳的合成工艺,总体来说,应该是所设计的工艺整体较高效,工艺流程要比较短。在合成工艺设计过程以及对合成工艺的评价中,能够以最少的人力、物力和时间,方便而安全地制备目标分子的多步反应,将是理想或者较为理想的。另外,还应尽可能地包含新的化学问题和已知的新反应、新方法。然而,"效率"和"安全"无疑是评价合成工艺优劣的基本标准。

具体评价时,应参照下列五方面进行。

(1) 反应条件温和,操作简便安全。反应条件要求不应十分严格,条件稍有变化时对反应收率影响不大。

(2) 总收率高并且收率稳定,分离容易,需要原料的品种少、价格便宜并容易获得。生产成本低。

(3) 尽可能地具有优异的化学、区域和立体选择性。

(4) 化学反应步骤最少,工序和操作手续简单,对环境没有污染或者尽可能的少,并且"三废"处理简单易行。

(5) 设备少并且简单。尽可能地不使用特殊设备、特殊器材,如不使用高压、高温、高真空或复杂的安全防护措施或设备等。

三、合成步骤和总收率

理想的药物合成工艺路线应具备合成步骤少,操作简便,设备要求低,各步收率较高等特点。了解反应步骤数量和计算反应总收率是衡量不同合成路线效率的最直接的办法。这里有"直线方式"和"汇聚方式"两种主要的装配方式。

在"直线方式"(linear synthesis 或 sequential approach)中,一个由 A、B、C、...J 等单元组成的产物,从 A 单元开始,然后加上 B,在所得的产物 A-B 上再加上 C,如此下去,直到完成。由于化学反应的各步收率很少能达到理论收率100%,总收率又是各步收率的连乘积,对于反应步骤多的直线方式,必然要求大量的起始原料 A。另一方面,在直线方式装配中,随着每一个单元的加入,产物 A...J 将会变得愈来愈珍贵。

$$A \xrightarrow{B} A\text{-}B \xrightarrow{C} A\text{-}B\text{-}C \xrightarrow{D} A\text{-}B\text{-}C\text{-}D \xrightarrow{E} A\text{-}B\text{-}C\text{-}D\text{-}E \longrightarrow \longrightarrow$$

因此,通常倾向于采用另一种装配方式即"汇聚方式"(convergent synthesis 或 parallel approach)(图 3-6)。先以直线方式分别构成 A-B-C,D-E-F,G-H-I-J 等各单元,然后汇聚组装成所需产品。汇聚方式组装的另一个优点是:即使偶然损失一个批号的中间体,比如 A-B-C 单元,也不至于对整个路线造成灾难性损失。

这就是说,在反应步骤数量相同的情况下,宜将一个分子的两个大块分别组装;然后,尽可能在最后阶段将它们结合在一起,这种汇聚式的合成路线比直线式的合成路线有利得多。同时把收率高的步骤放在最后,经济效益也最好。图 3-7 和图 3-8 表示假定每步的收率

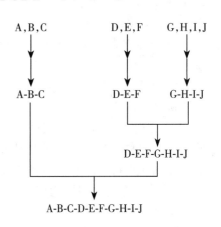

图 3-6　"汇聚方式"示意图

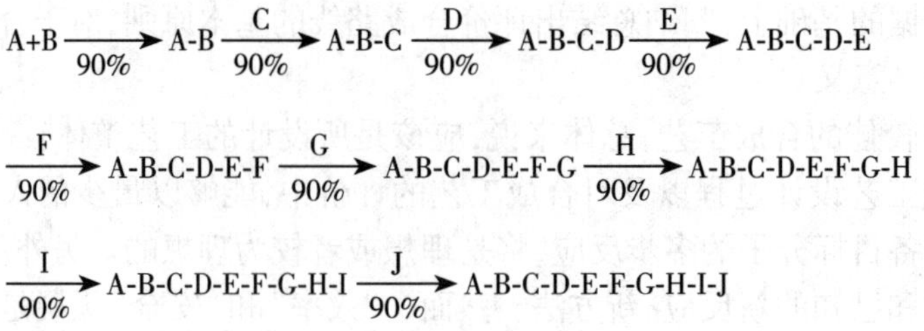

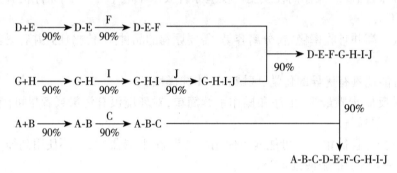

A+B
90%
A-B
C
90%
A-B-C
D
90%
A-B-C-D
E
90%
A-B-C-D-E
F
90%
A-B-C-D-E-F
G
90%
A-B-C-D-E-F-G
H
90%
A-B-C-D-E-F-G-H
I
90%
A-B-C-D-E-F-G-H-I
J
90%
A-B-C-D-E-F-G-H-I-J

总收率为 $(0.90)^9 \times 100\% = 38.74\%$

图 3-7 "直线方式"的总收率

D+E
90%
D-E
F
90%
D-E-F
G+H
90%
G-H
I
90%
G-H-I
J
90%
G-H-I-J
90%
D-E-F-G-H-I-J
A+B
90%
A-B
C
90%
A-B-C
90%
A-B-C-D-E-F-G-H-I-J

仅有 5 步连续反应，总收率为 $(0.90)^5 \times 100\% = 59.05\%$

图 3-8 "汇聚方式"的总收率

都为 90% 时的两种方式的总收率。

四、原辅材料供应

没有稳定的原辅材料供应就不能组织正常的生产。因此，选择工艺路线，首先应了解每一条合成路线所用的各种原辅材料的来源、规格和供应情况，其基本要求是利用率高、价廉易得。所谓利用率，包括化学结构中骨架和官能团的利用程度；与原辅材料的化学结构、性质以及所进行的反应有关。为此，必须对不同合成路线所需的原料和试剂作全面了解，包括理化性质、相类似反应的收率、操作难易以及市场来源和价格等。有些原辅材料一时得不到供应，则需要考虑自行生产，同时要考虑到原辅材料的质量规格、贮存和运输等。对于准备选用的合成路线，应根据已找到的操作方法，列出各种原辅材料的名称、规格、单价，算出单耗（生产 1kg 产品所需各种原料的数量），进而算出所需各种原辅材料的成本和原辅材料的总成本，以便比较。

例如甲氧苄啶（trimethoprim）的重要中间体 3,4,5- 三甲氧基苯甲醛（结构式 3-7），按其原辅材料供应可有两种方案。

（1）以鞣酸为原料：鞣酸（单宁酸，tannic acid，结构式 3-8）是中药五倍子的主要成分，五倍子为倍蚜科昆虫角倍蚜或倍蛋蚜在其寄生的盐肤木、青麸杨或红麸杨等树上形成的虫瘿。在我国原料来源充足，制备简便，价格便宜。鞣酸水解制备 3,4,5- 三甲氧基苯甲酸甲酯（结构式 3-9）的收率可达 95% 以上。由（3-9）经 3,4,5- 三甲氧基苯甲酰肼氧化得到（3-7），收率 76%。

（2）以香兰醛为原料：香兰醛（结构式 3-10）的来源有天然和合成两条途径。天然来源系从木材造纸废液中回收木质素水解产物——木质磺酸钠，经氧化可得（3-10）。木质磺酸钠是一种资源丰富、价格便宜的原料，值得在化学制药工业中加以利用。（3-10）的另一个来源途径是化学合成，以邻氨基苯甲醚为原料，经愈创木酚（结构式 3-11）得到（3-10）。香兰醛（结构式 3-10）经溴代、水解可得 5- 羟基香兰醛（结构式 3-12），甲基化得到 3,4,5- 三甲氧基苯甲醛（结构式 3-7）。溴化、水解和甲基化三步反应的收率分别为 99.4%、83.3% 和 90%，总收率为 74.5%。这是一条反应步骤最短，收率高的合成路线。

五、原辅材料更换和合成步骤改变

对于相同的合成路线或同一个化学反应，若能因地制宜地更改原辅材料或改变合成步骤，虽然得到的产物是相同的，但收率、劳动生产率和经济效果会有很大的差别。更换原辅材料和改变合成步骤常常是选择工艺路线的重要工作之一，也是制药企业同品种间相互竞争的重要内容。不仅是为了获得高收率和提高竞争力，而且有利于将排出废物减少到最低限度，消除污染，保护环境。下面以实例说明更换原辅材料或改变合成步骤的意义。

噁唑法合成维生素 B_6（vitamin B_6，结构式 3-13），合成路线设计巧妙，吡啶环的形成与环上基团的引入同时完成,且靠近终点产品,收率高,并能消除一些异构物出现的可能性。N-甲酰丙氨酸乙酯(结构式 3-14)环合成关键中间体 4-甲基-5-乙氧基噁唑(结构式 3-15),(3-15)与亲二烯物(结构式 3-16)进行 Diels-Alder 反应生成吡啶环。由于(3-14)在五氧化二磷/三氯甲烷中完成环合反应,反应过程中的物料往往结成硬块,操作困难,致使(3-15)的收率远低于国外专利水平。维生素 B_6(结构式 3-13)的总收率按丙氨酸计仅为 25% 左右,原料成本较吡啶酮法相差无几,没有发挥出应有的潜力和竞争力。

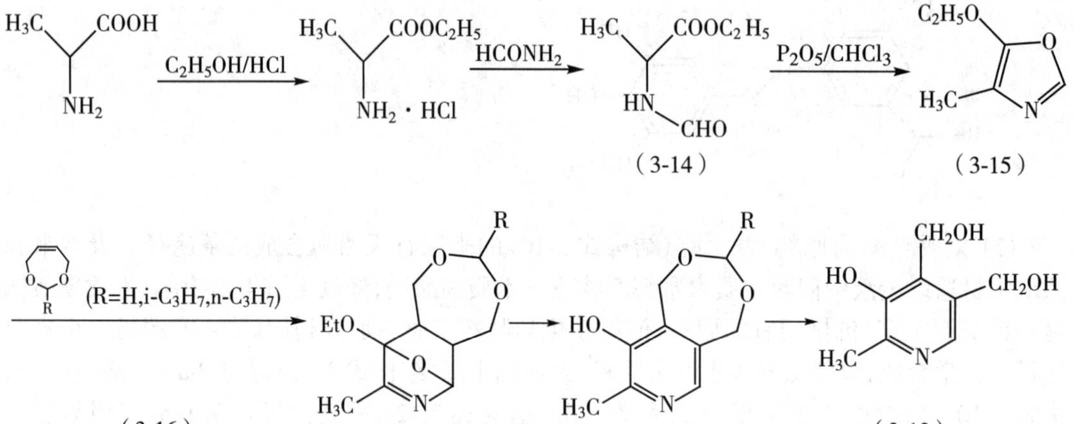

（3-14） （3-15）

（3-16） （3-13）

基于噁唑法合成维生素 B_6(结构式 3-13)的优越性,4-甲基-5-乙氧基噁唑(结构式 3-15)又是本法的关键中间体,周后元等继续前人的工作,从事工艺改进,并以(3-15)的合成研究作为突破点。在观察到(3-15)在酸性条件下可逆转成(3-14)后,决定寻求其他合成方法,以避免使用 P_2O_5。几经探索,选用 N-乙氧草酰丙氨酸乙酯(结构式 3-17)代替(3-14),由于(3-17)中不存在 -NHCHO,消除了 -NHCHO 脱水形成异腈的结构因素;其次,应用碱性环合系统 $POCl_3/Et_3N/Tol$,防止已形成的 4-甲基-5-乙氧基-2-噁唑羧酸乙酯(结构式 3-18)逆转成(3-17),通过大量实验,终于取得从(3-17)到(3-18)收率达到 90% 的良好结果。利用(3-19)易分解的特性,将(3-18)水解所生成的(3-19)的钠盐酸化至 pH 2.3~2.5,升温脱羧形成(3-15),收率约为 90%。上述两步反应成功后,再向前后两方向延伸,使维生素 B_6 的总收率以丙氨酸计算,实验室达 56%。推上生产后达到 47%,原料成本仅为原生产方法的 1/2,成为国内通用方法,生产能力达 2000 多吨,形成了具有中国特色的维生素 B_6 专利生产技术。

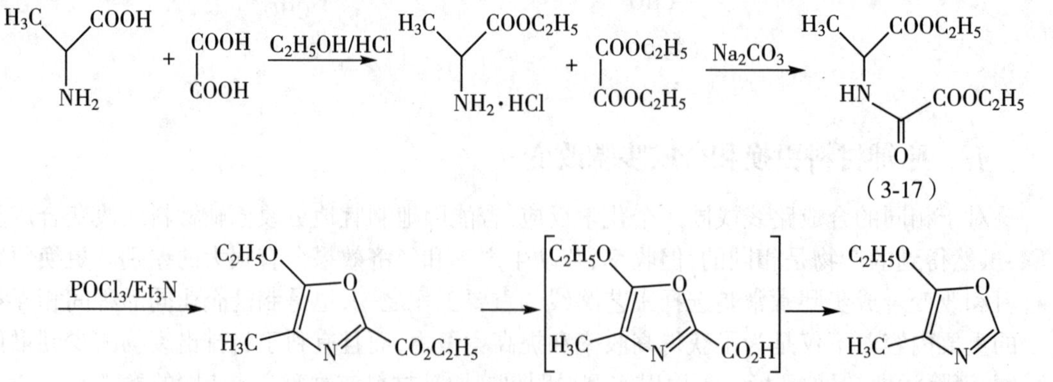

（3-17）

（3-18） （3-19） （3-15）

在合成步骤改变中,若一个反应所用的溶剂和产生的副产物对下一步反应影响不大时,可将两步或几步反应按顺序,不经分离,在同一个反应罐中进行,习称"一勺烩"或"一锅合成"(one pot preparation)。进行"一勺烩"操作,必须首先弄清楚各步反应的反应历程和工艺条件,进而了解对反应历程进行控制的手段、副反应产生的杂质及其对后处理的影响,以及前后各步反应的溶剂、pH、副产物间的相互干扰和影响。

半合成抗生素琥乙红霉素(erythromycin ethylsuccinate,结构式 3-20)的中间体 γ- 乙氧羰基丙酰氯(结构式 3-21),可用琥珀酸酐先和无水乙醇进行单酯化反应,在 94~97℃/30~40Pa 蒸出所生产的琥珀酸单乙酯,然后再与氯化亚砜反应进行酰氯化而制得。在生产工艺上,不仅反应时间长而且需减压蒸馏等化工单元操作。把单酯化和酰氯化两步反应合并,采用"一勺烩"工艺,可得含量97%、收率74% 的 γ- 乙氧羰基丙酰氯(结构式 3-21)。

抗炎镇痛药吡罗昔康(piroxicam,结构式 3-22)的合成路线虽是直线方式的装配途径,但因采用几步"一勺烩"工艺,故有特殊的优越性。以邻苯二甲酸酐为起始原料,经中间体糖精钠(结构式 3-26)的生产工艺路线,先后有 13 个化学反应。

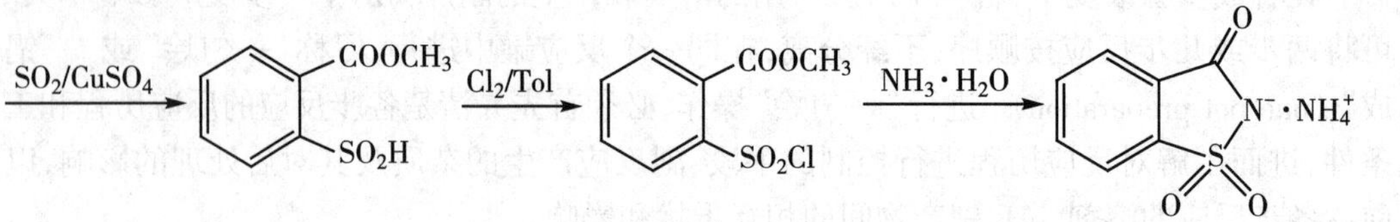

（3-24）

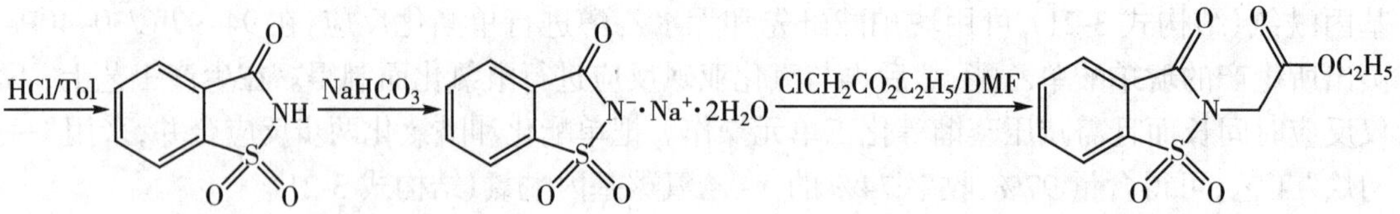

（3-25）　　　　（3-26）

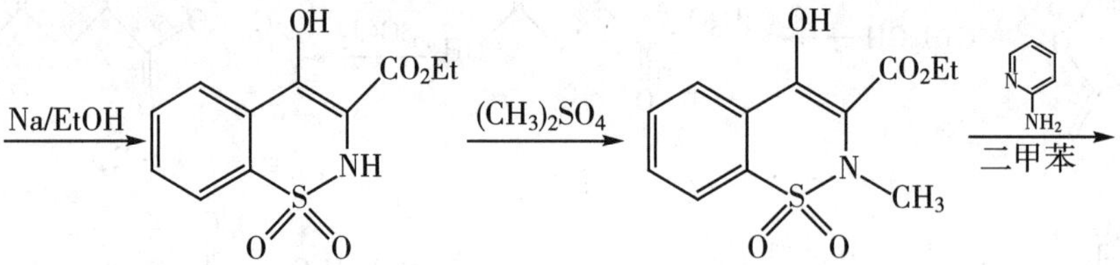

（3-27）

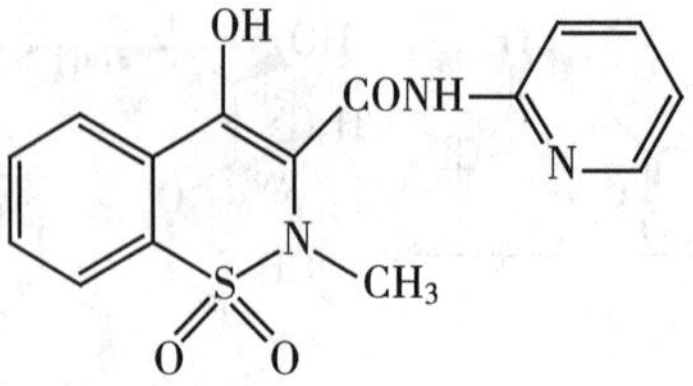

（3-22）

经工艺研究,将胺化、降解、酯化等3个反应合并为第一个工序,产物为邻氨基苯甲酸甲酯(结构式3-23);将重氮化、置换和氯化等3个反应合并为第二个工序,产物为2-氯磺酰基苯甲酸甲酯(结构式3-24);将胺化、酸析合并为第三个工序,产物为糖精(结构式3-25);经成盐反应得糖精钠(结构式3-26)后,将缩合、重排和甲基化等3个反应又可合并为第四个工序,产物为(3-27),最后胺解得吡罗昔康(结构式3-22)。

吡罗昔康(结构式3-22)的生产过程由6个岗位组成,其中有4个"一勺烩"工艺。第一个工序中胺化、降解和酯化等3个反应的副反应及其产物几乎都不影响主产物的生成,且先后都在碱性甲醇溶液中进行。第二个工序重氮化和置换、引入亚磺酸基反应均需在低温和酸性液中进行反应;生成磺酰氯的氯化反应时,用甲苯把生成产物2-氯磺酰基苯甲酸甲酯(结构式3-24)转入甲苯溶液中得以分离。第三个工序,实质上是氯磺酰基的胺化和用酸析出的后处理合并。由苯二甲酸酐出发制备糖精钠(结构式3-26)的总收率可达80%以上。由糖精钠(结构式3-26)经缩合、重排扩环、甲基化等三个化学反应,可分段、连续操作成为第四个工序,收率达60%,最后胺解得吡罗昔康(结构式3-22)。

在"一勺烩"工艺中,由于缺乏中间体的监控,制得的产品常常要精制,以保证产品质量。

六、合成工艺设计中的需要综合考虑的相关因素及设计案例

(一)需要综合考虑的因素

一般在设计合成工艺前,应详尽地收集文献,了解前人所做的相关工作,可以说,在选定合成工艺时期起主要作用的往往是文献知识的归纳分析,而不是凭空的创造性活动。药物合成化学所涉及的文献系统和周密性非常强,应该充分利用前人积累的理论基础和实践经验,以免走弯路并可尽快地达到目的。好的合成策略和技巧运用得当,能使全合成反应简捷有效,并尽快地得到令人满意的结果。需要综合考虑的因素包括:

1. 全面考虑问题 首先需要从目标分子结构和反应性考虑,包括:①对称部分先分拆;②不稳定的部分先分拆,例如分拆处尽可能地选在杂原子附近;③影响分子反应性及选择性的基团先分拆。

其次,需要从合成角度考虑,包括:①先分拆 C—X 键;②C—C 键分拆时优先考虑分子的中部、分子的交叉点、分子中环键结合点;③把反应产率高的转化,或者相应反应成功把握较大的转化先安排。

2. 关注多步合成中的关键问题 在复杂化合物的合成中,有许多问题要解决,但不应平均使用力量,要抓住关键、重点。

3. 注意某些反应的非常规使用 要想成功地进行合成,反应一般是按常规方法进行的。但有时非常规应用却能达到出奇制胜的目的。例如:芳香氨基对水解一般是稳定的,但是在芳香氨基的苯环对位有吸电子基存在时,利用强碱在温和条件下就可将芳香环上的氨基水解。如哌嗪的制备最早是由二溴乙烯与氨水在封闭管里进行,反应条件苛刻,副反应较多,产率较低。如使用下述方法制备,则产率提高,反应条件温和。

$$O_2N-\!\!\!\!-\!\!\!\!-NH_2 + Br\!\!\diagup\!\!\diagdown\!\!Br \longrightarrow O_2N-\!\!\!\!-\!\!\!\!-N\!\!\diagup\!\!\diagdown\!\!N-\!\!\!\!-\!\!\!\!-NO_2 \xrightarrow{水解} HN\!\!\diagup\!\!\diagdown\!\!NH$$

使用对硝基苯胺是为了更容易地进行水解,对反应进行有较好的促进作用。

(二)典型综合案例解析

非甾体抗炎镇痛药布洛芬(结构式 3-28)的合成工艺路线,按照原料不同可归纳为 5 类 27 条。

布洛芬(结构式3-28)

(1) 以 4- 异丁基苯乙酮(结构式 3-29)为原料合成(3-28)的路线有 11 条(图 3-9)。第 3 条路线有明显的优势,通过 Darzens 反应增加 1 个碳原子,构成异丙基碳骨架。第 7 条和第 10 条路线较为简洁,前者被称为绿色工艺;后者在相转移催化剂 TEBA 的作用下,三氯甲烷与 4- 异丁基苯乙酮反应生成 2- 羟基 -2- 甲基羧甲基异丁基苯,消除,还原生成(3-28)。

(2) 以异丁基苯(结构式 3-30)为原料,直接形成 C—C 键,共有 7 条路线从原料和化学反应来说,第 3 条合成路线最为简洁,即异丁基苯与环氧丙烷发生取代反应,4 位引入 2- 甲

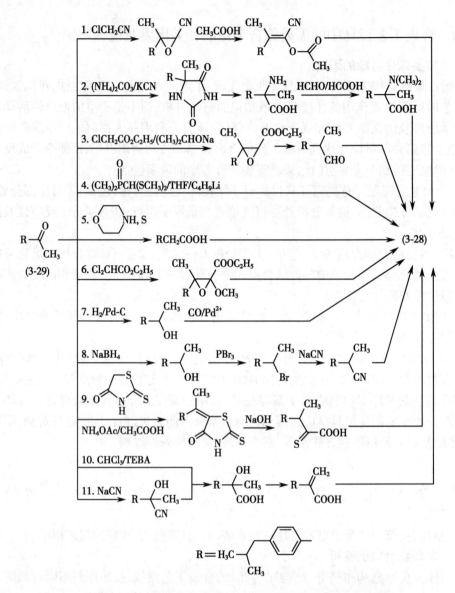

图 3-9　以 4- 异丁基苯乙酮(结构式 3-29)为原料合成(3-28)的路线

基羟乙基,再经一步氧化反应可得到目标化合物(3-28)(图 3-10)。

(3) 以 4- 异丁基苯丙酮(结构式 3-31)为原料,合成(3-28)的 3 条路线(图 3-11),均采用特殊试剂,无实用价值。

(4) 以 4- 溴代异丁基苯(结构式 3-32)为原料,合成(3-28)的 4 条路线(图 3-12)中,第 3 条路线应用特殊试剂,第 4 条路线是气 - 固 - 液三相反应,需特殊设备。

(5) 以 4- 异丁基苯甲醛(结构式 3-33)以及 4- 异丁基甲苯(结构式 3-34)为原料,合成(3-28)的两条路线(图 3-13),或采用特殊试剂(如格利雅试剂),或采用剧毒原料(如 NaCN),无现实应用价值。

6 种原料中,4- 异丁基苯乙酮(结构式 3-29)、4- 异丁基苯丙酮(结构式 3-31)、4- 溴代异丁基苯(结构式 3-32)、4- 异丁基苯甲醛(结构式 3-33)和 4- 异丁基甲苯(结构式 3-34)等 5 个化合物都是以异丁基苯(结构式 3-30)为原料合成的。从原料来源和化学反应来衡量和选择

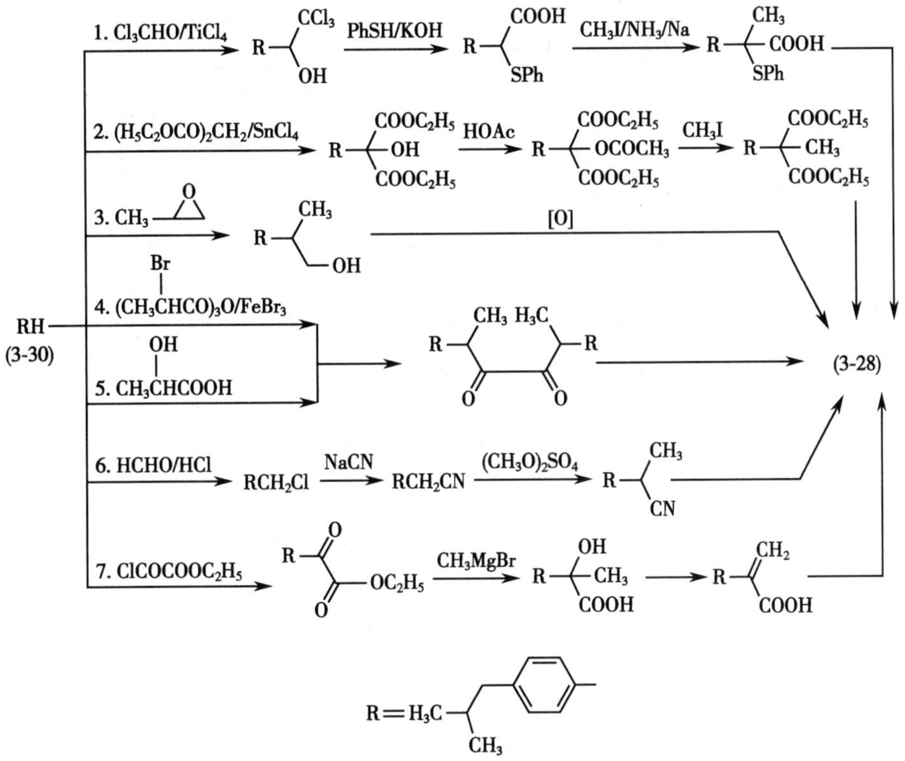

图 3-10 以异丁基苯(结构式 3-30)为原料直接形成 C-C 键的合成路线

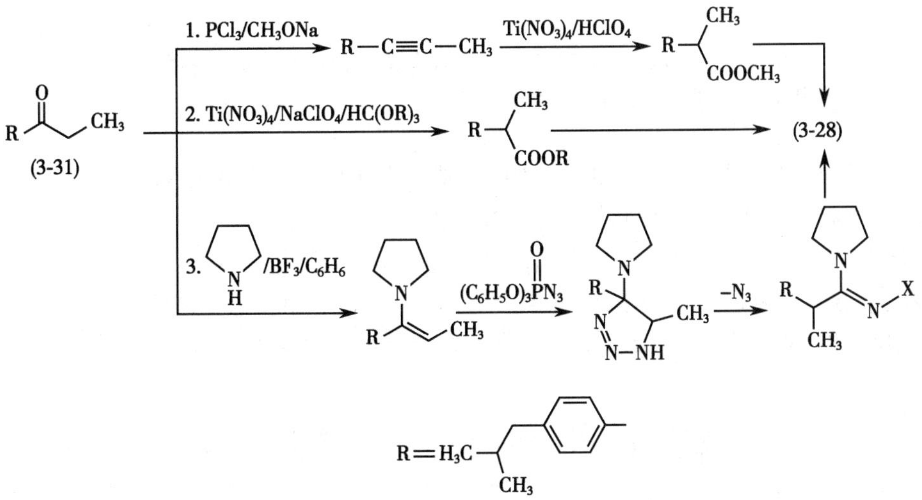

图 3-11 以 4-异丁基苯丙酮(结构式 3-31)为原料合成(3-28)的路线

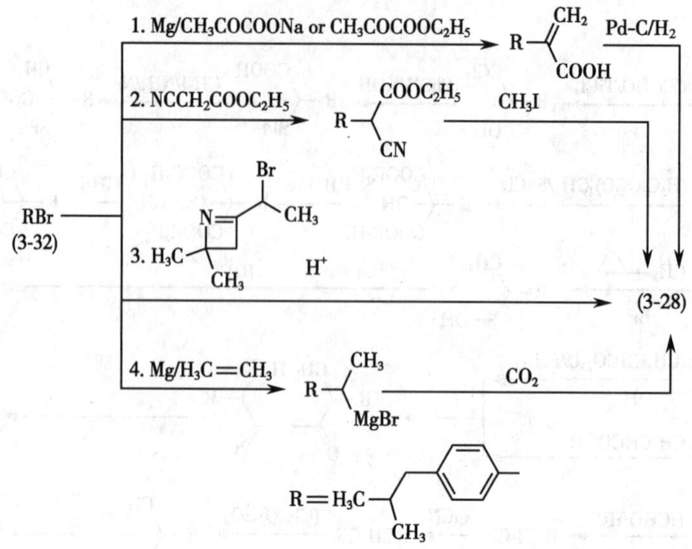

图 3-12   以 4- 溴代异丁基苯(结构式 3-32)为原料合成(3-28)的路线

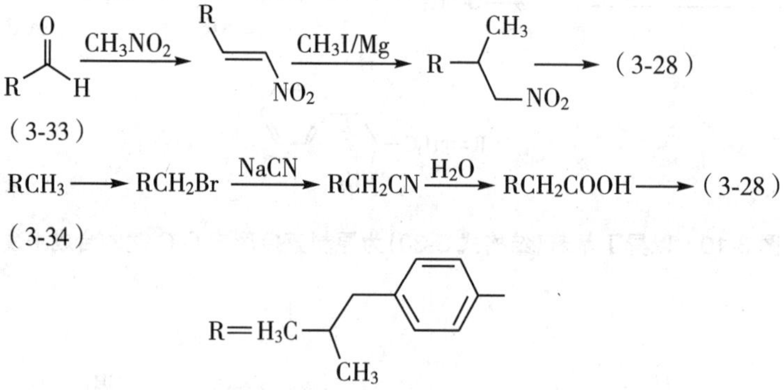

图 3-13   分别以 4- 异丁基苯甲醛(结构式 3-33)和 4- 异丁基甲苯(结构式 3-34)为原料合成(3-28)的路线

工艺路线,以异丁基苯(结构式 3-30)直接形成碳 - 碳键的第 3 条路线最为简洁,其次则为 4- 异丁基苯乙酮(结构式 3-29)为原料的第 3 条路线。

但从原辅材料、产率、设备条件等诸因素衡量,则将注意力集中在以(3-29)为原料的第 3 条路线上来,这条路线已广泛用于工业生产。总之,在评价和选择药物工艺路线时,尤其要注重化学反应类型的选择、合成步骤和总收率以及原辅材料供应等问题。

第四节   化学药物合成工艺的优化

一、影响制药工艺反应过程的主要因素

影响制药工艺反应过程的主要因素可概括为七方面。即:

(1) 配料比与反应物浓度:参与反应的各物料相互间的物质量的比例称为配料比(也称投料比)。通常物料以摩尔为单位,又称为投料的摩尔比。

（2）溶剂：进行化学反应往往需要溶剂，溶剂主要作为进行化学反应的介质。涉及反应物的浓度、溶剂化作用、加料次序、温度、压力等。

（3）催化：催化剂是化学工业的支柱，也是化学研究的前沿领域。现代化学工业生产，80%以上涉及催化过程。化学制药生产工艺研究上也常应用催化反应，如酸碱催化、金属催化、相转移、酶催化等加速化学反应，缩短生产周期，提高产品的纯度和收率。

（4）能量的供给：化学反应需要热、光、搅拌等能量的传输和转换等。药物合成工艺研究需要注意考查反应时的温度变化，搅拌速度等。

（5）反应时间及反应终点的监控：将物料在一定条件下通过化学反应变成产品，与化学反应时间有关。通过控制反应终点，可以得到收率较高、纯度较好的产品。

（6）后处理：药物合成反应常伴有副反应，反应结束后常需要从反应液中分离出主产物。分离所用的技术基本上与实验室的蒸馏、萃取、重结晶、柱分离、过滤、膜分离等分离技术类似。药物合成反应产生的"三废"必须制定出相应的处理措施加以处理，经环保部门评估后，方可进行大工业化生产。

（7）产品的纯化和检验：为了保证产品质量，所有中间体都必须制定一定的质量控制标准，最终产品必须符合国家规定的药品标准。化学原料药的最后工序（精制、干燥和包装）必须在符合 GMP 规定的精、烘、包车间进行。

二、工艺优化的作用及基本方法

在充分进行文献检索的基础上设计和选择了较为合理的合成路线之后，需要对药物合成工艺进行研究，通过实验室阶段、中试放大阶段、大生产阶段的研究，对各步反应条件进行摸索和优化，选择最佳的生产工艺条件，同时也为制药工程设计提供必要的数据。各步反应条件的研究和优化的目的是加速反应和提高收率。

制药工艺的研究就是研究有关反应条件对反应速度和收率的影响，及反应终点的控制和产物的后处理。各单元反应在实际生产中的一些共同点，包括配料比、反应物的浓度与纯度、加料次序、反应时间、反应温度与压力、溶剂、催化剂、酸碱度、搅拌状况及设备情况等，这些影响因素在各化学单元反应中千差万别，变化很多，且相辅相成或相互制约。研究反应条件的影响时，通常采用单因素平行试验、多因素正交设计、均匀设计和单纯形重心设计等优选法。这些优选法数学原理及其应用将在后继课程《实验设计与数据处理》等相关课程中介绍，在此不再详述。

单因素平行试验优选法是在其他条件不变的情况下考查某一因素对反应收率和产品纯度的影响，通过设立不同的考查因素平行进行多个反应来优化反应条件。例如在温度、压力和配料比等反应条件固定不变时，研究反应时间对收率的影响；或者在反应时间、温度和压力等反应条件固定不变时，研究配料比对收率的影响等。目前该方法在制药工艺实验室研究中较为常用。

多因素正交设计、均匀设计、单纯形重心设计优选法是选定影响反应收率和产品纯度的因子数和欲研究水平进行正交设计、均匀设计、单纯形重心设计。按正交设计、均匀设计、单纯形重心设计法安排试验，既可以达到简化的目的，也具有代表性，不会漏掉最佳反应条件，有助于问题迅速解决。

通过对影响制药工艺的反应条件的研究，优化缩短反应时间，提高反应收率，减少副反应的发生，摸索出适合工业化生产的最佳工艺条件。新设计的反应通常会显著简化整体合成工艺,提高总产率,但是也存在不确定性。这样的反应最好安排在整个工艺的前几步,最好要用易得的类似分子进行模拟试验。

另外,所设计的合成工艺应有一定的灵活性,因为在实际执行过程中,通常会遇到一些未曾预料的问题,因此在合成设计时要留有余地。要设计相应的合成树,对于特别重要的中间体最好采用不同的方法分头进行。

三、优化路线时需综合考虑的问题

对于复杂的化合物要特别关注反应中的立体化学问题,由于合成目的之一是确定结构,因此设计过程中的区域选择性和立体控制特别重要。除此之外,还要考虑合成的效率问题,以下几方面的问题应该特别注意。

首先要设计合成树,并对合成树边行逐项分析,直到从可能的某个中间产物中获得产物是一个最合适的工艺为止;其次要求总收率高,即必须每一步反应的收率均高,且同时无异构体生成;还要求工艺尽可能短。合成工艺设定以后,在执行过程中还会遇到许多未曾预料的问题,有时甚至是难以克服的问题,因此在设计合成工艺时,应考虑灵活性问题。所谓的灵活性包括:①用不同的试剂和条件得到同一目标分子;②改变反应顺序的可能性;③通过不同的途径制备关键中间体。

实际应用时,要综合考虑如下问题。

(1) 多工艺满足不同要求:由于合成技巧和有机反应的多样化,导致要得到一个分子,特别是结构复杂的分子,具有不止一条的合成工艺。要对不同工艺进行试探研究,找出比较合适的工艺。实际上合适工艺也不止一条,要对合适工艺进行分析比较,找出其利弊。同时多条工艺也可以做到旁路多通,留有回旋和重新选择的余地。如克霉唑(clotrimazole)的合成路线设计(图 3-14)。

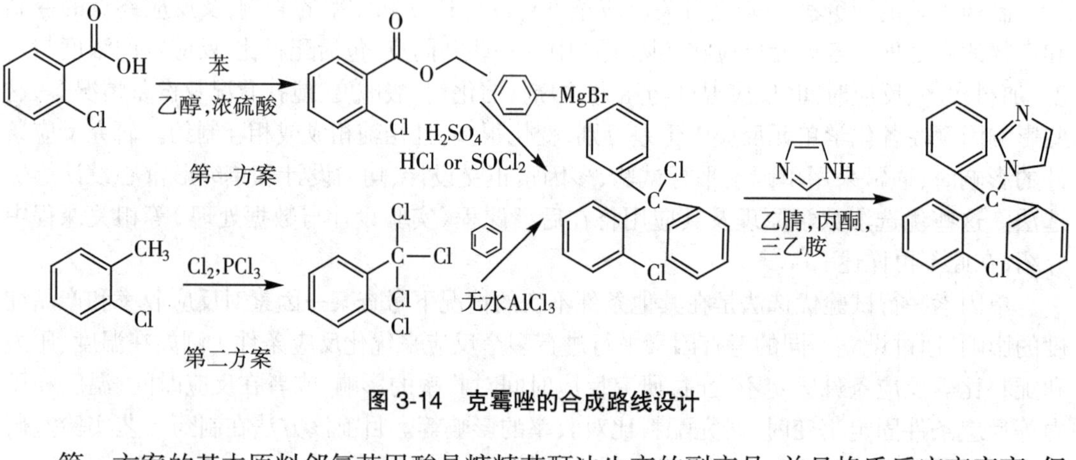

图 3-14　克霉唑的合成路线设计

第一方案的基本原料邻氯苯甲酸是糖精苯酐法生产的副产品,并且格氏反应产率高,但要用乙醚,不太安全。第二方案以邻氯甲苯为原料,经氧化和 Friedel-Crafts 反应后,再缩合得产品,该法成本较低,安全性较高,但总收率略低。因此可根据不同的情况和要求,选取不同的工艺。

又如合成植物激素 Strgol 时的一个中间体的合成有几条途径(图 3-15)。以柠檬醛为原料,总产率 20% 左右,但后处理困难。后来以 α-紫罗兰酮为原料,产率有所提高(40% 左右),但是双键氧化时投料 25g,需水 5L,叔丁醇 2.5L,$NaIO_4$ 232g,操作不便。利用臭氧(O_3)氧化,

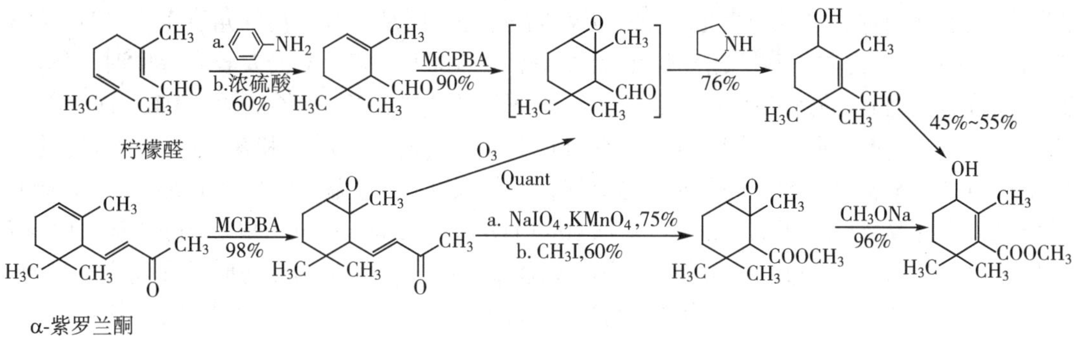

图 3-15　Strgol 中间体的合成

产率较高,操作简便。

一般情况下,多步反应中产率较低的、难度较大的反应尽可能安排在合成工艺的早期阶段,即先难后易。

此外,灵活性还体现在首先打通阻力最小的合成工艺以得到目标分子,合成工艺尽可能短,效率尽可能高,并且在过程中具有一定的特色。即使目标分子的合成工艺完全不通,也希望能够在化学及其他方面有所发现,尽量做到有付出就有所获。

(2) 减少官能团转化反应,采用自动连贯式过程:虽然在合成过程中保护基、导向基等是经常用到的,但是由于它们需要增加官能团转化的操作(引入和脱去),影响反应的总效率,为此在能够达到选择目的的基础上尽可能避免使用保护基、导向基,或者使所引入的保护基在以后的反应中自动除去而不需要增加脱保护基的操作。

如果选用的原料分子含有目标靶分子上所有的官能团,或者在设计过程中,预先通过官能团转化反应引入所需的官能团,便在第一次反应后变化了的或者余下的官能团又是第二次建架所需的,这样以此类推下去,最后一个建架反应余下的官能团恰恰是靶分子所需要的官能团。这种自动连贯式过程(self-consistent sequence)可以尽量避免不必要的官能团转化反应。

这种类似于"一锅煮"的反应,实际上第一个反应产物已经建立第二个反应所必需的功能骨架,然后不经分离即与第三个反应物进行预期的反应。

另外,在原料选择方面应该尽可能选择分子量较大的分子,并尽量晚地装配到其他原料或中间体上。而为了减少官能团转化对反应总效率的影响,应该尽可能早地完成必要官能团的转化反应。

(3) 从实验操作和安全等方面考虑:设计的成功与否,最终还要经过实际合成工作的检验。一个合成工艺,无论长短都是由一系列的化学反应所组成。虽然反应可以千变万化,但是如果从试验的角度来看,都是由底物和溶剂、试剂,并附加相应的能量引发反应,最后进行分离,将反应产物从溶剂、未反应的底物、试剂、催化剂以及反应副产物中分离出来,再加以精制。因此,对于一个合格的合成工艺,反应操作的难易、安全和污染程度都必须加以考虑。

准备阶段一般遵循方便、价廉、安全、广泛等原则,从原料、试剂和中间体角度考虑,应尽可能选择在保存、转移和使用过程中较为安全的(毒性小、化学稳定性高、非易燃易爆的)化学物质。

反应阶段主要考虑反应条件(反应物比例、溶剂、催化剂、温度等)。如:考虑底物与反应试剂的比例及浓度,一般为使反应进行完全,反应试剂比底物多 20% 左右,廉价的原料或试剂常过量使用以提高产率。反应物在溶剂中的浓度一般为 2%~10%;在反应条件下,溶剂应该是稳定的,不与底物和试剂反应,它们之间最好是能够互溶的(形成均相)。根据"相似相溶"原则,要从反应物的性质考虑溶剂的极性问题。另外,从便利分离的角度考虑,要清楚溶剂与水是否互溶;为便于蒸发,溶剂的沸点最好低于100℃。如反应需要较高温度时,可选用高沸点溶剂,它们可通过减压蒸馏的方法除去;可溶于水的溶剂,如乙二醇、DMF、DMSO,反应完毕后,将反应液倾入水中就可收集有机物。无溶剂的固相反应和在水溶液中进行的反应也许更利于分离和提纯,因此越来越受到人们的关注;反应温度的挑选非常重要,对新的反应来说可先从室温开始,用薄层色谱法(thin layer chromatography,TLC)跟踪反应,无反应发生可逐步升温。反应过快的可降温(利用冰盐浴、干冰丙酮浴及相应的低温反应仪)。另外,光、声、磁、微波等手段也可促进合成反应的进行,但用于工业生产时应考虑其适用性。

在选择合成工艺时,要考虑反应是否要求严格无水、无氧或高度稀释等特殊条件。所用的溶剂,微量的杂质是否会给要合成的药物带来影响,对于可能产生毒副产物又无法完全处理的反应最好不用。

(4) 后处理阶段要考虑后处理方法是否方便有效,一般情况下产物占70%以上时,产物较易分离。最简单的方法是将产物从混合溶液中直接滤出或者蒸除溶剂得到,利用产物酸碱性的不同或者在某种溶剂中溶解度的差异进行分离也是较简单的方法。若副反应产物过多,会给后处理带来麻烦,当然,也可利用萃取、高效液相色谱等方法,但也相应地增加了操作环节和成本,因此要尽可能挑选副反应少的合成工艺,尽可能选取简单、分离效果好的方法进行分离,以简化操作。

另外,应该注意实验室和工厂的操作要求不同,有时操作上的因素反而成为决定反应工艺的主要因素。如下述化合物在实验室用臭氧氧化和甲基锂加成两步,产率较高,处理也简单。但工业生产时,大量使用臭氧和甲基锂是不可能的,于是改用高锰酸钾氧化、过碘酸氧化断裂、格氏反应和铬酸氧化等步骤。

一般说来,在工业生产中,应该尽可能考虑选择条件温和,收率较高,污染较少,操作简便、安全的反应。

第五节　绿色化学及其在化学制药领域中的应用

化学原料药生产的主要特点是合成工艺路线长,原料利用率低,能耗大。在化学原料药的组成中,组成化学结构的原料一般只占原料消耗的5%~15%,而辅助性原料等却占了原料消耗的不少部分,其中大部分转化为"三废",化学原料药生产中能源和原料消耗一般占到制造成本的70%。因此,这种以牺牲环境和很大消耗资源为代价的粗放式化学原料药生产方式,日益受到社会各界和各国政府的关注。然而实践证明,绿色化学与清洁合成技术,是解决上述问题的根本途径。

一、绿色化学基本含义

绿色化学(green chemistry)又称环境无害化学(environmental benign chemistry)、环境友好化学(environmentally friendly chemistry)、清洁化学(clean chemistry)。绿色化学即是用化学的技术和方法去减少或消灭那些对人类健康、社区安全、生态环境有害的原料、催化剂、溶剂和试剂、产物、副产物等的使用和产生。绿色化学的理想在于不再使用有毒、有害的物质,不再产生废物,不再处理废物。它是一门从源头上阻止污染的化学。

绿色化学的核心是利用化学原理从根本上减少或消除化学工业对环境的污染。在其基础上发展的技术称为清洁技术(clean technology)或环境友好技术(environmentally friendly technology)。它所研究的中心问题是使化学反应、化工工艺及其产物具有以下四方面的特点:①采用无毒、无害的原料;②在无毒、无害的反应条件(溶剂、催化剂等)下进行;③使化学反应具有较高的选择性,极少的副产物,甚至达到"原子经济"(atom economy)的程度,即在获取新物质的转化过程中充分利用每个原料原子,实现"零排放";④产品应是对环境无害的。当然,绿色反应也要求具有一定的转化率,达到技术上经济合理。

二、绿色化学的基本原则

P. T. Anastas 和 J. C. Waner 曾提出绿色化学的 12 条原则,即:

(1) 防止废物的生成比在其生成后再处理更好。

(2) 设计的合成方法应使生产过程中所采用的原料最大量地进入产品之中。

(3) 设计合成方法时,只要可能,不论原料、中间产物和最终产品,均应对人体健康和环境无毒、无害(包括极小毒性和无毒)。

(4) 化工产品设计时,必须使其具有高效的功能,同时也要减少其毒性。

(5) 应尽可能避免使用溶剂、分离试剂等助剂,如不可避免,也要选用无毒无害的助剂。

(6) 合成方法必须考虑过程中能耗对成本与环境的影响,应采用可再生资源代替消耗性资源。

(7) 最大限度地使用可更新原料。

(8) 在可能的条件下,尽量不用不必要的衍生物。

(9) 合成方法中采用高选择性的催化剂比使用化学计量(stoichiometric)助剂更优越。

(10) 化工产品要设计成在其使用功能终结后,不会永存于环境中,要能分解成可降解的无害产物。

(11) 进一步发展分析方法,对危险物质在生成前实行在线监测和控制。

(12) 选择化学生产过程的物质,使化学意外事故(包括渗透、爆炸、火灾等)的危险性降低到最小程度。

三、绿色化学在化学制药领域的应用实例

要实现反应的高原子经济性,就要通过开发新的反应途径,用催化反应代替化学计量反

应等手段。1997 年的新合成路线奖（Alternative Synthesis Pathway Award）获得者 BHC 公司的工作即是一个很好的例证。该公司开发了一种合成布洛芬的新工艺。布洛芬是一种广泛使用的非甾体类的镇静、止痛药物，传统生产工艺 Boots 法包括 4 步化学计量反应，原子的有效利用率低于 40%。新工艺 BHC 法采用 3 步催化反应，原子的有效利用率接近 80%（若考虑副产物乙酸的回收则利用率达到 99%）。合成路线如下。

Boots 法合成布洛芬：

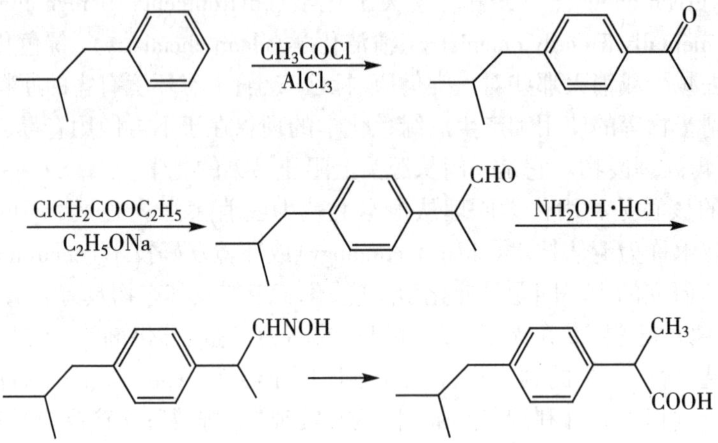

BHC 法合成布洛芬：

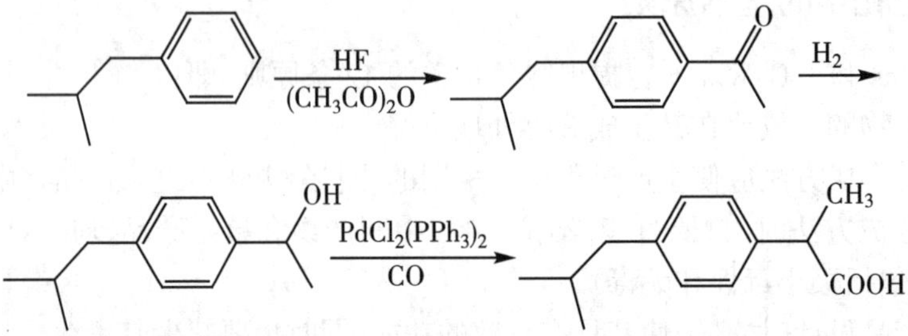

与经典的 Boots 工艺相比，BHC 工艺是一个典型的原子经济性反应，不但合成简单，原料利用率高，而且无需使用大量溶剂和避免产生大量废物，对环境造成的污染小。Boots 工艺肟化法从原料到产物要经过 4 步反应，每步反应中的底物只有一部分进入产物，所用原料中的原子只有 40% 进入最后产品中。而 BHC 工艺只需 3 步反应即可得到产品布洛芬，其原子经济性达到 77%。也就是说，新方法可少产废物 37%。如果考虑副产物乙酸的回收，BHC 合成布洛芬工艺的原子有效利用率则高达 99%。表 3-2 和表 3-3 分别列出了两种方法的原子经济性对比情况。

表 3-2   Boots 法合成布洛芬的原子经济性

反应物		产物中被利用的		产物中未被利用的	
分子式	相对分子质量	分子式	相对分子质量	分子式	相对分子质量
$C_{10}H_{14}$	134	$C_{10}H_{13}$	133	H	1
$C_4H_6O_3$	102	C_2H_3	27	$C_2H_3O_3$	75
$C_4H_7ClO_2$	122.5	CH	13	$C_3H_6ClO_2$	109.5

续表

反应物		产物中被利用的		产物中未被利用的	
分子式	相对分子质量	分子式	相对分子质量	分子式	相对分子质量
C_2H_5ONa	68		0	C_2H_5ONa	68
H_3O	19		0	H_3O	19
NH_3O	33		0	NH_3O	33
H_4O_2	36	HO_2	33	H_3	3
合计： $C_{15}H_{42}NO_{10}Na$	514.5	$C_{13}H_{18}O_2$ （布洛芬）	206	$C_7H_{24}NO_8Na$ （废物）	308.5

表 3-3　BHC 法合成布洛芬的原子经济性

反应物		产物中被利用的		产物中未被利用的	
分子式	相对分子质量	分子式	相对分子质量	分子式	相对分子质量
$C_{10}H_{14}$	134	$C_{10}H_{13}$	133	H	1
$C_4H_6O_3$	102	C_2H_3O	43	$C_2H_3O_2$	59
H_2	2	H_2	2		
CO	28	CO	28		
合计： $C_{15}H_{22}O_4$	266	$C_{13}H_{18}O_2$ （布洛芬）	206	$C_2H_4O_2$ （废物）	60

当然目前真正属于高"原子经济性"的有机反应，特别是适于工业生产的高"原子经济性"反应并不多见。实现"原子经济性"的目标是一个漫长的过程。

第六节　化学药物制造的过程研究与开发

一、化学药物制造的一般工业过程

一般化学合成药物生产过程如图 3-16 所示。图 3-16（a）为大多数化学合成药物生产过程；图 3-16（b）为化学合成药物生产过程抽象化总概括。化学合成药物生产过程由一系列

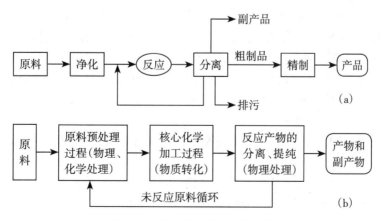

图 3-16　化学合成药物生产过程

化学反应过程和物理过程有机地组合而成。一般分3个组成部分。即：

（1）原料预处理过程：提纯原料，除去对反应有害的杂质；加热原料到所需的温度；几种原料的配料混合，以适应浓度的要求等。

（2）核心化学加工过程：将一种或几种物质转化为所需要的物质，或从一组混合物中脱出某一所需要的组分。

（3）反应产物的分离、提纯：反应产物分离，获得符合规格的纯净产物，如蒸馏、吸收、萃取、结晶、过滤等。

二、化学药物制造的工业过程开发

（一）工艺过程开发的不同阶段

制药工艺的研究一般可分为实验室研究、中试放大及工业化生产三个阶段，它们有许多显著的不同之处。

1. 实验室研究阶段　该阶段的任务是通过实验找出科学合理的合成路线和最佳的反应条件，为放大研究提供技术资料。

2. 中试放大阶段　实验室研究完成后，通常需要经过一个将小试实验的规模放大50~100倍的中试放大研究阶段，以便进一步研究在一定规模的反应装置中各步化学反应条件变化的规律，解决小试实验不能解决或未发现的问题。虽然化学反应的本质不会改变，但各步化学反应的最佳条件有可能随着试验规模和设备等外部条件改变而改变，有时会较大地影响收率和质量，甚至会发生燃烧或爆炸等严重后果。

通过一系列的中试放大实验研究之后，可以核对、校正和补充实验室获得的数据。中试工厂试制的目的就是要设法解决"小样放大"时遇到的各种工艺问题，为工程设计提供必要的工程数据或技术经济资料。同时，也培养一批符合要求的技术人员。

3. 工业化生产阶段　这个阶段是经中试工厂试制结果证实了工业化生产的可能性以后，根据市场的容量和经济指标的预测，进行工厂新建（或扩建）设计。在设计、建厂、设备安装完成以后，进入试车阶段，如果一切顺利的话，即可进行正式生产。正式生产后，工艺研究还需要继续进行。

（二）冷模试验与中间试验

在实验室以及中试放大过程，常采用冷模试验（cold-flow model experiment）、中间试验方法开展工作，具体如下。

1. 冷模试验　在实验装置或工业装置上利用空气、水和砂等惰性物料替代化学物料进行的实验称为冷模试验。冷模试验主要用于对流动状态、传递过程等物理过程进行模拟研究，其目的是使用模拟实验获得的传递规律和现象去认识、推测实际过程的行为。例如，使用空气和水并加入示踪剂，可进行气 - 液相传质行为的研究，为气液反应器的设计提供参数；使用空气和砂，可进行流态化行为研究，为流化床反应器的设计提供数据。

冷模试验的主要特点如下：

（1）直观、经济：用少量实验，配合方程分析或因次分析，就可求得各物理量之间的关系，实验工作量大大减少。

（2）实验条件容易满足，并且容易控制：只要实验的相似准数相同，就将冷态的实验结果应用到热态；可用小型实验的结果预测大型装置的规律。

（3）可进行在真实条件下不便或不可能进行的类比实验，减少实验的危险性。

需要强调的是,冷模试验的结果还必须结合化学反应的特点和热效应行为等,进行校正后才可用于工业过程的设计和开发。

2. 中间试验　中间试验(简称中试)是介于小型工艺试验与工业装置之间的研究型试验,是工程研究的基础,也是过程开发的一个重要环节。一般而言,目前要想不经中间试验而获取设计工业生产装置所需的一切情报数据的情况是很少的。相反,通过中试后,还要取一个相对较大的安全系数才能放大到工业装置上。虽然目前也有人设想避开中试,直接由小试一步放大到工业规模装置,但实例不多。即使对过程传递机制及反应动力学研究得较为透彻的一些过程,用计算机进行数学模拟放大是有成效的,但是一个完善的数学模型也要经过多次试验验证后,才能用于工程设计。

中间试验的主要作用包括:

(1) 考察过程放大中的问题,特别是反应过程的"放大效应"问题:"放大效应"是多年来困扰化学工程师的一个重要问题。因为随设备尺寸的增加,过程进行的条件会发生一系列变化。

(2) 验证原料预处理方案,考核杂质积累对过程的影响:工业原料中常含有多种杂质,有的是惰性的,有的则可参与反应。对催化过程,有时微量杂质的存在就可能导致催化剂中毒;惰性物质的存在,既占用了设备的部分有效体积,降低设备的处理能力,又增加了输送动力消耗,因此必须考虑是否需要预先分离。

(3) 验证反应产物后处理方案的可行性、分离技术和设备型式的适用性。

(4) 考核反应器型式与设备材料的适用性,特别是安装、膨胀、腐蚀等只有一般经验而无针对开发对象的特殊经验,而在小试中又无法考察的问题。

(5) 考察过程长期连续运行的可能性、安全性,研究生产控制方法,验证"三废"处理和排放问题:在实验室研究阶段,由于反应物料少,副产物含量更少,所以"三废"问题不易受到注意。但在工业规模中,有毒有害物质的产生就可能造成严重的后果,应在中试中发现和解决。

(6) 检验是否有被忽视或被误解的重要因素,研究一些由于各种因素没有条件在实验室进行研究的课题:过程开发是探索未知,有些因素及其影响难以完全预料,有些因素虽可预料,但无法在小实验室验证。通过中试可以弥补这些不足,以避免在生产装置投运后造成更大的损失。

(7) 如果以产品为目的的话,应提供少量供质量评价和市场试销的产品,可以听取试用者对产品质量的意见,以保证生产出用户满意的产品。此外,一个新产品打入市场取代老产品往往需要一个过程,在没有销售把握下进行大规模生产会冒过分的风险。因此,中试时进行小批量生产有利于早期的市场开发。

(8) 提供新过程的开工和操作经验,考察调节与控制系统的功能,节省生产装置的开工费用:验证本过程的技术经济可行性,利用中试结果得出的操作条件和各种指标,可以进一步对过程进行技术经济评价,确定实际的经济消耗指标。

(三) 实验室研究与工业化生产的差异

实验室研究与工业化生产的主要差异如表 3-4 所示。

(四) 因素或条件变化对放大过程的影响

从实验室小型研究到工业化规模生产的过程中,许多因素对化学反应过程和有关单元操作有从量变到质变的影响,这些因素包括:

1. 原料品质不同　将实验室技术直接用于工厂生产,因原料来源或品质不同,导致失

表 3-4　实验室研究与工业化生产的主要不同

比较内容	实验室研究	工业化生产
目的	迅速打通合成路线,确定可行方案	提供大量合格产品,获得经济效益
规模	尽量小,通常按克计	在市场允许下,尽可能大,一般按千克或吨计
总体行为	研究人员层次高,工资比例较大,故希望方便、省事,不算经济账	实用,强调经济指标。人员工资占生产成本比例相对较小
原料	多用试剂进行研究。一般含量在 95% 以上,且往往对杂质含量有严格要求	使用工业级原料,含量相对较低,杂质指标不明确,不严格
基本状态	物料少,设备小,流速低,趋于理想状态	物料量大,设备大,流速高,非理想化。流动性质改变对传热、传质均有影响。对连续式反应器而言,存在"返混"问题,对反应速率影响较大
反应温度及热效应	热效应小,体系热容小,易控制。往往在较恒定的温度下进行反应	热效应大,体系热容大,不易控制,很难达到恒温,有温度波动,温度梯度
操作方式	多为间歇式反应	倾向采用连续化,提高生产能力
设备条件	玻璃仪器多为常压,可采用无水、无氧等特殊操作	多在金属和非金属设备中进行,要考虑选材和选型。易实现压力下反应,以改善反应状况。希望在正常条件下进行
物料	很少考虑回收,利用率低。很少研究副反应、副产物	因经济和连续化以及单程转化率低等原因,必须考虑物料回收,循环使用以及副产品联产等问题
三废	往往只要求减少量,很少处理	因三废排放量大,必须考虑处理方法,三废经处理后达标排放
能源	很少考虑	要考虑能源的综合利用

败的例子屡见不鲜。实验室往往采用 CP 级(化学纯)、甚至 AR 级(分析纯)试剂,杂质受到较严格控制。而工业化生产一般使用工业级原料,其中混入的微量杂质,可能造成催化剂中毒或者副反应,从而可能影响产品的品质和收率。杂质影响显著时,要提出可靠的原材料精制方法。研究人员还必须考虑经济原因,开发研究的伊始,就应注重在保证反应性能的前提下,选择廉价的原材料,这样才能保证开发工作有市场竞争力。

2. 物料的流体力学状态不同　当大量的物料在较粗的直径管道中输送时,其流动状态不同于实验室。如图 3-17 所示,其速度分布出现显著变化,从而导致传质过程发生改变。

3. 传热状况发生变化　化学反应器放大后,物料流动状态非理想化对化学反应影响非常大。从传热现象来说,实验室小型设备具有较大的表面积 / 体积比,直径小,即使是放热反应,热量仍易通过表面传导或辐射等形式导出,往往还需要靠外加热来维持反应所需的温度。而设备增大后,参加反应物料的体积增大,比传热的表面积增加要大得多,故反应热不易仅靠反应器表面来导出。因此,在小试研究时还需加热的放热反应,到中试和工业化生产就非采取合适的撤热手段不可。如果解决不当,

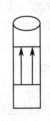

(a) 物料在细管道中的平推流示意图

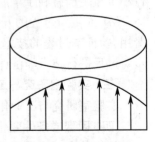

(b) 物料在粗管道中的流速梯度分布示意图

图 3-17　由于管径增大流动状态改变

反应热不能及时撤出,会产生"飞温"现象,使反应失控,甚至有发生爆炸的危险。在防腐选材、设备选型上,工业化生产面临的问题远比实验室复杂。

实验室初步工作完成之后,要结合欲工业化的具体情况,针对所完成工作与工业化现实的不同点,逐步开展深入研究,开展小型工业模拟实验和中试放大试验,取得工业生产所需的资料和数据,为工程设计和工业化生产奠定基础。

三、化学制药反应器类型及其操作方式

为了使工业上进行的反应过程在经济上最优,首先需要建立工业反应过程优化目标的定量关系式,即优化目标的函数式时,需要把过程的经济目标与技术目标联系起来,才能进行优化计算,以确定最优的设备条件和操作条件。反应过程的主要技术目标有 3 个:反应速率、反应选择性(选择率)、能量消耗。

(一)化学反应器类型及应用特点

化学原料药合成过程中的核心是化学反应设备。不同型式的反应器具有不同的流体返混程度和传热、传质特征,适用于不同的反应介质及反应类型。过程开发人员应熟悉各种类型反应器的性能,并善于判断某一特定的反应过程需要怎样的传递特征,了解选择设计反应器的原则和方法,以便进行反应器的选型和放大。

按化学反应器的温度调节方式,可分为等温操作、绝热操作、变温操作。按其设备的结构形式可分为釜式、管式、塔式、固定床、流化床等,如图 3-18 所示,其相应的特点及使用对象等见表 3-5。此外,表 3-6 还列出了工业上应用较多的若干种反应器及其主要特征。

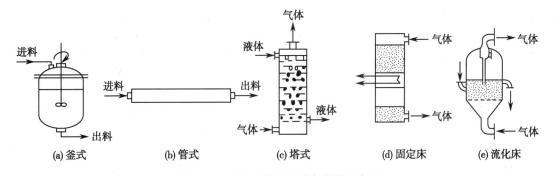

图 3-18　各种结构形式的反应器示意图

表 3-5　反应器类型及其在制药工业中应用的举例

形式	适用的反应	反应举例	相态	生产药品
釜式	液相、气-液相、液-液相、液-固相、气-液-固相	乌洛托品在氯苯中与对硝基溴代苯乙酮生成亚甲基四铵盐	液-固相	氯霉素
		水杨酸乙酰化	液相	乙酰水杨酸
管式	气相、液相	醋酸高温裂解生成乙烯酮	气相	吡唑酮类药
		5-甲基噁唑-3-碳酰胺 Hofmann 降解制 3-氨基-5-甲基异噁唑	液相	新诺明
填料塔	气-液相	水吸收氯磺化反应的 HCl 和 SO_2	气-液相	磺胺
板式塔	气-液相	尿素与甲胺加热甲基化制二甲脲	气-液相	咖啡因

续表

形式	适用的反应	反应举例	相态	生产药品
鼓泡塔	气-液相	糠醛用氯气氯化制糠氯酸	气-液相	磺胺嘧啶
		甲苯氯化制氯苄	气-液相	苯巴比妥
鼓泡搅拌釜	气-液相、气-液-固(催化剂)相	α-甲基吡啶氯化制α-氯甲基吡啶	气-液-固(催化剂)相	氯苯那敏
固定床	气-固相	癸酸与醋酸在MgO催化下缩合生成壬甲酮	气-固相	鱼腥草素
流化床	气-固相	硝基苯气相催化氢化制苯胺	气-固相	磺胺类药
		甲基吡啶空气氧化制异烟酸	气-固相	异烟肼

表3-6　反应器的形式与特性

形式	反应类型	混合特征	温控性能	其他性能
管式	气、液、气-液	返混很小	比传热面大,易控制温度	管内可加构件,如静态混合器
空塔或搅拌塔	液、液-液	返混程度与高径比有关	轴向温度较大	结构简单
搅拌釜	液、液-液、液-固	均匀	温度均匀,容易控制	可间歇操作,也可连续操作
鼓泡搅拌釜	气-液	返混大	温度均匀,容易控制	气液界面和持液量大,密封复杂
绝热固定床	气-固、液-固	返混小	床层内温度不易控制	结构简单,投资和操作费用低
列管式固定床	气-固、液-固	返混小	传热面大,容易控制温度	结构较复杂,投资和操作费高
流化床	气-固、液-固	返混大,转化率低	传热好,容易控制温度	颗粒输送易,能耗大,操作费高
移动床	气-固、液-固	固体返混小	床内温差大,调节困难	颗粒输送易,能耗大,操作费高
板式塔	气-液	返混小	可在板间加换热管	气液界面和持液量大
填料塔	气-液	返混小	床层内温度不易控制	气液界面和持液量大
鼓泡塔	气-液、气-液-固	气相返混小,液相返混大	可加换热管,温度易控制	气液界面小,持液量大,压降大
喷射反应器	气、液	返混较大	液体混合好,传热速度快	操作条件严格,不易调节
喷雾塔	气-液	气相返混小	气速受限,温度不易控制	结构简单,气液界面大,持液少
涓流床	气-液-固	返混较小	温度不易控制和调节	气液均布要求高
浆态反应器	气-液-固	返混大	可加换热管,温度易控制	催化剂细粉回收分离困难

（二）化学反应器的操作方式

工业反应器按操作方式可分为间歇操作、连续操作、半间歇（或半连续）操作 3 种。

1. 间歇操作　其特点是进行反应所需的原料一次装入反应器内，然后在其中进行反应，经一定时间后，达到所要求的反应程度便卸出全部反应物料。其中主要是反应产物以及少量未被转化的原料。接着是清洗反应器，继而进行下一批原料的装入、反应和卸料。间歇反应过程是一个非定态过程，反应器内物系的组成随时间而变，这是间歇过程的基本特征。若反应物系中同时存在多个化学反应，反应时间越长，反应产物的浓度不一定就越高，所以并不是反应时间越长就越好，需具体情况具体分析。

采用间歇操作的反应器几乎都是釜式反应器，适用于反应速率慢的化学反应，以及产量小的化学品生产过程，例如医药、染料、聚合反应等过程就常采用这种操作方式。但间歇操作时，每批生产之间需要加料、出料、清洗和升降温度等辅助时间，劳动强度较大，每批产品质量不易稳定。

2. 连续操作　其操作方式的特征是连续地将原料输入反应器，反应产物也连续地从反应器流出。连续操作的反应器一般为定常操作，此时反应器内任何部位的物系参数如浓度、温度等均不随时间而改变，但却随位置而变。

大规模工业生产的反应器绝大部分都是采用连续操作，因为它具有产品质量稳定，劳动生产率高，便于实现机械化和自动化等优点。但连续操作系统要改变产品品种是十分困难的事，有时甚至要较大幅度地改变产品产量也不易办到。

3. 半连续操作　原料与产物只要其中的一种为连续输入或输出而其余则为分批加入或卸出的操作，均属半连续操作，相应的反应器称为半连续反应器或半间歇反应器。半连续操作具有连续操作和间歇操作的某些特征。有连续流动的物料，也有分批加入或卸出的物料，因而生产是间歇的。由于这些原因，半连续反应器的反应物系组成必然既随时间而改变，也随反应器内的位置而改变。管式、釜式、塔式以及固定床反应器都有采用半连续操作的。

（三）化学反应器选型原则

对工业反应过程来讲，开发者的任务是要选择适宜的反应器结构形式、操作方式和各种工艺条件，从而能使工业生产过程的成本达到最低值，经济效益和社会效益最高。因此反应器的设计选型不仅是技术问题，也是经济问题，选型时要对反应器进行投入产出分析、操作费用和成本利润核算等，同时还必须考虑生产过程中有害物质的排放、噪声污染和安全措施等社会问题。总之，反应器的设计选型要考虑的问题是多种多样的。

反应器是服务于反应特征的，在此前提下，反应器的选择没有固定的模式。此处仅讨论反应器选型的一般原则。通常工业生产对化学反应器有如下基本要求：

（1）有较高的生产强度：例如对气 - 液反应，若反应为气膜控制，应该选择气相容积传质系数大、气相湍流程度大的反应器。

（2）有利于反应选择性的提高：例如对气 - 固反应，如果是平行副反应，副反应比主反应慢，可采用停留时间短、气相容积少的反应器，像流化床和移动床等；如果副反应为连串反应，则应采用气相返混较少的设备，像列管式固定床反应器等。

（3）有利于反应温度的控制：当气 - 液反应热效应很大而又需要综合利用时，降膜反应器是比较合适的塔型。

（4）有利于节能降耗：若反应在高温条件下进行，应考虑反应热量的利用和过程显热的回收;如果反应在加压下进行,则应考虑反应过程压力能的综合利用。

(5) 有较大操作弹性:对小规模的化工生产和精细化学品的生产尤为重要。用一个反应器以适当的产量生产几种产品也是一种正常的操作方式。因此要求这类反应器应该具有较好的适应性,间歇或连续操作的搅拌釜对这类操作是有利的。

四、反应过程放大

(一)反应过程放大面临的问题

工业反应器中进行的过程不仅发生化学反应过程,同时还伴有许多物理过程,这些物理过程与化学过程相互影响、相互渗透,必然影响过程的特性和反应的结果,使工业反应过程复杂化。从而出现如下问题。

1. 工业反应器内的物理过程复杂 这些物理过程包括流体流动的均匀性和混合过程、传质过程和传热过程等,称为"三传"——动量传递、质量传递、热量传递。这些过程的存在将改变反应器中的浓度和温度分布,最终影响反应结果。

2. 反应过程总是伴有热效应,因此反应过程伴有热量传递过程,即需要向反应相提供热量或由反应相导出热量。

所以,上述流体的流动、传质、传热等是工业反应器内难以避免的过程,它们将伴随着化学反应过程同时发生。因为反应器内存在着浓度和温度的分布,所以反应速率就应以微分的形式表达成当时当地的浓度、温度的函数,整个反应过程或反应器的最终化学变化应当是这种微分形式的反应速率在时间和空间上的积分结果。

(二)反应过程放大的基本方法

工业过程放大的方法有经验放大法、相似放大法和数学模型法。

1. 经验放大法 该方法亦称为逐级经验放大法,就是依据生产任务,通过物料衡算求出为完成规定任务所需的原料处理量后,根据经验求出放大反应器所需的容积。这种方法放大的倍数小,一般只能用于反应器的形式、结构和操作条件等相似的情况下,一般中试阶段可以采用这种放大方法。但是大规模的生产,要追求最优化的操作方案,经验放大法则难以胜任。

2. 相似放大法 是按相似准数相等的原则进行放大的方法,但是工业反应器中传质、传热、流体流动等都使问题变得十分复杂,所以相似放大主要用于反应过程中的搅拌和传热等装置的放大。

3. 数学模型法 该方法是用数学模型来分析和研究化学反应工程问题。工业反应过程中发生的有化学过程和物理过程两大类,都十分复杂。数学模型的方法是首先将工业反应器中进行的过程分解为化学过程和物理传递过程,然后分别研究化学反应规律和传递过程规律。如果经过简化,这些子过程都能建立数学方程表达,那么工业反应过程的性质、行为和结果可以通过方程联立求解获得。该方法将在后面有关章节介绍。

(三)逐级经验放大

1. 逐级经验放大的基本过程 该方法首先通过小型反应器进行工艺试验,优选出操作条件和反应器型式,确定所能达到的技术经济指标;再据此设计和制造规模稍大一些的装置,进行所谓模型实验;根据模型试验的结果,再将规模增大,进行中间试验;由中间试验的结果放大到工业规模的生产装置。如果放大倍数太大而无把握时,往往还要进行多次不同规模的中间试验,然后才能放大到所要求的工业规模。其基本过程如图 3-19 所示。

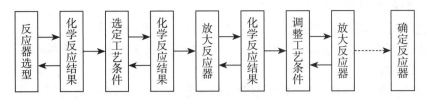

图 3-19 逐级经验放大方法

2. 逐级经验放大方法的基本特征

(1) 着眼于外部联系,不研究内部规律:在各级放大过程中,以反应结果好坏为标准,评选出所谓最佳反应器型式、决定适宜的工艺条件,推测进一步放大到工业规模的反应结果,进而完成设计、施工。这实际上是将反应过程视为"黑箱",只考察其输入与输出的关系,即外部联系,也即仅仅依据实验,将小试结果不断外推,而不考察过程的内部规律。当人们对一些反应过程知之不多,或过程对象极为复杂,暂时无法分解时,不得不采用逐级经验放大。

(2) 着眼于综合研究,不试图进行过程分解:从反应工程的理论看,在化学反应进行的同时,伴随着复杂的传递过程,两者交联、相互影响,且各自均有特定的规律。逐级经验放大方法没有将它们分解开来单独研究,而综合研究的结果,只能找到宏观原因,例如温度、压力、浓度、空速、材料问题、催化剂问题等笼统的原因,无法找到具体真实的原因,例如流体速度分布、停留时间分布、化学、传递等竞争、协同效应等方面的原因,所以将逐级经验放大中所产生的差异归于"放大效应",无法指出症结所在,也无从对症下药。

(3) 人为地规定了决策序列: 一般而言,反应结果是结构变量、操作变量、几何变量三者的函数,而三者之间又存在交互影响。逐级经验放大方法把这三种变量看成是相互独立的,可以逐个依次决定的。图 3-19 认为小试中哪种反应器型式最优,大型化后必定最优;小试中的最优工艺条件,在工业装置上仍是最优的。由此可见,逐级经验放大方法人为地规定了决策序列,是不符合化学工程理论的,但又是无奈的。因为不可能在大型装置上大幅度地选择工艺条件,即不能先建厂后试验。

逐级经验放大方法之所以仍在应用,是因为它每级放大均建立在实验基础之上,可靠程度较高。但此种方法周期长、成本高,又难以做到高倍数地放大。

思 考 题

1. 试通过医药类科学文献资料、信息收集,列举出目前国际、国内(不含港澳台)至少各五家著名大型化学药物生产企业及主要代表性化学药物产品。

2. 化学药物与中药与天然药物、生物药物有何不同? 化学药物未来发展趋势如何? 请查阅有关文献资料,并简要说明。

3. 逆向合成是重要的有机合成技术,也是应用最广、影响最大的重要有机合成方法。请尝试用逆向分析法,分析合成著名药物阿司匹林的基本原料,并写出合成反应式。

4. 化学药物从实验室开发到工业生产,一般要经过哪些主要过程和阶段,试简要说明之。

5. 化学药物生产中常用反应器有哪些,各具有什么特点? 间歇反应与连续反应操作,一般适用于何种生产过程?

6. 绿色化学的基本概念是什么? 与化学制药的发展有何关系?

7. 冷模试验与中间试验各有何用途,其在反应过程开发与放大具有哪些不可替代的重要性,试简要说明之。

8. 试查阅文献,了解世界著名化学合成药物布洛芬(ibuprofen)的发展历史。并简述我国布洛芬目前的生产状况和主要生产厂家。

(章亚东)

第四章　中药及天然药物制药工业过程

学习目标
1. 初步掌握中药与天然药物制药过程的特点。
2. 初步熟悉中药与天然药物的异同。
3. 了解中药与天然药物的发展历史和形成过程。
4. 了解中药与天然药物制药的基本过程及提取分离与纯化的主要技术。

第一节　概　　述

中医药作为中国传统文化的一部分,在世界各地流传,并逐渐被各国人民接受和认可,国内外学者对中医和中药在未来生命科学的发展中可能发挥的作用予以很高的期待。在我国,基于中医药理论发展的中药应用有着悠久的历史,中医药学已发展成为较为完善的科学体系。一般来说,中药是指在中医药理论指导下,用于预防、诊断和治疗疾病及康复保健使用的天然来源(植物、动物和矿物等)的药用原材料及其加工品,其中包括部分天然药物。在过去 20 年里,世界许多知名的大学都开始设置专门研究中国中医药的院系,美国国立卫生研究院(National Institutes of Health.NIH)不久以前还设立了一个专门研究中医药的机构,可见中医药在世界范围的影响力在逐渐增大。图 4-1 为植物、药材及其主要提取物麻黄碱示意图。

草麻黄　　　　　　　麻黄药材　　　　　　麻黄碱结构式

图 4-1　麻黄植物、药材及其主要提取物质麻黄碱

天然药物主要是指来源于动植物及其他生物,具有明确治疗作用的单一成分或多组分药物,包括来源于植物、微生物、海洋药物、内源性生物活性物质等的药物。许多天然来源的化合物已被发现具有独特的生理活性,在此基础上一大批具有特殊治疗作用的药物被开发出来。天然活性物质往往具有结构新颖、活性高、不良反应少的特点,是制药工业中新药研发的重要来源,也是我国研制具有自主知识产权药物的重要源泉。天然药物与中药既有相关性,也有不同,有无中医药理论指导是两者的本质区别。

一、中医药的形成与发展

(一)人类药物的发现

在原始社会的初期,人们不知道农作物的种植栽培技术,只能共同采集,成群出猎,过着"巢栖穴窜,毛血是茹"的原始生活。在采集野果、种子和挖取植物根茎的过程中,通过无数次口尝身受、观察、体验,逐步认识了哪些植物对人体有益、有治疗作用,哪些植物对人体有害、有毒副作用,并进而有意识地加以利用,逐步学会了辨别药物的方法,这就是早期植物药的发现。

在我国一些史书上,如《史纪纲要》中出现的"神农尝百草,始有医药"的记载,《淮南子·修务训》中关于"神农……尝百草之滋味,水泉之甘苦,令民知所避就,当此之时,一日而遇七十毒"的记述,以及一些典籍中有关神农尝百草的传说和古谚,虽属历史传说,但有其社会基础。可以说,神农尝百草的传说从客观上反映了我国劳动人民由渔猎时代过渡到原始农业、畜牧业时代发现药物、积累经验的艰苦过程。历史上并无"神农"此人,他无非是这一时代劳动人民的代表;"尝百草"则反映了医药起源于劳动实践的认识过程;"一日而遇七十毒"说明我们的祖先在发现药物过程中付出了巨大的代价。

国外药物知识的发展,以埃及和印度为最早。公元前 1500 年左右,埃及的"papytus"(纸草本)及其后印度的"Ajurveda"(阿育吠陀经)中均已有药物的记载。希腊、古罗马、阿拉伯在医药的发展中也有悠久的历史,如希腊医生 Dioscorides 的"Materia Meciica"(药物学)、古罗马的 Jalen(公元 131—200 年)所著"Matcria Medica"(药物学)、阿拉伯医生 Avicenna(公元 980 年)所著"Canon Mediclnae"(医药典)等都是专门的药物学著作。

(二)中医药的形成和发展

中药的形成和发展在我国已有几千年的历史,但"中药"一词的出现确是近代的事情。我国长期以来以"本草"作为中药的代名词。"本草"一词首见《汉书》。为什么以本草作为中药的代名词呢,东汉许慎的《说文解字》说:"药,治病草也。"五代时韩保异也说:"按药有玉石、草木、虫兽,而直云本草者,为诸药中草类药最多也。"这就是说,虽然中药有植物药、动物药、矿物药的不同种类,其中以植物药最多。所以自古相沿袭,就把中药称为本草,同时记载中药理论知识的文献书籍,也多以本草命名。

现知的最早本草著作为《神农本草经》,简称《本草经》、《本经》,非一人一时之作,"神农"为其托名。战国及秦汉医药学家通过对药学资料的不断搜集整理,最后写成此书。南北朝时期,梁代陶弘景(公元 452—536 年)将《神农本草经》整理补充,著成《本草经集注》一书,收载药物 730 种。唐代是我国历史上经济文化发展的鼎盛时期,医学有了很大发展,迫切需要制定一部新的记录全国药物的典籍。唐政府指派苏敬、李勣等二十余人主持增修《本草经集注》,于公元 659 年颁行,称为《新修本草》或《唐本草》。《新修本草》的颁行,对于统一用药,促进唐代医药事业的发展,起到了很重要的作用。它不仅是我国最早颁行的药典,也是世界上最早由国家颁行的药典。在国外,意大利的佛罗伦萨药典颁行于公元 1498 年,著名的纽伦堡药典颁行于公元 1535 年,比中国晚了 800 多年。

唐代以后每隔一定时期,由于药物知识的不断丰富,便有新的总结出现,如宋代的《开宝本草》、《嘉祐补注本草》。到了北宋后期,蜀医唐慎微编成了《经史证类备急本草》(简称《证类本草》)。明代的伟大医药学家李时珍(公元 1518—1593 年),在《证类本草》的基础上进行彻底的修订,编成了符合时代发展需要的本草著作《本草纲目》,于李时珍死后 3 年(1596 年)在金陵(今南京)首次刊行。该书编写工作量十分巨大,后人用"岁历三十稔,书考八百余家,稿凡三易"来形容。此书载药 1892 种,其中植物药 1094 种,其余为矿物及其他药物,书中附有药物图 1109 幅,附方 11 096 个。

由汉到清,本草著作不下百余种,各有所长。此外,许多医学和方剂学的著作中也收载了药物的知识。如东汉张仲景所著的《伤寒论》和《金匮要略》,东晋葛洪的《肘后备急方》、唐代孙思邈的《千金备急方》和《千金翼方》、宋代陈师文等所编的《太平惠民和济局方》、明代朱橚等的《普济方》等,不胜枚举。这些书籍中收载的药物和方剂,很多至今还被广泛地应用着,具有很好的疗效。

(三) 现代中医药学科的发展

在西方科技文化大量涌入的情况下,出现了中西药并存的局面。与此相应,社会和医药界对传统的中国医药逐渐有了"中医"、"中药"之称,对现代西方医药也因此逐渐称为"西医"、"西药"。

现存民国时期的中药专著有 260 多种,大多体例新颖、类型多样、注重实用。由于它们的论述范围、体例、用语等与传统本草有所不同,或为了通俗的原因,一般都不以本草命名。这个时期还新产生了中药辞书。其中影响较大的是 1935 年陈存仁编著的《中国药学大辞典》。此外,这一时期药用植物学、生药学已成为研究植物类中药的自然来源(分类)、性状或鉴别等新兴的学科,并取得了突出的成就。与此同时,也从化学成分、药理等方面对若干常用中药进行了许多研究工作。其中以陈克恢对麻黄成分、药理的研究最深入,而且引起了国内外的重视。其他学者对洋金花、延胡索、黄连、常山、槟榔、鸦胆子、益母草、乌头、川芎、当归等百余种中药进行了成分、药理或临床研究,开拓了中药现代研究的道路。

1949 年中华人民共和国成立以后,由于党和政府对中医药事业的高度重视,制定了以团结中西医和继承中医药学为核心的中医政策,并采取了一系列有力措施发展中医药事业。

从 1954 年起,国家有计划地整理、出版了一批重要的本草古籍数十种,对研究和保存古本草文献有重大意义。目前,新的中药著作大量涌现,范围广,门类齐全。

国家组织力量进行了大规模资源调查和资料的搜集,现已知药用资源总计有 12 807 种,其中药用植物 11 146 种,药用动物 1581 种,药用矿物 80 余种。在中药资源调查的基础上,一些进口药材的国产资源化开发利用也取得了显著成绩,如萝芙木、安息香、沉香等已在国内生产,中药资源保护、植物药异地引种、药用动物的驯化及中药的综合利用也颇见成效。西洋参、天麻、鹿茸、熊胆和人参、钩藤等就分别是这些方面的典型事例。

中药的现代研究取得了瞩目进展,对中药的基本理论进行系统、全面整理;研究新的生药和中药鉴定技术,使之向微量、迅速、准确的方向发展;对中药炮制技术与原理进行了现代研究;对中药的化学成分进行了广泛的研究,多数常用中药明确了主要有效成分,部分弄清了化学结构;对多数常用中药的药理作用进行了系统研究。

药事管理进展顺利,为了统一制定药品标准,卫生部成立了药典编纂委员会(现改为中国药典委员会),于 1953 年、1963 年、1977 年、1985 年、1990 年、1995 年、2000 年、2005 年和 2010 年先后出版发行了九版《中华人民共和国药典》。与此同时,国家一直重视药政法的建设工作,先后制定了多个有关中药的管理办法。这些都标志着中药学科在中国前所未有的发展,同时也展示了中药事业光辉而广阔的前景。

(四) 中医药基本理论与中药制药的特点

1. 中医药基本理论　中药的性能是中药作用的基本性质和特征的高度概括。中药性能又称药性。药性理论是中药理论的核心,主要包括四气、五味、归经、升降浮沉等。

四气并不是指药物的香臭之气,而是对应指药物的寒、热、温、凉四种药性,它反映药物在影响人体阴阳盛衰、寒热变化方面的作用倾向,是说明药物作用性质的重要概念之一。药有寒热温凉四性,首先是由《神农本草经》提出的。四气中温热与寒凉属于两类不同的性质。温热属阳,寒凉属阴。温次于热,凉次于寒,即在共同性质中又有程度上的差异。对于有些药物,通常还标以大热、大寒、微温、微寒等予以区别,这是对中药四气程度不同的进一步区分。

中药药性的寒热温凉,是从药物作用于机体所发生的反应概括出来的,是与所治疾病的寒热性质相对应的。故药性的确定是以用药反应为依据、病证寒热为基准。能够减轻或消除热证的药物,一般属于寒性或凉性,如黄芩、板蓝根对于发热口渴、咽痛等热证有清热解毒作用,表明这两种药物具有寒性。反之,能够减轻或消除寒证的药物,一般属于温性或热性,如附子、干姜对于腹中冷痛、四肢厥冷等寒证具有温中散寒作用,表明这两种药物具有热性。

五味的本义是指药物和食物的真实滋味,如黄连之苦、甘草之甘、乌梅之酸等。辛、甘、酸、苦、咸是五种最基本的滋味,实际上药物和食物的滋味远不止这五种。药物的滋味是通过口尝而得知的,由于药物"入口则知味,入腹则知性",因此古人很自然地将滋味与作用联系起来,并用滋味解释药物的作用,这就是最初的"滋味说"。后来,这种原初的"滋味说"被改造成为"五味说"。五味的实际意义,一是标示药物的真实滋味,二是提示药物作用的基本范围。现分述如下。

辛:有发散、行气、行血等作用。如麻黄、薄荷、红花,都有辛味。一些具有芳香气味的药物往往也标上"辛",亦称辛香之气。芳香药包含芳香辟秽、芳香化湿、芳香开窍等作用。

甘:有补益、缓急止痛、调和药性、和中的作用。如人参、饴糖,甘草等。某些甘味药还具有解毒的作用,如甘草、绿豆等。

酸:有收敛固涩的作用。多用于体虚多汗、久泻久痢、肺虚久咳、尿频遗尿等证。如山茱萸、五味子、乌梅等。

苦:能泄、能燥。如栀子、黄芩、黄连、黄柏等。

咸:有软坚散结和泻下作用。多用于瘰疬、痰核等病证。如海藻、鳖甲、芒硝等。

由于药物滋味和作用并无本质联系,两者之间并无严密的对应关系,应注意加以区分。升降浮沉反映药物作用的趋向性,是说明药物作用性质的概念之一。升是上升,降是下降,浮表示发散,沉表示收敛固藏和泄利二便。药物升降浮沉理论形成于金元时期,该理论强调服药与季节、气候的关系,这一思想在今天仍有一定的指导意义,如现在很多人都知道的"冬令进补"这一说法。

2. 中药制药的特点　中药制药(traditional Chinese medicine pharmaceutical engineering)是在学习中医药基本理论的基础上,采用现代制药科学技术手段,研究中药制药生产各个环节的一门学科,它是"现代高新技术与中药传统生产工艺相结合及现代药学理论与传统中医药理论相结合"的一门新型学科。

由于中药制药是传统中医药理论与现代中药生产技术、药品生产管理、化学工程基础与制药机械等多学科的有机融合,以强大的民族医药产业及医疗体系作为支撑的新兴专业,这与目前制药工程专业中其他方向有着显著的差异。中药制药具有明显的领域性特点:一是加工炮制的中药饮片制备;二是提取精制、浓缩干燥的中药提取物制备;三是中药制剂生产。这三方面与中药产业主要环节紧密结合,其特点是要有深厚的中医药学理论知识背景,并且熟悉中药加工生产的设备、原理与工程技术应用,掌握中药新产品研制、中药生产管理、生产新技术应用、产品质量检测与管理等知识,其主要的课程体系为理学课程,与制药工程的工科教学也有区别。

二、天然药物科学的形成与发展

(一)天然药物的形成与发展

天然药物学是在人类与疾病作斗争的过程中,随着生产发展和科学进步而积累和发展起来的。从历史来看,天然药物学的发展大致可分为三个时期,即传统的本草学(或药物学)时期、近代的商品学时期和现代的天然药物学新时期。中国天然药物的起源与发展可参考中医药的形成与发展部分的内容,在此仅介绍世界天然药物的发展状况。

从2000多年前出现古代本草著作,直到19世纪中叶天然药物学成为独立的学科,这一时期世界各国都处于传统的本草学时期。那时,人们对药物的知识主要是依靠感官来认识,依靠经验来积累。古代本草书籍的内容是以记载医疗效用为主,兼及药用植(动)物的名称、产地、形态和感官鉴别特征等。

17世纪开始,随着欧洲资本主义大生产的建立,生产力和科学文化得到迅速发展,于是兴起了近代的自然科学、物理学、化学、生物学等学科,促进了药学学科的发展。1815年,德国人 C. A. Seydler 发表了 *Analecta Pharmacognosticay* 一文以后,德国学者相继出版了以讨论植物性和动物性药物为主的药学著作,之后 "*Pharmacognosie*" 传入日本,译为 "生药学",并一直沿用至今。

19世纪初期,法国学者 Derosne、Pelletier 和德国药师 Sertüiner 等相继从天然药物中分离出生物碱,并证明它们具有明显的生理作用,推动了天然药物有效成分的研究,很多生物碱被分离为纯品。出于生物科学的进步,天然药物的来源和形态学研究有了新的发展,到19世纪中叶,随着国际贸易的发展,天然药物采购和流通区域的扩大,药物种类和数量逐渐增多,并成为国际上的特殊商品。当时天然药物学的主要任务是研究鉴定商品的来源和真伪优劣。

天然药物有效成分的逐渐阐明及其分析方法的不断发展,迎来了现代天然药物学的新时期,推动了人们对影响天然药物品质的各种因素进行科学探讨。如利用人工方法造成植物遗传因子的突变与多倍体植物的形成,培育优良的天然药物新品种;利用示踪原子探索有效成分在植物体内的形成及其影响因素;利用细胞和组织培养方法生产药用植物的有效成分,均已获得进展。由于植物化学成分知识的大量积累,已有可能对各类植物的化学成分与其亲缘关系进行科学的探讨,从而形成了植物化学分类学。这门学科的发展不仅具有分类学上的意义,而且将大大促进新的天然药物资源的发现。

(二)天然药物与中药的区别与联系

近几十年来,随着中药现代化思维的发展以及现代医学理论对药物开发的影响,天然药物的研发和使用也越来越广泛。然而,由于许多天然药物在我国起源于中药研究,天然药物与中药的概念始终未能够明确进行区分。由于未能明确天然药物和中药的范畴,无论是在研发、使用还是在管理方面,一直存在二者的概念互为替换、互为混淆的情况,这对中药科学本身的发展以及中药现代化都产生了较大的影响。

中药在本质上与传统中医学理论密切相关,中药强调整体性和系统性治疗,一般通过对机体的整体调控作用来系统纠正疾病造成的机体失衡。现代中药研究和发展的途径之一是应用现代科学技术研究并阐明中药的物质基础,并建立可靠而有效的分析控制方法,而基于多成分复杂体系的控制方法与疗效的相互关系研究是中药现代化研究的关键问题之一。但现代中药研究中应用现代科学技术并不代表要撇开中医药传统理论,有无中医药理论指导是中药和天然药物的本质区别。

天然药物应该是指来源于天然产物(植物、动物和矿物)及原料药材,并在现代医学理论指导下使用的天然药用物质、天然提取物及复合物。天然药物应包括来自药材的有效部位、单一药材来源的提取物、有效成分以及通过注射途径给药的天然药用物质等。天然药物的来源包括植物、动物和矿物,但是现阶段的天然药物范畴不应包括来源于基因修饰的动植物和其他生物以及经化学等修饰的物质。基于传统中药研究的药物化学最早称为中草药成分化学,有的也称为中药化学、植物化学,在 20 世纪八九十年代又称为天然药物化学或天然产物化学。习惯上,人们把传统医学使用的天然来源(植物、动物和矿物等)的药用原材料称之为天然药物,以至于产生一个概念为天然药物是中药的主要来源,但天然药物不应等同于中药。

由于历史的原因,我国现行药品法规、技术要求和指导原则均将"中药、天然药物"概念合并使用。例如,现行药品注册管理的法规、药品标准以及监管机构设置等均合并使用中药、天然药物的概念,在管理方面使得天然药物分类长期融入中药的范畴中,并无明确区分中药、天然药物的界限或范围。现行药品归类方法中,将天然药物的一部分归于中药,一部分归于化学药。基于中药材的化学成分研究是中药学研究的方法学之一,也是天然药物的研究途径之一。由于业界对中药现代化概念和目标的不同理解,容易产生将天然药物的研究和发展与中药现代化研究相提并论、融为一谈的现象。发展自中药化学研究的天然药物从本质和概念上不能看作为中药,不能替代原来的中药,也不应看作为中药现代化的结果。例如,人参中的皂苷成分不能替代人参在中药中的地位和作用,不应再归属于中药的范畴,而应该看作为天然药物。

三、中药和天然药物的发展趋势

据各种资料统计,目前我国正式批准生产的各类中药和天然药物有 5000 多种。这些新药涉及疾病广,功效作用较全;在剂型上,除传统的剂型外,还出现了许多质量好、用量小、服用携带方便的新剂型(如滴丸、口服液等),大大满足了人们治疗、保健的需求。目前,在中药与天然药物研制中存在的问题是真正具有知识产权的源头性创新药物较少,很多新药是以常见病、多发病为主,多为复方的剂型改进。

我国是世界上植物资源最为丰富的国家之一,有 30 000 余种高等植物。我国有从热带、亚热带、温带到寒带的多种植物资源,其中特有物种占 50% 以上,其丰富的生物多样性是世界上其他国家所不能及的,蕴藏着巨大的开发潜力,为从事中药和天然药物新药研究提供了丰富的原材料。

总体来说,中药和天然药物新药研究在今后 20 年的发展方向,就是要加速实现中药现代化。按照"继承、发扬、创新、提高"的指导思想发展中医药,将传统中医药的优势、特色与现代科学技术相结合,赋予其更多的科学内涵,阐明其防病治病的科学规律和本质;建立中药现代研究的创新体系;健全中药创新药物研究标准规范体系,不断制造出安全性高、疗效突出、质优价廉、稳定可控、临床急需的中药新品种;完善中药知识产权保护措施;提高中药制药工业的整体水平,增强中药产品和行业的竞争力,积极开拓国际医药市场,促进中药的国际化进程,以适应我国经济建设和社会发展的需要。

第二节　中药与天然药物原材料加工

一、药材质量控制与中药材生产质量管理规范(GAP)

(一)药材质量控制方法

1. 传统的化学呈色反应与植物学鉴定　目前,传统的植物学性状鉴别与呈色反应仍然是中药材鉴别的主要手段,性状鉴别主要通过中药材的外观、气味、颜色或使用显微镜观察药材的细胞形态来评价中药材质量的优劣。该方法虽然简单易行,但具有较强的主观性,随着时间的推移,这一方法已经难以适应中药现代化的要求。

2. 指纹图谱技术　指纹图谱(图 4-2)是指药材及其制剂经适当处理后,采用一定的分析手段,得到的能够标示该药材及其制剂特征的共有峰的图谱。建立指纹图谱,目的是能够全面反映药材所含化学成分的种类和数量,进而反映药材的质量。建立的指纹图谱应以系统的化学成分研究和药理学研究为依托,体现系统性、特征性、稳定性三个基本原则。这种图谱既具有能判断该药材真伪的“共性”,又能反映不同产地、不同采收期、不同工艺的“特性”,能够从整体上反映药材或成药的质量。根据所用方法的不同将指纹图谱分为 4 类:色谱指纹图谱,光谱指纹图谱,波谱指纹图谱和 DNA 指纹图谱。

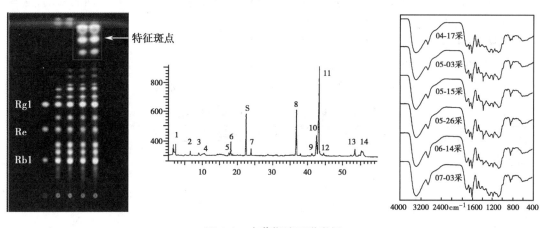

图 4-2　中药指纹图谱举例

(二)中药材 GAP

2000 年底,汇聚海内外专家的 GAP 促进委员会在深圳成立。该委员会随后向国家食品药品监督管理局提交中药材 GAP 草案,通过立法程序审核、颁布实施。中药材 GAP 作为一种国家规范,具有强制性。《中药材生产质量管理规范》(Good Agricultural Practice,简称中药材 GAP)是对中药材生产实施规范化管理的基本准则,从产前(如种子的优选、抚育、良种繁衍等各方面)、产中(如生产布局、栽培程序、防治病虫害等各环节)到产后(如加工、贮藏、运输、包装等)都遵照规范加以实施,形成一个完整的管理系统,其中包括产地生产环境、种植和繁殖条件、栽培和养殖管理、采收和粗加工、包装运输与贮藏、质量管理、人员与设备、文件管理等若干子系统。

2003 年 11 月 1 日起,国家食品药品监督管理局正式受理中药材 GAP 认证申请。经过 GAP 认证的中药材品种,其质量高、疗效好,不同批次的药材质量稳定一致,符合绿色药材标准,无重金属、农药残留。近几年来,我国中药材生产区先后开展了 60 多个重点中药材规模化种植研究,并建立了一批示范基地。如四川形成了八大川产道地药材(如柴胡、川芎)为主的规范化种植基地;广东、云南、陕西等省也建立了自己的种植基地。部分国内中药企业也建立了自己的中药材 GAP 生产基地。

二、中药炮制加工技术

(一) 中药炮制技术简介

中医临床用来治病的药物和患者所接触到的药物是中药饮片和中成药。中药饮片作为中药的重要组成部分和主要商品规格,广泛应用于药典、医院药房及一些制剂和成药生产中,直接关系到中药处方或制剂的临床疗效与安全。什么是中药饮片,科学规范地给"中药饮片"下个定义:中药饮片是指在中医药理论的指导下,根据辨证施治和调剂、制剂的需要,对"中药材"进行特殊加工炮制的制成品。炮制是药物在应用前或制成各种剂型以前必要的加工过程,包括对原药材进行一般修治整理(如进行挑拣杂质及除去非药用部位,浸泡,切成片、段、丝、块,晾晒或烘干等)和部分药材的特殊处理(如用酒制、姜制等),后者也称为"炮炙"。

中药来源于自然界的植物、动物、矿物,绝大多数要经过加工炮制后才能应用。中药炮制的目的是多方面的,往往一种炮制方法或者炮制一种药物,同时具有几方面的目的,这些虽有主次之分,但彼此之间又有密切的联系。

中药炮制的主要目的包括:①除去非药用部分与杂质;②适当改变药物的某些性能;③消除或减低药物的毒性;④矫正药物的某些气味。

中药炮制后其功效及其临床效果举例见表 4-1。

表 4-1   炮制对功效及临床应用的影响举例

药物	炮制方法	功效及临床应用的区别
薏苡仁	生品	清热利水除湿,治肺痈,肠痈,小便不利
	炒黄	健脾止泻
姜	生品	辛热,温中回阳,散寒化饮
	炒炭	苦温,温经止血
蒲黄	生品	性滑,活血行瘀止痛
	炒炭	性涩,止血
益智仁	生品	温脾止泻,收摄力强。治呕吐、泄泻、口涎自流
	盐炙	缩尿固精。治尿频遗尿,白浊崩漏
甘草	生品	泻火解毒,润肺止咳。治咽喉肿痛,痈疽,疮疡,痰热咳嗽,解药消毒
	炙品	甘温益气,缓急止痛。治脾胃虚弱、食少。腹痛便溏,劳倦发热,心悸脉代,挛急疼痛

（二）中药炮制加工技术的重点

1. 净选与切片 净选指中药材在切制、炮炙或调配、制剂前，均应选取规定的药用部分，除去非药用部分、杂质及霉变品、虫蛀品等，使其达到药用的净度标准。净选加工的目的有：分开药用部位，使作用不同的部位各自更好地发挥疗效，如麻黄去根，莲子去心，扁豆、草果去皮；进行分档，便于水处理及加热过程中分别处理，使其均匀一致，如半夏、白术、川乌等；除去非药用部位，使调配时剂量准确或减少服用时副作用，如去粗皮、去心、去芦等；除去泥沙杂质及虫蛀霉变品，达到洁净卫生。

饮片切制是中药炮制的工序之一，是将净选后的药物进行软化，切成一定规格的片、丝、块、段等。其目的有：便于有效成分煎出，提高煎药质量，利于炮炙，利于调配和贮存，利于制剂，便于鉴别。饮片的形态取决于药材的特点、质地、形态和炮制、鉴别等的不同需要，同时全国各地区用药习惯不同，各地饮片差异也较大，常见的饮片类型如表4-2所示。

表4-2 常见的饮片类型

类型	厚度	适宜药材
极薄片	0.5mm 以下	木质类及动物、角质类药材，如羚羊角、鹿角、苏木、降香等
薄片	1~2mm	质地致密坚实、切薄片不易破碎的药材，如白芍、乌药、三棱、天麻等
厚片	2~4mm	质地松泡、黏性大、切薄片易破碎的药材，如茯苓、山药、天花粉、泽泻、升麻、大黄等
斜片	2~4mm	长条形而纤维性强的药材，如甘草、黄芪、鸡血藤等
直片（顺片）	2~4mm	形状肥大、组织致密、色泽鲜艳和需突出其鉴别特征的药材，如白术、大黄、大化粉、升麻、附子等
丝	细丝（2~3mm）宽丝（5~10mm）	适宜皮类、叶类和较薄果皮药材。切细丝的如黄柏、厚朴、桑白皮、合欢皮、陈皮。切宽丝的如荷叶、枇杷叶、冬瓜皮、瓜蒌皮等
段（咀、节）	10~15mm	长段称节，短段称咀，适宜全草类和形态细长，内含成分易于煎出的药材。如薄荷、荆芥、益母草、木贼、麻黄、党参等

2. 炒法 炒法是指净选或切制后的药物，置预热容器内，用不同火力连续加热，并不断搅拌或翻动至一定程度的炮制方法。根据医疗要求，结合药物性质，可分为清炒法和加辅料（固体辅料）炒法两大类。每类又包括数种操作方法。清炒法包括炒黄、炒焦、炒炭；加辅料炒法包括麸炒、米炒、土炒、砂炒、蛤粉炒及滑石粉炒。炒的目的是增强药效，缓和或改变药性，降低毒性或减少刺激作用，矫臭矫味，利于贮存和制剂等。由于各种炒法的火候要求和药物性质的不同，所需火力也有区别。一般说来，炒黄多用文火（小火），炒焦多用中火（中等火力），炒炭多用武火（强火），加辅料炒多用中火或武火。

炒法分手工炒和机器炒两种，机器炒常用平锅式炒药机和滚筒式炒药机，近年新研制的中药微机程控炒制机性能良好，能保证炒制品质量均一与稳定，值得推广。

3. 炙法 将净选或切制后的药物，加入一定量的液体辅料拌炒的炮制方法称炙法。炙法是用液体辅料，并要求辅料渗入药物内部，其加热温度比炒法低，炒制时间较长，以药物炒干为宜。按照加入的液体不同，炙法又分为酒炙、醋炙、盐炙、蜜炙、油炙等。以酒炙为例说明炙法的主要操作。

酒炙目的有如下几点：①改变药性，引药上行：如大黄、黄连、黄柏等。②增强活血通络作用:如当归、川芎、桑枝等。③矫臭去腥:如乌梢蛇、蕲蛇、紫河车等。

酒炙的操作方法有:①先拌酒后炒药,此法适用于质地较坚实的根及根茎类药物等。②先炒药后加酒,此法仅用于质地疏松且加酒后易发黏的药物,如五灵脂。用该法酒不易渗入药材内部,且酒在药材加热翻炒时易迅速挥发,所以一般少用。

药物用酒拌润时,容器应加盖;炙药除蟾酥以外以黄酒为主,一般为每100kg药物,用黄酒10~20kg。若酒的用量较少,不易拌匀药物时,可加适量水稀释;炙药一般用文火,勤翻动,炒至近干,颜色加深时即可取出,晾凉。

4. 煅法 煅法有明煅法、密闭煅法(焖煅)及淬煅法。其主要目的是改变其原有性状以更适应临床应用。适用于质地坚实的矿物、贝壳、易燃的植物药。药物煅制时,不隔绝空气的方法称明煅法,适用于除焖煅以外的一切药物。煅制时应将药物大小分档,药物受热均匀,煅至内外一致而"存性",应一次性煅透。对主含云母类、石棉类、石英类矿物,煅时温度应高,时间长。对这类矿物药来说,短时间燃烧即使达到"红透",其理化性质也难改变。含铁量高而又裹夹黏土、砷的药物,如从除去砷的角度考虑,粒度要小,温度不一定太高,但时间应稍长。如从改变黏土性质考虑,一般温度应在500℃以上,而对主含硫化物类和硫酸盐类药物,煅时温度不一定太高,后者时间需稍长,以便结晶水挥发彻底和达到理化性质应有的变化。

将药物按明煅法煅烧至红透者,立即投入规定的液体辅料中骤然冷却的方法称煅淬。常用淬液有醋、酒、药汁等。煅淬目的:①改变药物的理化性质,减少副作用,增强疗效,如自然铜、阳起石、皂矾、炉甘石等;②使药物质地酥脆,易于粉碎,利于有效成分的煎出,如磁石、礞石等。一些矿物药煅、淬前后,矿物的变化是多方面的,既有单纯的晶体结构变化,如代赭石中赤铁矿转化为磁赤铁矿;也有晶体结构,化学成分都有改变,如自然铜中黄铁矿转化为磁黄铁矿;更常见的是局部氧化、醋淬中的醋酸化或水化。煅淬时应反复进行数次,使液体辅料吸尽,药物应全部酥脆为度。

药物在高温缺氧条件下煅烧成炭的方法称闷煅法,亦称扣锅煅法。煅制目的一般是为了改变药物性能,产生新的疗效,增强止血作用,如血余炭、棕榈炭等;有些有毒药物经煅炭后可降低毒性,如干漆等;有些药物经煅炭后可增强收涩、敛疮等作用,如灯心草、蜂房等。煅烧时应随时用湿盐泥堵封两锅相接处,防止空气进入,使药物灰化;煅后应放置完全冷却后开锅,以免药物遇空气而燃烧灰化;煅锅内药料不宜装满,以免煅制不透;判断药物是否煅透,可用观察扣锅底部米或纸变为深黄色或滴水即沸的方法来判断。

5. 蒸煮燀法 蒸、煮、燀法为一类"水火共制"法。这里的水可以是清水,也可以是酒或药汁(如甘草汁,黑豆汁等)。个别药物也用固体辅料,如珍珠、藤黄、硫黄煮制时加用豆腐。

蒸制法中,有的药物蒸后便于保存,如桑螵蛸、黄芩、人参;有的药物蒸后性味改变,产生新的功能,临床适用范围扩大,如地黄、何首乌、大黄;有的药物在蒸制过程中加入酒(如地黄、肉苁蓉、黄精、山茱萸、女贞子)、醋(如五味子),则与酒炙、醋炙有类同的辅料作用;有的药物蒸制则是为了便于软化切制,如木瓜、天麻、玄参。

操作时将待蒸的药物洗漂干净,并大小分开,质地坚硬者可适当先用水浸润1~2小时以加速蒸的效果。与液体辅料同蒸者,可利用该辅料润透药物,然后将洗净润透或拌均匀辅料后润透的药物,置笼屉或铜罐等蒸制容器内,隔水加热至所需程度取出,蒸制时间一般视药物而定,短者1~2小时,长者数十小时,有的要求反复蒸制(九蒸九晒)。蒸制过程中一般先用武火,待"圆气"后改用文火、保持锅内有足够蒸气即可。但非密闭容器内酒蒸时,要先用文火,防止酒很快挥散,达不到酒蒸的目的。

煮法中,无论是清水煮(如川乌、草乌),药汁煮(如附子、吴茱萸、远志),还是用固体辅料煮(如藤黄、硫黄等),主要是降低毒性,珍珠豆腐煮主要是为了除污。煮法可先用武火后用文火,一般煮至中心无白心,刚透心为度。若用辅料起协同作用,则辅料汁液应药物吸尽。煮制一般温度小于或等于100℃,煮制时间一般短于蒸法,长于焯法。

焯制,是在沸水中短时间浸煮的方法,主要在于破坏一些药物中的酶(如桃仁、苦杏仁),毒蛋白(如白扁豆),同时也有利于分离药用部位。

中药炮制方法还有复制法、发酵法、发芽法、制霜法、烘焙法、提净法、水飞法、干馏法等,在此不再赘述。总之,中药炮制的方法众多,大部分为中药典籍中的经典方法,尽管几年来在炮制工艺上已有了长足的进步,引进和研制了许多现代化炮制设备与工艺,但总体来说我国在中药饮片质量控制上仍存在生产水平低、产品质量不稳定、炮制规范不统一、缺乏客观可行的质量评价体系等问题。为此,原国家食品药品监督管理局已决定对饮片实施批准文号制度。首先从有毒饮片开始做起,实行报批制。同时加强对饮片加工技术、质量标准及其品质评价方法的研究,制定操作性强的饮片质量标准。这些措施标志着我国中药饮片的质量控制向标准化、规范化迈出可喜的步伐。

第三节　中药与天然药物的提取分离和纯化过程

现代科学技术的发展,推动了中药事业的不断进步,中药生产摆脱了过去"作坊"式的生产方式,广泛采用现代科学技术,应用新工艺、新辅料、新设备,研究开发中药新剂型,制备生产新制剂,从而从根本上改变了中药制剂领域的落后面貌,从整体上提高了中药水平,确保中药制剂的质量疗效与稳定性,为中药实现现代化,走向世界参与国际竞争,奠定了坚实的基础。中药和天然药物制药的工业生产过程可简要地用图4-3来表示。

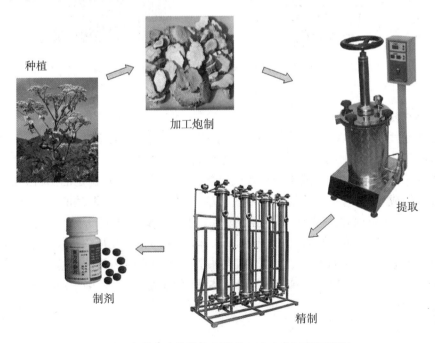

种植　加工炮制　提取　精制　制剂

图 4-3　中药和天然药物制药的工业生产过程示意图

一、提取

中药和天然药物提取的传统方法有浸渍法(常温浸渍法、温浸法、煎煮法)、渗滤法、回流法等,典型的提取方法如图4-4所示。我国古代医药典籍中就有用水煎煮、酒浸渍提取药材的记载。近20年来,科技人员对传统浸提方法工艺参数进行了较为系统的考查,建立了目前公认的参数确定方法:即以指标成分的浸出率为指标,通过正交设计、均匀设计、比较法等优选浸取提取工艺条件,确定参数。下面分别简要介绍几种常用的提取方法。

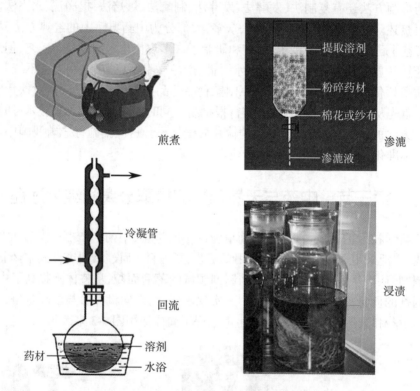

煎煮　　　渗漉

提取溶剂　粉碎药材　棉花或纱布　渗漉液

冷凝管

回流　　　浸渍

药材　溶剂　水浴

图4-4　几种常用的主要和天然药物提取方法

(一) 煎煮法

该方法是用水为溶剂,将药材加热煮沸一定的时间,以提取其所含成分的一种常用方法。煎煮法是传统汤剂的常用制备方法,也是制备中药丸剂、颗粒剂、片剂、注射剂或提取某些有效成分的基本方法之一,适用于有效成分能溶于水、且对热较稳定的药材。由于煎煮法能提取较多的成分,符合中医传统用药习惯,故对于有效成分尚未清楚的中药或方剂进行剂型改进时,通常采取煎煮法粗提。但用水煎煮,浸提液中除有效成分外,往往水溶性杂质较多,尚有少量脂溶性成分,给后续操作带来不利;煎出液易霉败变质。根据煎煮法加压与否,可分为常压煎煮法和加压煎煮法。常压煎煮法适用于一般性药材的煎煮,加压煎煮适用于药物成分在高温下不易被破坏,或在常压下不易煎透的药材,工业生产中常用蒸汽进行加压煎煮。

(二) 浸渍法

该方法是简便而最常用的一种提取方法。根据提取温度的不同,可以分为冷浸法、温浸法等,最常用的应属冷浸法。该法在室温下进行,又称常温浸渍法。药酒、酊剂的制备常用此法,若将浸提液过滤浓缩,可进一步制备流浸膏、浸膏、片剂,颗粒剂等。此法适用于黏性药物、无组织结构的药材、新鲜及易于膨胀的药材、价格低廉的芳香性药材;不适于贵重药材、毒性药材及高浓度的制剂。因为溶剂的用量大,且呈静止状态,溶剂的利用率较低,有效成分浸出不完全,难以直接制得高浓度的制剂。另外,浸渍法所需时间较长,不宜用水为溶剂,通常用不同浓度的乙醇,故浸渍过程应密闭,防止溶剂的挥发损失。

(三) 渗漉法

该方法是将药材粗粉置于渗漉器内,溶剂连续地从渗漉器的上部加入,渗漉液不断地从下部流出,从而提出药材中有效成分的一种方法。渗漉时,溶剂渗入药材的细胞中溶解大量的可溶性成分后,浓度增高,密度增大而向下移动,上层的溶剂置换其位置,造成良好的浓度差,溶剂相对药粉属于流动浸出,溶剂的利用率高,有效成分浸出较完全,提取效果优于浸渍法。故适用于贵重药材、毒性药材及高浓度制剂;也可用于有效成分含量较低的药材的提取。但对新鲜且易膨胀的药材、无组织结构的药材如大蒜、鲜橙皮等,既不易粉碎,也易与浸出溶剂形成糊状,无法使溶剂透过药材,故不宜选用此法。渗漉法不经滤过处理可直接收集渗漉液。因渗漉过程所需时间较长,不宜用水为溶剂,通常用不同浓度的乙醇,但需防止溶剂的挥发损失。

(四) 回流法

该方法是用乙醇等易挥发的有机溶剂进行加热提取有效成分,挥发性溶剂形成蒸气后又被冷凝,重复流回浸出器中浸提药材,这样周而复始,直至有效成分提取完全。由于溶剂能循环使用,故较渗滤法的溶剂耗用量少,提取效率高。此法技术要求高,能耗较高,常与煎煮法联合使用。

(五) 水蒸气蒸馏法

主要用于提取具有挥发性,能随水蒸气蒸馏而不被破坏,不与水发生反应,不溶或难溶于水的成分的提取。因为这类成分在100℃时有一定蒸汽压,当水沸腾时,该类成分随水蒸气带出,达到提取的目的。此法适合于一些芳香性,有效成分具有挥发性的药材,常与回流法联合使用。由于水的沸点是100℃,温度比较高,不适合于有效成分容易氧化或分解的药材。

总体来说,这些传统提取方法普遍存在着有效成分提取率不高、杂质清除率低、生产周期长、能耗高、溶剂用量大等特点,用这些方法处理后的产品往往难以克服传统中成药"粗、大、黑"的缺点,疗效也难以有效提高,因此提取液还需进行精制和纯化。

二、精制和纯化

(一) 有效成分及有效部位

经过上述方法浸提后得到的药材提取液一般体积较大,有效成分含量较低,仍然是杂质和多种成分的混合物,需除去杂质,进一步精制中药提取物或纯化天然药物有效成分。精制或纯化工艺应根据粗提取液的性质和产品要求,选择相应的精制纯化方法与条件,将无效和有害成分除去,尽量保留有效成分或有效部位,为制剂提供合格的原料或半成品。一般来说,经过精制和纯化以后的提取液适当干燥后,就可以作为提取物中间体进入到下一步的制剂过程。关于中药和天然药物的制剂过程,请参考本书第六章制剂及其生产工艺技术,本章节仅介绍中药和天然药物的提取与分离纯化部分。

有效成分(active constituents)指具有明显生物活性并有医疗作用的化学成分,如生物碱、苷类、挥发油、氨基酸等,一般指的是单一化合物。无效成分指在中药里普遍存在,没有生物活性,不起医疗作用的一些成分,如糖类、蛋白质、色素、树脂、无机盐等。但是,有效与无效不是绝对的,一些原来认为是无效的成分,因发现了它们具有生物活性而成为有效成分。例如灵芝、茯苓所含的多糖有一定的抑制肿瘤作用,海藻中的多糖有降血脂作用,天花粉蛋白质具有引产作用;鞣质在中药里普遍存在,一般对治疗疾病不起主导作用,常视为无效成分,但在五倍子、虎杖、地榆中却因鞣质含量较高并有一定生物活性而成为有效成分;又如黏液质通常为无效成分,而在白及中却为有效成分等。

有效部位(active part)指具有明显生物活性并有医疗作用的一类化学成分,通常是结构相似的一类化合物的总称。如银杏叶中的黄酮类化合物有近40种,这些化合物都具有保护缺血神经元的活性,故又把银杏总黄酮称作银杏叶的有效部位;此外,银杏萜内酯也是银杏叶的有效部位之一。

(二) 常用的精制纯化方法

常用的精制纯化方法有沉降、滤过、离心、水提醇沉法(水醇法)、醇提水沉法(醇水法)、酸碱法(调pH法)、盐析法、离子交换法和结晶法。具体的方法随各种粗提取液的性质、精制纯化目的的不同而异。

1. 沉降法　该方法是利用重力的作用,利用分散介质的密度差,使之发生相对运动而分离的过程。沉降设备有旋液分离器、间歇式沉降器、半连续式沉降器、相连续式沉降器等。

2. 离心法　该方法是将待分离的药液置于离心机中,利用离心机高速旋转的功能,使混合液中的固体与液体或两种不相溶的液体产生不同的离心力,从而达到分离的目的。离心分离的效果与离心机的种类、离心方法、离心介质及密度梯度等诸多因素有关,其中主要因素是确定离心转速和离心时间。此法的优点是生产能力大、分离效果好、成品纯度高,尤其适用于晶体悬浮液和乳浊液的分离,所用的离心机有常速离心机、高速离心机和超高速离心机。

3. 水提醇沉法　该方法是目前应用较广泛的精制方法。该法主要利用中药材中的大部分有效成分都易溶于水和乙醇,而树胶、黏液质、蛋白质、糊化淀粉等杂质分子量比较大,能溶于水而不溶于乙醇这个原理来达到分离纯化。因此先以水为溶剂来提取药材,得到的水提液中常含有树胶、黏液质、蛋白质、糊化淀粉等杂质,此时可以向水提液中加入一定量的乙醇,使这些不溶于乙醇的杂质自溶液中沉淀析出,而达到与有效成分分离的目的。例如,自中草药提取液中除去这些杂质,或从白及的水提液中获取白及胶,均可采用加乙醇沉淀法;自新鲜瓜蒌根汁中制取天花粉蛋白,可滴入丙酮使天花粉蛋白分次沉淀析出。

4. 醇提水沉法　其原理与水提醇沉法的类似,都是利用杂质在水和乙醇中溶解度的差别实现分离。因此先以乙醇为溶剂来提取药材,得到的醇提液中常含有叶绿素等脂溶性杂质,此时向醇提液中加入一定量的水,使这些不溶于水的杂质自溶液中沉淀析出而达到与有效成分分离的目的。对于含树胶、黏液质、蛋白质、糊化淀粉类杂质较多的药材较为适合。

5. 酸碱法(调pH法)　该方法是利用中药或天然药物总提取物中的某些成分能在酸性溶液(或碱)中溶解,加碱(或加酸)改变溶液的pH后,这些成分形成不溶物而析出,从而达到分离的目的。例如,香豆素属于内酯类化合物,不溶于水,但遇碱开环生成羧酸盐溶于水,

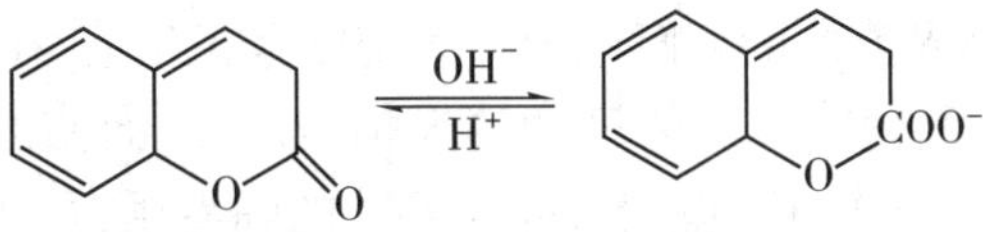

香豆素（不溶于水）　　　　　羧酸盐（溶于水）

再加酸酸化，又重新形成内酯环从溶液中析出，从而与其他杂质分离。

6. 离子交换法　该方法是利用离子交换树脂与中药提取液中某些可离子化的成分起交换作用，而达到提纯的方法。离子交换树脂是一种具有交联网状结构及离子交换基团的高分子材料。外观为球形颗粒，不溶于水，但可在水中膨胀。以强酸性阳离子交换树脂为例，其基本结构见图 4-5。

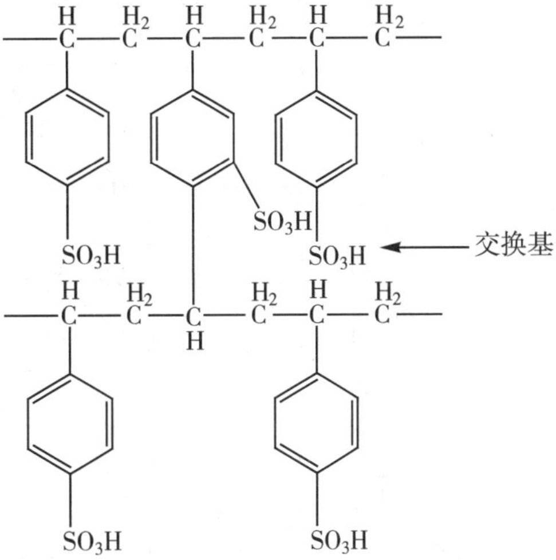

分子中具有的交换基团，在水溶液中能与其他阳离子或阴离子发生可逆的交换作用，根据交换基团的不同，离子交换树脂又分为阳离子和阴离子两种类型。其交换反应的通式见图 4-6。

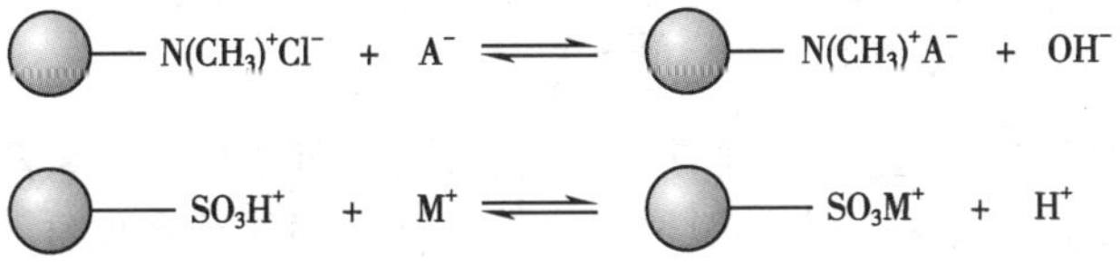

图 4-5　强酸性阳离子交换树脂的基本结构

图 4-6　离子交换反应示意图

离子交换法分离天然产物操作方便，生产连续化程度高，而且得到的产品往往纯度高，成本低，因此广泛用于氨基酸、肽类、生物碱、酚类、有机酸等中药和天然药物的工业化生产。

7. 色谱法　色谱法又称色谱分析、色谱分析法、层析法，是一种分离和分析方法，在分析化学、有机化学、生物化学等领域有着非常广泛的应用。色谱法利用不同物质在不同相态的选择性分配，以流动相对固定相中的混合物进行洗脱，混合物中不同的物质会以不同的速度沿固定相移动，最终达到分离的效果。色谱法按两相状态可分为气相色谱法、气 - 固色谱法、气 - 液色谱法、液相色谱法、液 - 固色谱法、液 - 液色谱法；其中以气相色谱与液相色谱最为普遍，在有效成分的制备与分析领域应用非常广泛。

三、中药与天然药物提取分离新技术

（一）超临界流体萃取技术

物质处于其临界温度（T_c）和临界压力（P_c）以上的单一相态称为超临界流体（supercritical fluid, SF）。在一定温度条件下，应用超临界流体作为萃取溶剂，利用程序升压对不同成分进行分部萃取的技术，称为超临界流体萃取（supercritical fluid extraction, SFE）技术。超临界流体具有近乎液体的高密度，对溶质的溶解度大；又有近乎气体的低黏度，易于扩散、传质速率高的两个主要性质。超临界流体的溶解能力与其密度呈正相关,在临界点附近,当温度一定时,压力的微小增加会导致超临界流体密度的大幅增加,从而使溶解能力大幅增加。由于CO_2的临界温度(T_c)为31.06℃,接近室温,同时CO_2的临界压力(P_c)为7.39MPa,比较适中,其CO_2的临界密度为0.448g/cm³,在超临界溶剂中属较高的,而且CO_2性质稳定、无毒、不易燃易爆、价廉,故其是最常用的超临界流体。超临界流体萃取过程示意图见图4-7。

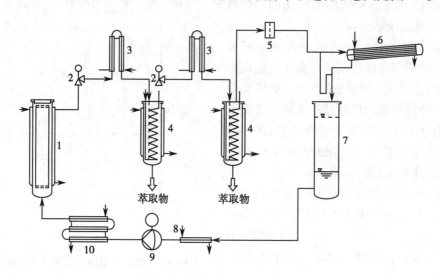

图 4-7 超临界流体萃取过程示意图
1—萃取釜;2—减压阀;3—热交换器;4—分离釜;5—过滤器;6—冷凝器;7—CO_2贮罐;8—预冷器;9—加压泵;10—预热器

目前,SFE技术在中药新药的研发方面也具有优势,可从单一中草药或复方中药中提取有效成分和有效部位进行新药开发。但SFE-CO_2作为一项新技术也有一定的局限性。超临界流体萃取技术设备投入大,运行成本高,另外此法较适用于亲脂性、分子量较小物质的萃取,对极性大、分子量过大的物质如苷类、多糖类成分等,则需添加夹带剂,并在很高的压力下萃取,给工业化带来一定难度。

(二) 超声提取技术

该技术是利用超声波(频率 >20kHz)具有的机械效应、空化效应及热效应,通过增大介质分子的运动速度,增大介质的穿透力以提取中药有效成分的一种技术。其原理是利用超声波的空化作用加速植物有效成分的溶出,同时超声波的次级效应,如机械振动、乳化、扩散、击碎、化学效应等也能加速要被提取化合物的扩散释放并加快与溶剂的充分混合,从而提高提取物的得率。

超声波提取法最大的优点是提取时间短、无需加热、产率高、低温提取有利于有效成分的保护等优点,可为中药大生产的提取分离提供合理化生产工艺、流程及参数。超声波作为可以激活某些酶与细胞参与的生理生化过程,从而提高酶的活性,加速细胞新陈代谢过程;超声波的热效应、机械作用、空化效应是相互关联的,通过控制超声波的频率与强度可突出其中某一作用来减小或避免另一个作用,以达到提高有效成分提取率的目的。目前,超声波在天然药物的有效成分提取方面已有了一定的应用。但超声波作用的时间和强度需要一系列实验来确定,超声波发生器工作噪声比较大,需注意防护,工业应用有一定困难。并且在大规模提取时效率不高,故仅作为一种强化或辅助手段。

（三）微波技术

微波是一种频率为 300MHz~300GHz 的电磁波,它具有波动性、高频性、热特性和非热特性四大基本特性。微波萃取技术是一种新型的萃取技术,其原理是利用微波场中介质的极子转向极化与界面极化的时间与微波频率吻合的特点,促使介质转动能力跃迁,加剧热运动,将电能转化为热能。在萃取物质时,在微波场中,吸收微波能力的差异使得基本物质的某些区域萃取体系中的某些组分被选择性加热,从而使得被萃取物质从基体或体系中分离,进入到介电常数较小、吸收能力相对差的萃取剂中。从细胞破裂的微观角度来看,微波萃取是高频电磁波穿透萃取媒质,到达被萃取物质的内部,微波能迅速转化为热能,使细胞内部温度快速上升,当细胞内部的压力超过细胞壁承受能力,细胞破裂,细胞内有效成分自由流出,在较低的温度下溶解于萃取媒质,再通过进一步过滤和分离,获得萃取物。

与传统的加热法相比,微波加热是能量直接作用于被加热物质,空气及容器对微波基本上不吸收和反射,可从根本上保证能量的快速传导和充分利用,具有选择性高、操作时间短、溶剂耗量少、有效成分得率高的特点。微波萃取技术已应用于生物碱类、蒽醌类、黄酮类、皂苷类、多糖、挥发油、色素等成分的提取。有实验通过采用分光光度法测定大黄提取液中总蒽醌的含量,以比较微波萃取法与常用提取方法(索氏提取法、超声提取法、水煎法)的提取效率,并用显微照相技术对大黄石蜡切片的细胞组织进行了观察,研究结果表明微波萃取法的提取率最高,是超声提取法的 3.5 倍、索氏提取法的 1.5 倍、水煎法的 1.5 倍,且提取速度最快;而显微观察表明,微波可直接造成细胞组织的破坏,因此微波萃取法用于中药大黄的提取具有高效、省时的特点,这进一步为微波萃取法在中药提取中的推广应用提供了科学依据。

（四）酶法

由于大部分中药材有效成分往往包裹在由纤维素、半纤维素、果胶质、木质素等物质构成的细胞壁内,因此在药用植物有效成分提取过程中,当存在于细胞原生质体中的有效成分向提取介质扩散时,必须克服细胞壁及细胞间质的双重阻力。而选用适当的酶(如水解纤维素的纤维素酶、水解果胶质的果胶酶等)作用于药用植物材料,可以使细胞壁及细胞间质中的纤维素、半纤维素、果胶质等物质降解,破坏细胞壁的致密构造,减小细胞壁、细胞间质等传导屏障,从而减少有效成分从胞内向提取介质扩散的传导阻力,有利于有效成分的溶出。并且对于中药制剂中淀粉、果胶、蛋白质等杂质,也可针对性地选用合适的酶给予分解除去。因此酶法不仅能有效地使中药材中的有效成分溶出,同时还能有效除去杂质。

在酶法的应用中,应注意由于中药材的品种不同,其有效成分有很大的差异,因此不同的中药材需按提取物的理化性质选择不同种类的酶来进行提取,同时在应用过程中还应注意酶的活性要受 pH、温度、酶的浓度及酶解作用时间等诸多因素的影响,应根据实验数据和结果来确定其最佳工艺参数。要拓宽生物酶技术在中药成分提取中的应用,目前还需要进一步深入探讨酶的浓度、温度、pH、抑制剂、激动剂和不同的酶制剂对提取物的影响。

（五）半仿生提取技术

半仿生提取法(semi-bionic extraction,SBE 法)是将整体药物研究法与分子药物研究相结合,从生物药剂学的角度,模拟口服给药及药物经胃肠道转运的原理,为经消化道给药的中药制剂设计的一种新的提取工艺。具体做法是,先将药材用一定 pH 的酸水提取,再以一定 pH 的碱水提取,提取液分别滤过、浓缩,制成制剂。这种提取方法可以提取和保留更多的有效成分,缩短生产周期,降低成本。

半仿生提取法符合口服给药经胃肠道转运吸收的原理,具有体现中医临床用药的综合作用特点。但目前该方法仍沿袭高温煎煮法,长时间高温煎煮会影响许多活性成分,降低药效。因此,将提取温度改为接近人体的温度,同时引进酶催化,使药物转化成人体易接受的综合活性混合物,是其应用的一个研究发展方向。

(六)超微粉碎技术

是指用特殊的制药器械将中药粉碎成超细粉末的技术,评价指标目前一般按药粉的粒径大小和细胞破壁率。目前应用较多的有:①中药细胞级的粉碎工艺,是以细胞破壁为目的的粉碎技术;②低温超微粉碎,是将药材通过冷冻使成为脆性状态然后进行粉碎使其超细化的技术。对于以粉体为原料的中药制剂而言,超微粉碎技术的应用还可以达到增强药效,提高药物的生物利用度;提高制剂质量,促进中药剂型的多样化;降低服用量,节约中药资源的多种用途,其中低温超微粉碎技术尤其适用于资源匮乏、珍贵以及有热敏成分的药材。

(七)大孔树脂吸附技术

利用大孔树脂通过物理吸附从水溶液中有选择地吸附,从而实现分离提纯的技术。大孔树脂为一类不含交换基团的大孔结构的高分子吸附剂,具有很好的网状结构和很高的比表面积。有机化合物根据吸附力的不同及分子量的大小,在树脂的吸附机制和筛分原料的作用下实现分离。其应用范围广、使用方便、溶剂量少、可重复使用,同时理化性质稳定、分离性能优良,目前在我国制药行业和新药研究开发中广泛使用。

(八)膜分离技术

膜分离是滤过法的一种,用人工合成的高分子薄膜或无机陶瓷膜,以外界能量或化学位差为推动力,对双组分或多组分的溶质和溶剂进行分离、分级、提纯和浓缩的方法,统称为膜分离法,其原理如图 4-8 所示。使用膜分离技术(包括微滤、超滤、纳滤和反渗透等)可以在原生物体系环境下实现物质分离,可以高效浓缩富集产物,有效去除杂质。

由于膜分离可在常温下操作,因此特别适用于热敏性物质,如生物或药物成分的分离和提纯。中药和天然药物的化

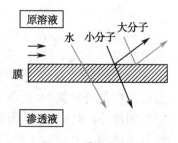

图 4-8 膜分离原理

学成分非常复杂,通常含有生物碱、苷类、黄酮类等小分子有效成分,同时还含有蛋白质、树脂、淀粉等无效成分。研究表明中药有效成分的分子量大多数不超过 1000,而无效成分的分子量在 5000 以上(需要注意的是,有些高分子化合物具有一定的生理活性或疗效,如香菇中的多糖,天花粉中的蛋白质)。膜分离技术正是利用膜孔径大小特征将成分进行分离提纯,体现出它的优越性,因而在中药领域中的应用日益广泛。在中药有效成分提取中能去除杂质,提高产品纯度,减少固形物量,增大固体制剂的剂型选择灵活度。在液体制剂中有提高澄明度、增加稳定性的作用,在中药注射剂中还能去除热原。

膜分离技术在中药生产领域的应用也存在一些问题,如膜的机械强度不高、耐腐蚀性能差和使用寿命较短等。但是随着一些新型无机膜的研究不断深入,膜分离技术必将在 21 世纪推动中药工业的发展,为社会带来更大的经济效益和社会效益。

思　考　题

1. 中药与天然药物的异同主要有哪些？

2. 中药制药的特点是什么？它与化学制药的区别主要是什么？

3. 什么是中药饮片与中药炮制技术？请简要叙述几种常见炮制技术的主要概念与流程。

4. 什么是中药材 GAP？有何作用？

5. 中药与天然药物制药的基本流程是什么？请叙述中药与天然药物提取、精制纯化的基本技术。

（付廷明）

第五章 生物制药过程

学习目标
1. 初步掌握微生物工程技术和基因工程技术的基本原理和技术流程。
2. 了解生物药物的发展史,掌握其分类方法。
3. 了解生物制药下游加工的一般流程,初步掌握一些常用的技术手段。

第一节 概 述

一、生物药物及其发展简史

生物药物(biological drug)是指利用生物体、生物组织、细胞及其成分,综合应用生物学、医学、生物化学、微生物学、免疫学以及现代药学等学科的原理与方法进行加工、制造而成的一大类用于预防、诊断和治疗疾病的制品,包括生物技术药物和微生物发酵药物。

生物技术药物(biotech drug)是指通过 DNA 重组技术生产的药物,包括基因工程药物和基因药物。基因工程药物是应用基因工程和蛋白质工程技术制造的重组活性蛋白、多肽及其修饰物,如治疗蛋白、抗体、疫苗、连接蛋白和可溶性受体等;基因药物包括反义药物、用于基因治疗的基因药物和核酸药物。

按起源和发展的时代顺序,生物药物发展简史如图 5-1 所示。

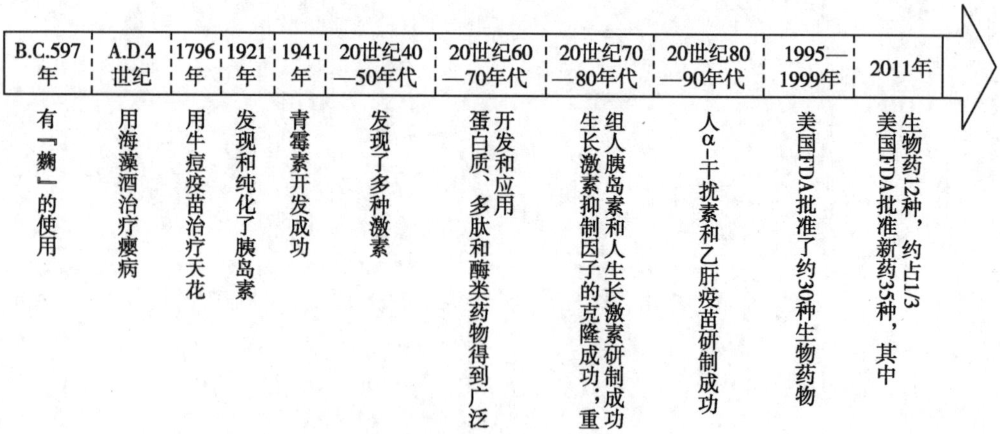

B.C.597年	A.D.4世纪	1796年	1921年	1941年	20世纪40—50年代	20世纪60—70年代	20世纪70—80年代	20世纪80—90年代	1995—1999年	2011年
有「麴」的使用	用海藻酒治疗瘿病	用牛痘疫苗治疗天花	发现和纯化了胰岛素	青霉素开发成功	发现了多种激素	开发和应用蛋白质、多肽和酶类药物得到广泛	组人胰岛素和人生长激素研制成功生长激素抑制因子的克隆成功;重	人α-干扰素和乙肝疫苗研制成功	美国FDA批准了约30种生物药物	生物药12种,约占1/3,美国FDA批准新药35种,其中

图 5-1 生物药物发展简史

二、生物药物的分类

生物药物可按照其来源,药物的化学本质和化学特性,生理功能及临床用途等不同方法进行分类(图 5-2)。当然,由于生物药物的来源广泛、结构多样、功能多变,因此任何一种分类方法都有一定的局限性。

图 5-2 生物药物的分类方式及其类别

(一)按药物结构分类

按结构分类有利于比较一类药物的结构与功能的关系、分离制备方法的特点和检验方法。氨基酸类药物有单一氨基酸制剂和复方氨基酸制剂两类,单一氨基酸制剂对许多与肝相关的疾病有独特疗效,复方氨基酸制剂主要是合成易于吸收的蛋白质的原料。多肽和蛋白质类药物化学本质相同,性质相似,相对分子质量不同,生物功能差异较大,主要包括催产素、加压素等多肽和蛋白质类激素及细胞生长因子。

酶和辅酶类药物具有广泛而独特的功能,在助消化、消炎、降低血压、治疗淋巴肉瘤和白血病方面都有不错疗效,而多种酶的辅酶或辅基成分也具有很高的医疗价值。核苷酸及其衍生物常用于治疗肿瘤和病毒感染;多糖类在抗凝、降血脂、抗病毒、抗肿瘤、增强免疫功能和抗衰老方面具有较强的药理活性;脂类药物具有广泛的生理功能,对脂肪水平的调节有独特疗效;维生素是一类对机体代谢有调节和整合作用的物质。

(二)按原料来源分类

按原料来源分类,有利于对同类原料药物的制备方法、原料的综合利用等进行研究。以人体组织为原料制备的药物疗效好,无毒副作用,但受来源限制无法批量生产,现投产的主要品种仅限于人血液制品、人胎盘制品和人尿制品。动物组织来源的生物药物来源丰富,价格低廉,可以批量生产,缓解了人体组织原料来源不足的情况。植物来源的生物药物为具有生理活性的天然有机化合物,其次级代谢产物是中草药的主要有效成分。来源于微生物的药物在种类、品种、用途等方面都最多,包括各种初级代谢产物、次级代谢产物及工程菌生产的各种人体内活性物质,其产品有氨基酸、蛋白质、酶、疫苗等。海洋生物来源的药物种类繁多,从中分离的天然化合物其结构多与陆地天然物质不同,许多物质具有抗菌、抗病毒、抗肿瘤、抗凝血等生理活性。

(三)按功能用途分类

生物药物广泛用于医学的各领域,在疾病的治疗、预防、诊断等方面发挥着重要作用,按此法分类有利于方便临床应用。治疗疾病是生物药物的主要功能。对于许多传染性疾病来说,预防比治疗更重要,常见的预防药物有各种疫苗、类毒素等。疾病的临床诊断也是生物药物的重要用途之一,生物药物用于诊断具有速度快、灵敏度高、特异性强的特点。此外,生物药物在保健品、食品、化妆品、医用材料等方面也有广泛的应用。

（四）按药物制造技术和工艺特性分类

如果从生物药物制造技术和工艺特性来划分的话,通常可以大致分为:微生物发酵制药、现代生物技术制药两大类。此外,生物药物的制造全过程又可以将菌种培养和发酵等称为生物制药上游加工领域,将分离、纯化以及制造成品等称为生物制药下游加工领域。本章将按上述药物制造技术和工艺特性分类,分别简介生物制药技术和工艺。

第二节　微生物发酵制药

一、概述

（一）发酵工程的概念及其研究内容

发酵工程(fermentation engineering)又称为微生物工程,是利用微生物制造工业原料与工业产品并提供服务的技术,是生物技术制药最为传统而基础的一项制药方法。现代发酵工业已经形成完整的工业体系,包括抗生素、氨基酸、维生素、有机酸、有机溶剂、多糖、酶制剂、单细胞蛋白、基因工程药物、核酸类及其他生物活性物质等。

发酵工程内容涉及菌种的培养和选育,菌的代谢与调节,培养基灭菌,发酵条件的优化,发酵过程各种参数与动力学,发酵反应器的设计和自动制,产品的分离纯化和精制等。

（二）微生物的营养条件

供给细胞生长的营养基质称为培养基,其直接影响着产生菌的生长发育、产物代谢,进而影响到提取工艺以及产品质量。配制的培养基成分主要包括碳源、氮源、无机盐和水,此外还需视情况适当补充生长因子、前体、诱导物、促进剂和抑制剂。其中,碳源和氮源是参与构成微生物细胞最主要的物质,同时碳源是生命活动的主要能量来源。

（三）优良菌种的选育

生产菌是发酵工程产品开发过程中最关键的因素,而从自然界分离得到的野生型菌种往往达不到工业生产的要求,因此必须通过人工选育来获取合格的菌种。菌种选育分为经验育种法和定向育种法,经验育种法包括自然选育、诱变育种、杂交育种等方法,定向育种法则包括控制杂交育种、原生质融合、DNA 重组等方法。

不同选育手段的选育速度、菌株稳定性的差异也不同,所以实际筛菌的过程中常常综合使用各种手段(表 5-1)。

表 5-1　不同选育方式的特点比较

特点	选育方法			
	自然选育	诱变育种	原生质体融合	基因重组
手段复杂程度	简单	简单	稍复杂	很复杂
选育速度	很慢	慢	较快	很快
菌株稳定性	较好	不太好	较好	很好
遗传物质有无改变	无	有	无	有

二、微生物发酵制药的基本工艺及过程控制

发酵工程的本质就是从微生物种子制备开始,经一定条件的繁殖培养,发酵生产,采用适当的化学、物理手段,从发酵液中提取、精制出适合临床使用的药品的过程(图5-3)。

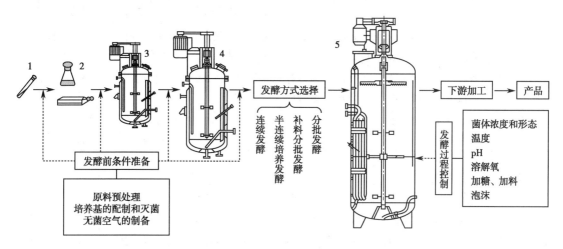

图5-3 微生物发酵的基本工艺
1.种子瓶;2.放大培养;3.一级种子发酵罐;4.二级种子发酵罐;5.发酵罐

(一)生产种子的制备

生产种子的制备指的是由保藏的菌种开始,经扩大培养,使菌体数量达到满足发酵罐接种量的过程。生产种子的制备方法与培养条件因生产品种和菌种的不同而异,不同菌种的生长速度、产孢子能力、营养要求、培养温度、需氧量等方面各不相同,必须根据菌种的生理特性选择合适的培养条件。

(二)发酵前条件准备

1. 原料的预处理 微生物发酵制药工业中经常选用玉米、薯干、谷物等相对廉价的农产品作为发酵原料,但是直接使用往往不满足要求,需进一步加工提高这些原料的利用率。

2. 发酵培养基的配制和灭菌 发酵培养基大多数是液体培养基,它是根据不同微生物的营养要求配制而成的各种原料和水的混合体系。大多数培养基采用高压蒸汽灭菌法,对于对温敏性营养物质及在高温下能发生反应的物质,需采用其他灭菌方法单独灭菌。

3. 无菌空气的制备 空气是工业发酵中氧气的主要来源,直接使用的空气必须除去杂菌,避免发酵过程中有污染,工业生产中最常用的除菌方法是介质过滤除菌。

(三)发酵过程

发酵过程是微生物制药生产中决定产量的主要过程,微生物发酵过程按投料方式可分为分批发酵、补料分批发酵、半连续发酵和连续发酵(表5-2)。①分批发酵是将料液一次性投入发酵罐,经灭菌、接种和发酵后,再一次性地将发酵液放出的操作类型,又称间歇式发酵。②补料分批发酵是在分批发酵过程中,间隙或连续地以某种方式补入含有一种或多种营养成分的新鲜料液,从而延长发酵周期,提高产量。③半连续发酵是在补料分批培养基的基础上,加上间隙放掉部分发酵液进入下游提取工艺的发酵操作方式。④连续发酵是当发

酵过程进行到一定阶段时(如产物合成时期),一边连续补充新鲜的无菌料液,一边以相同的流速放出发酵液,维持发酵液原来体积的发酵方式,微生物在稳定状态下生长和代谢。

表 5-2　不同的发酵过程比较

发酵方式	补料	发酵液	特点
分批发酵	无补料	无间隙释放	操作简单;周期短;不易染菌;生产过程和产品的质量容易掌握;发酵过程易根据理论进行控制;目前最主流的发酵方式
补料分批发酵	含有一种或多种营养成分的新鲜料液	无间隙释放	使发酵系统中维持很低的基质浓度,有利于有效利用碳源、控制合理的耗氧量和避免有毒物质的积累
半连续培养发酵	含有一种或多种营养成分的新鲜料液	间隙放掉部分	可以补充养分和前体;稀释有害代谢物质,有利于产物的继续合成
连续发酵	连续补充新鲜的无菌料液	持续放出	维持发酵液原来体积的发酵方式,微生物在稳定状态下生长和代谢;分为罐式连续发酵和管道式连续发酵

(四)发酵过程控制

微生物发酵生产药物的水平不仅取决于生产菌种的性能,而且还需要合适的环境条件即发酵工艺加以配合,才能使它的生产能力充分地表现出来。因此,必须研究影响发酵过程的各种影响因素,如温度、pH、溶氧、CO_2 等,设计合理的发酵工艺,才能使生产菌种处于最佳的产物合成条件下,达到最佳发酵效果(表 5-3)。

表 5-3　发酵的影响因素及控制

影响因素	影响或作用	控制
菌体浓度和形态	生产菌种生长的速度和产物的产量	调节培养基浓度、中间补料、补入无菌水等
温度	生产菌种的生长和产物合成;酶活性	冷却水降温
pH	酶的活性;生产菌种细胞膜所带电荷的状态;培养基中某些组分的解离	调节培养基的基础配方、加酸碱或中间补料
溶解氧	参与生产菌种的物质代谢和能量代谢	控制菌处于合适的比生长速率
加糖、补料	控制抑制性底物的浓度;解除或减弱分解产物阻遏;优化发酵过程	适时适度地加糖、补料
泡沫	招致产物流失;增加污染的危险性;降低发酵罐利用率;引起菌的分化,甚至自溶	机械消泡或添加化学消泡剂

种子接种量应控制在合适的范围内,菌体浓度越大,产物的产量也越大;但菌体浓度过高时,营养条件的下降和有毒物质的积累可能会改变菌体的代谢途径。微生物的最适生长温度和最适合成温度一般而言都是存在差异的,生长温度相较合成温度通常要稍高些。在实际生产中,发酵是个产热过程,所以对发酵过程中温度的控制一般指冷却。发酵液的摄氧率随菌体浓度增加而按比例增加,但氧的传递速率是随菌体浓度的对数关系减少的,因此可以控制菌的比生长速率比临界值略高一点的水平,达到合适浓度。

(五)下游加工

由于所需的微生物代谢产品不同,如有的需要菌体,有的需要初级或次级代谢产物等,而且对产品质量也有不同要求,所以分离纯化步骤可形成各种组合(图5-4)。

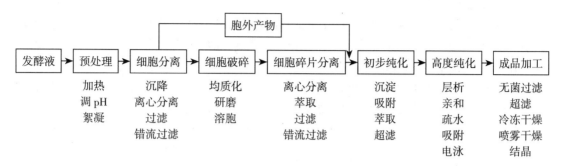

图 5-4　发酵工程下游加工一般流程

三、大规模发酵罐的设计与放大

工艺过程工业化是将科研价值转化成实际效益所必须面临的问题。而在发酵过程中,物质的化学转化或微生物转化伴随着质量、热量和动量传递发生,这些过程是与规模相关的,即它们在小规模(实验室或中试装置)时的行为与在大规模(生产装置)时的行为是不同的。实施认识放大规律和利用好化工放大技术是将实验室的研究成果迅速转化成工业规模生产的关键。

应用数学模型方法进行反应过程的开发时,其出发点是将反应器内进行的过程分解为化学反应和传递过程,并且认为在反应器放大过程中,化学反应的规律不会因设备尺寸而变化,设备尺寸主要影响流体流动、传热和传质等传递过程的规律。小型连续试验(CFU)可以得到反应物料的理化性质和反应动力学模型,而较大尺寸的冷模试验可以得到流体力学模型,再通过基于计算流体动力学(computational fluid dynamics)的计算机模拟计算,就能确定反应器放大后的反应尺寸、操作条件,以及预测反应产物的组成。

冷模试验是冷态模型试验的简称,指在没有化学反应的条件下,利用水、空气、砂、瓷环等廉价的模拟物料进行试验。计算流体动力学是近代流体力学、数值数学和计算机科学结合的产物,它以电子计算机为工具,应用各种离散化的数学方法,对流体力学的各类问题进行数值实验、计算机模拟和分析研究。

经过一系列放大手段完成放大设计后,还必须在真实物料条件下做试验,即热模试验(thermal model experiment),进而根据试验结果,运用计算机流体动力学对工艺放大模型和参数作出修正,以达到实际的生产要求。

四、青霉素的工业化发酵技术

(一)青霉素的结构与性质

青霉素(penicillin)是一种 β- 内酰胺类抗生素,其基本结构是由 β- 内酰胺环和噻唑烷环并联组成的 N- 酰基 -6- 氨基青霉烷酸,β- 内酰胺环为功能基团,不同类型的青霉素有不同的侧链。

青霉素分子中的羧基有相当强的酸性,能与一些无机或有机碱形成盐,而青霉素盐的稳定性则与其含水量和纯度有很大的关系。青霉素遇酸、碱或加热都易分解,并且分子很容易发生重排,有时甚至在很温和的条件下也会发生重排。分子中最不稳定的部分是 β- 内酰胺环,容易在亲核试剂和亲电试剂作用下打开 β- 内酰胺环,从而失去活性。

(二) 工艺流程开发

1. 上游工艺　产黄青霉菌(*Penicillium chrysogenum*)→孢子培养→一级或二级扩大培养(种子罐)→发酵罐培养 6~7 天(适当的培养基、温度、pH、通气及搅拌条件)→按需补加营养成分、前体物质和消沫剂等→发酵液

2. 下游工艺　发酵液→预处理→滤液→加酸→醋酸丁酯萃取→加碱(调节至中性)→水相萃取→重复萃取多次→提纯和浓缩液→脱色、脱水、无菌过滤等→青霉素晶体

3. 工艺原理　青霉素与碱金属所生成的盐类在水中溶解度很大,而青霉素游离酸易溶解于有机溶剂中。

(三) 工艺路线

1. 种子培养的工艺路线(丝状真菌)

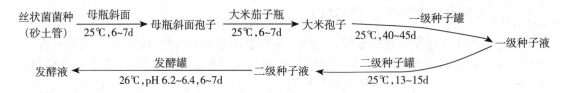

2. 青霉素钾盐制备的工艺路线

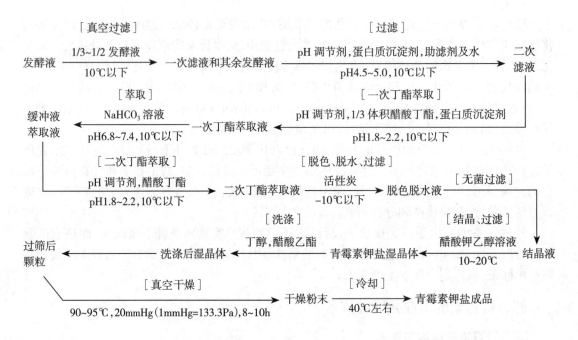

第三节　现代生物技术制药的基本原理与工艺

一、现代生物技术制药的技术与工程体系

现代生物技术制药是由多学科的理论、技术与工程原理综合而成的边缘学科,内容庞杂。根据生物技术操作的对象及操作目的的不同,可分为基因工程(gene engineering)、细胞

工程(cell engineering)、酶工程(enzyme engineering)和发酵工程(fermentation engineering)四类制药技术。广义上的生物技术制药则包括生物医学工程(如人体信息的检测与分析、康复医学等),甚至仿生学也包括在内。实际生产过程中,各项生物制药技术并不是独立存在的,它们互相交叉、渗透、支撑,形成了现代化的生物技术制药体系(图5-5)。

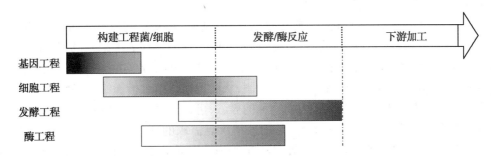

图 5-5　不同生物技术在制药生产中的应用(颜色深浅标示影响力强弱)

(一) 基因工程制药

1973 年,美国科学家科恩(Cohen)等第一次将两种不同的 DNA 分子进行体外重组,并且在大肠杆菌中成功表达,标志着定向改造生物的新科学——基因工程的建立。基因工程的主要原理是应用人工方法把生物的遗传物质,通常是脱氧核糖核酸(DNA)分离出来,在体外进行切割、拼接和重组,然后将重组的 DNA 导入某种宿主细胞或个体中,从而改变它们的遗传品性;有时还使新的遗传物质(基因)在新的宿主细胞或个体中大量表达,以得到基因产物(多肽或蛋白质)。

(二) 细胞工程制药

细胞工程是指以细胞为基本单位,应用现代细胞生物学、发育生物学、遗传学和分子生物学等学科的理论与方法,按照人们的需要和设计,重组细胞的结构和内含物,以改变生物的结构和功能,从而达到改良品种和创造新品种,或加速繁育动物、植物个体,或获得某种有用物质的过程。细胞工程包括动物、植物细胞的体外培养技术,细胞融合技术,细胞器移植技术,克隆技术和干细胞技术,固定化细胞和动植物细胞的大规模培养等技术,制药生产上的应用主要体现在植物细胞工程和动物细胞工程。

(三) 酶工程制药

酶是生物体进行新陈代谢、物质合成、降解、转化的必不可少的生物催化剂。酶工程是利用酶或细胞、细胞器所具有的某些特异性催化化学反应的功能,借助工艺手段和生物反应器来生产某种产品的制药技术。酶工程包括四个组成部分:酶的生产和酶的分离纯化;酶分子的修饰;酶和细胞的固定化及酶的应用;酶反应动力学和生物反应器。

(四) 发酵工程制药

现代发酵工程(modern fermentation engineering)是指利用微生物生长代谢活动,通过现代工程技术手段生产各种特定的有用物质,或者把微生物直接用于某些工业化生产的一种生物技术体系。现代发酵工程和传统微生物发酵的界限不是很明显,如果非要进行区分的话,主要体现在两方面:工程菌种的种类和获取手段更加多样,高效;发酵罐或生物反应器的自动化、高效化、功能多样化、大型化。

二、基因工程在现代生物技术制药中的地位和作用

现代生物技术制药包括基因工程、细胞工程、酶工程和发酵工程等在内的多项技术,它们彼此之间互相联系、互相渗透,而基因工程是整个现代生物技术制药体系的核心内容,因为它能推动其他技术的发展。

基因工程是在细菌限制性内切核酸酶(简称限制酶)和质粒的发现、DNA 重组技术和 DNA 序列分析获得成功的基础上逐步发展和成熟的。基因工程的理论基础基于以下事实:不同的基因有相同的物质基础;基因是可切割的;基因是可以转移的;多肽与基因之间存在着对应关系;遗传密码是通用的;基因可以复制,从而把遗传信息传递给下一代。

基因工程的最大特点是打破了生物物种的界限,可以通过 DNA 体外重组或转基因技术对生物体进行遗传物质水平上的改造,从而获得满足需求的新型生物体。通过基因工程可对细菌或细胞进行改造而获得"工程菌"或"工程细胞";通过基因工程技术改造的产酶微生物可以增加酶的产量等。从生产效益上而言,基因工程技术能迅速打破基因重组和基因转移的物种屏障,可在实验室条件下较快地完成生物体漫长的进化过程,以比自然界更快、比进化更快的速度来完成"物种"的构建。基因工程技术凭借着其独有的先进性、优越性和不可替代性,与其他高新技术的交叉渗透和集成,促使生物技术制药成为现代制药工业中的主力军,具有诱人的市场前景。

三、现代生物技术制药工艺过程

生物技术药物的生产是一项十分复杂的系统工程,分为上游和下游两个阶段。上游阶段的主要工作是构建稳定、高效表达的工程菌(或工程细胞);下游阶段的工作则包括工程菌(细胞)的大规模发酵(培养)、产品的分离纯化、制剂以及质量控制等一系列工艺。每个阶段的每个过程又都包含若干细致的步骤,这些过程和步骤将会随研究和生产条件的不同而有所改变,上游技术大概步骤参见图 5-6。

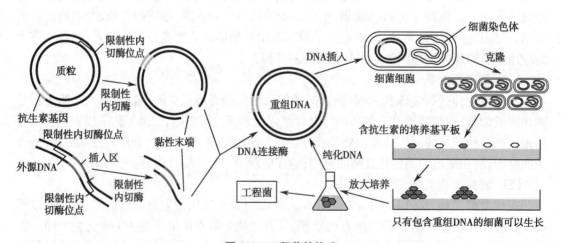

图 5-6　工程菌的构建

制药基因(pharmaceutical gene)可直接从基因组 DNA 中获得;或先获得 mRNA、cDNA 等,间接从基因组 DNA 中获得。基因运载体(gene vector)是具有自体复制能力的另一种 DNA 分子,并带有必要的标记基因,常用的基因运载体主要有两类:一类是质粒(plasmid),一类是

病毒(包括噬菌体)。制药基因与载体分子的体外连接反应,主要工具是 DNA 连接酶。外源基因与载体分子形成重组 DNA 分子后,将其导入到宿主细胞中扩增和筛选的过程,称为外源基因的无性繁殖,或称为克隆。将外源重组体分子导入宿主细胞的方法有转化、转染、转导、显微注射技术等。

外源基因与载体连接后的连接体系是含有多种成分的混合体系,还需要进行进一步的鉴定与筛选出含有制药基因的转化子。通常有 3 种鉴定方法:一是重组体表型特征的鉴定;二是重组 DNA 分子结构特征的鉴定;三是外源基因表达产物的鉴定。

基因工程菌的常用培养方式有分批培养、连续培养和透析培养,影响基因工程菌发酵的几个主要因素有培养基的组成、接种量的大小、温度的高低、溶解氧的浓度、诱导时机及 pH 等。这部分内容在第二节已详细介绍。

在生物技术药物的生产中,其分离纯化的费用占整个生产费用的 80%~90%,因此分离纯化是生物技术药物生产中极其重要的一环。不同的产物表达形式及其分离纯化步骤略有不同。这部分内容在第二节有所涉及,在第四节会做具体阐述。

生物技术药物与传统意义上的一般药品的生产有着许多不同之处。因而从原料到产品以及制备全过程的每一步都必须严格控制条件和鉴定质量,从而确保产品符合质量标准、安全有效。质量控制包括生产过程的控制和目标产品的质量控制,产品的检测指标包括产品的鉴定、纯度、活性、安全性、稳定性和一致性。

四、现代生物技术应用实例

(一)天冬氨酸的酶促合成

1. 理化性质及应用 天冬氨酸(aspartic acid)分子中含两个羧基和一个氨基,化学名称为 α- 氨基丁二酸或氨基琥珀酸。天冬氨酸纯品为白色菱形叶片状晶体,pI 为 2.77,熔点为 269~271℃。溶于水及盐酸,不溶于乙醇及乙醚,在 25℃水中溶解度为 0.8,在 75℃水中为 2.88,在乙醇中为 0.00016,在碱性溶液中为左旋性,在酸性溶液中为右旋性。

天冬氨酸的应用:氨基酸输液,钾、钙等无机离子补充剂,疲劳恢复剂,氨解毒剂,临床诊断药;治疗慢性肝炎、心肌代谢障碍、低钾或缺血性贫血;新型甜味剂天冬甜素的原料;营养增补剂,添加于各种清凉饮料。

2. 制备原理 先培养产天冬氨酸酶的大肠杆菌细胞,然后将细胞固定化制备生物反应堆,用此生物反应堆催化延胡索酸和铵盐生产 L- 天冬氨酸。

3. 生产工艺

(1)菌种培养:普通肉汁斜面培养基培养大肠杆菌(*Escherichia coli*)AS 1.881;接种于摇瓶培养基中,煮沸,过滤分装,37℃振摇培养 24 小时;逐级放大培养至 1000~2000L;1mol/L 盐酸调至 pH5.0,45℃保温 1 小时;冷却至室温,收集菌体(含天冬氨酸酶)。

(2)细胞固定:取湿 *Escherichia coli* AS 1.881 菌体 20kg 悬浮于 80L 生理盐水中,40℃保温,加入 40℃、12% 明胶溶液 10L 及 1.0% 戊二醛溶液 90L,充分搅拌均匀,5℃放置,过夜,切成 3~5mm 的立方小块,浸于 0.25% 戊二醛溶液中放置,过夜,蒸馏水充分洗涤,滤干,得含天冬氨酸酶的固定化 *Escherichia coli* AS 1.881。

(3)发酵反应:将含天冬氨酸酶的固定化 *Escherichia coli* AS 1.881 装于填充床式反应器中,制成生物反应堆。将保温至 37℃的 1mol/L 延胡索酸铵(含 1mol/L 氯化镁,pH8.5)底物液按一定速度连续流过生物反应堆,流速以达最大转化率(>95%)为限度,收集转化液。

（4）纯化与精制：转化液过滤，滤液用 1mol/L 盐酸调至 pH2.8,5℃过夜，滤取结晶，用少量冷水洗涤，抽干，105℃干燥得 L- 天冬氨酸粗品。粗品用稀氨水（pH5）溶解成 15% 溶液，加 1%（W/V）活性炭，70℃搅拌脱色 1 小时，过滤，滤液于 5℃放置，过夜，滤取结晶，85℃真空干燥得 L- 天冬氨酸精品。

（二）二步酶法合成 7-ACA

1. 理化性质及应用　7-ACA，即 7- 氨基头孢霉烷酸（7-amino-cephalsporanic acid），为白色或类白色晶体粉末，不溶于水及一般有机溶媒，熔点大于 300℃，在碱性或高温下易降解。7-ACA 是头孢菌素中最常用的母核，7-ACA 有两个活性基团，3- 位的乙酰氧基和 7- 位的氨基，在这两个活性基团上连接不同的侧链，就构成不同性质的头孢类抗生素，如头孢噻肟、头孢曲松钠、头孢唑林、头孢呋辛、头孢哌酮等。

2. 制备原理　第一步是利用 D- 氨基酸氧化酶（D-AOD）转化 GL-7-ACA，实质上这也是一个两步过程：氯代特戊酰氯（CPC）先酶促转化为酮基 -7-ACA 和过氧化氢，然后酮基 -7-ACA 再被所生成的过氧化氢氧化，除羧基，转化为 GL-7-ACA。第二步利用 GL- 脱酰酶转化 GL-7-ACA 为 7-ACA。

3. 生产工艺

（1）CPC 转化为 GL-7ACA：将 2KU 固定化 D-AOD 加入 2L 套层耐压玻璃反应器，用蒸馏水洗涤 1 小时。配制 40g/L CPC 溶液（pH8.0），经 20μm 过滤器过滤后加入反应器，密封后通氧加压。以 3mol/L NaOH 保持 pH 8.0。反应液保持 25℃，以 400r/min 转速搅拌 90 分钟。反应结束后，溶液从反应器底部放出，立即进入下一步反应器。

（2）GL-7ACA 转化为 7-ACA：将 5KU 固定化 GL- 脱酚酶加至 2L 烧杯内，用蒸馏水洗涤 1 小时。真空滤出固定化酶，加至 2L 反应器中。以 3mol/L 氢氧化铵保持 pH 8.0。反应液于 25℃、400r/min 转速下搅拌 60 分钟。反应结束后，将溶液倒入铺有孔径 20~25μm 纸的平底漏斗，真空吸滤，滤除固定化酶。

（3）纯化与精制：用 1%~10%（质量分数）的 HCl 在 0~15℃下溶解粗品 7-ACA，HCl:7-ACA=（3~5）:1（体积比），然后加入活性炭（或 SiO_2），搅拌，吸附杂质后过滤。用 $NH_3 \cdot H_2O$ 中和滤液至 pH3.3~3.5，对产品进行过滤，洗涤和干燥。

第四节　生物制药分离技术

一、预处理和细胞破碎

（一）发酵液预处理

发酵液中含有大量的可溶性黏胶状物质，主要是核酸、杂蛋白质等，这些杂质对液固分离以及后续分离、纯化操作都有很大影响。因此，需要通过预处理尽量除去这些杂质。

凝聚与絮凝都是悬浮液预处理的重要方法，其处理过程就是将化学药剂预先投加到悬浮液中，改变细胞、菌体和蛋白质等胶体粒子的分散状态，破坏其稳定性，使它们聚集成可分离的絮凝体，再进行分离。

除凝聚和絮凝之外，调节温度和 pH 也是对发酵液进行预处理的常用手段。加热法是最简单和价廉的预处理方法，但对产品的热稳定性要求较高。调节 pH 这种方法也很简单，一般用草酸或无机酸或碱来调节。

（二）细胞破碎

生物活性物质通过微生物发酵、酶反应过程或动植物细胞大量培养获得,按照最终产物的位置可分为胞内产物与胞外产物。合成酶类、遗传物质、代谢中间产物一般都存在于细胞内,还有少数的抗生素如属于多烯类的制霉菌素产生后也不释放到胞外。为了回收和提纯胞内产品,必须先使胞内产物释放到周围环境中去,释放可以用分泌性宿主使胞内产物分泌到胞外,也可以用破碎细胞的办法使其释放出来。而目前通过破碎细胞来获取胞内产品是最简单也是最为成熟的方式。依据破碎的原理,Wimpenny 对现行的细胞破碎方法进行了分类(图 5-7)。

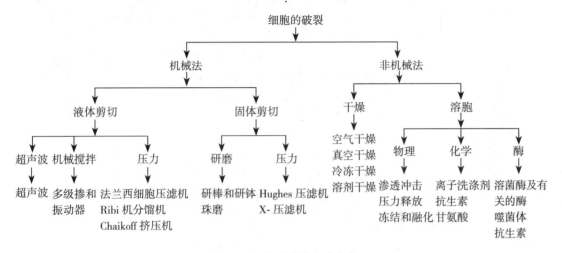

图 5-7　细胞破碎的方式分类

机械法常用设备有高压匀浆机、高速珠磨机以及超声波振荡器。高压匀浆器又称高压剪切破碎,是用作细胞破碎较好的设备,图 5-8(a)为高压匀浆器的排出阀结构简图。而将细胞在珠磨机中破碎被认为是最有效的一种细胞物理破碎法,破碎微生物细胞用的珠磨机有多种形式,见图 5-8(b)-(d)。超声波法是另一种液相剪切破碎法,其破碎机制是液体在超声波作用下发生空化作用,空穴的形成、增大和闭合产生极大的冲击波和剪切力,使细胞破碎。

机械方法高效破碎细胞的同时也存在一些缺点:一是在破碎过程中需要大量能量并产生高温和高的剪切力,易使不稳定产品变性失活;二是从大量细颗粒中分离非专一的产物是很困难的。为了克服这些不利的影响,近年来发展出了系列的非机械法来削弱细胞壁的强度或直接使细胞破碎。其中,酶解法对外界条件要求低,对产品破坏少,回收速率和比率高,遗憾的是费用普遍比较昂贵。

当然,无论是机械法还是非机械法破碎细胞都有自身的局限性和不足,应根据破碎细胞的目的、回收目标产物的类型和它在细胞中所处的位置,选用适合的方法,达到选择性地分步释放目标产物的要求。其一般原则为:若提取的产物在细胞质内,需用机械破碎法;若在细胞膜附近,则可用较温和的非机械法;若提取的产物与细胞膜或细胞壁相结合时,可采用机械法和化学法相结合或并用的方法。

（三）基因工程表达产物后处理的特殊性

基因工程的兴起使得真核生物的基因也可以在原核生物(如大肠杆菌)中表达,从而大

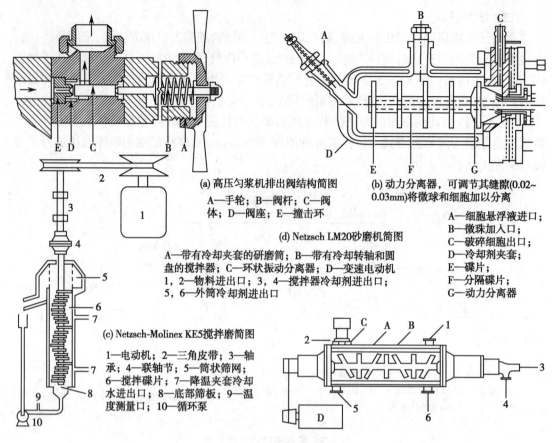

(a) 高压匀浆机排出阀结构简图
A—手轮；B—阀杆；C—阀体；D—阀座；E—撞击环

(b) 动力分离器，可调节其缝隙(0.02~0.03mm)将微球和细胞加以分离

(d) Netzsch LM20砂磨机简图
A—带有冷却夹套的研磨筒；B—带有冷却转轴和圆盘的搅拌器；C—环状振动分离器；D—变速电动机
1，2—物料进出口；3，4—搅拌器冷却剂进出口；5，6—外筒冷却剂进出口；

A—细胞悬浮液进口；
B—微珠加入口；
C—破碎细胞出口；
D—冷却剂夹套；
E—碟片；
F—分隔碟片；
G—动力分离器

(c) Netzsch-Molinex KE5搅拌磨简图
1—电动机；2—三角皮带；3—轴承；4—联轴节；5—筒状筛网；6—搅拌碟片；7—降温夹套冷却水进出口；8—底部筛板；9—温度测量口；10—循环泵

图 5-8   细胞破碎机械

大丰富了药用和食用蛋白质产品的品种。运用基因工程技术所克隆的基因在大肠杆菌中表达时，蛋白质的积累可高达大肠杆菌菌体总蛋白的 50% 左右，但这种高效表达往往产生无活性的蛋白质，形成不溶性的聚集物，这种物质被称为包涵体。

因此，在分离基因工程蛋白产物的时候，需要将包涵体分离并溶解于变性剂中，然后加还原剂，得到单体肽链。然后对这些单体肽链进行复性操作，即将单体肽链重新折叠成天然的分子结构。

二、初步分离

(一) 固液分离

完成发酵液的预处理后，需要将发酵液中的悬浮固体，如细胞、菌体、细胞碎片以及蛋白质的沉淀物或它们的絮凝体进一步除去，实现产物的初步分离，这个过程称为固液分离。常规的液 - 固分离技术是化学工程中常用的机械分离方法，包括过滤和离心分离等。

1. 过滤(filtration)和膜分离(membrane separation)   过滤按料液流动方向不同可分为常规过滤和错流过滤，前者料液流动方向与过滤介质垂直，而后者料液流动方向平行于过滤介质。常规过滤的常用机械包括板框压滤机和真空鼓式过滤机，而现代膜分离过程主要采用错流过滤方式。膜分离法又称为超滤法，即利用可截留一定分子量的超滤膜进行溶质的分离或浓缩，根据不同的分离机制，可分为微滤、超滤、反渗透、透析和电渗析等方法(表5-4)。

表 5-4　膜分离分类

过程	分离机制	分离对象举例
微滤	筛分	除去砂砾、淤泥、黏土等悬浮颗粒
超滤	筛分	分离蛋白质、胶体等大分子
纳滤	溶解-扩散,静电-位阻	分离糖、二价盐、游离酸
反渗透	溶解-扩散	分离单价盐、不游离酸
气体分离	溶解-扩散	分离气体
渗析	筛分加上扩散度差	除盐
电渗析	离子迁移	回收碱、金属离子;废水制备酸碱
渗透蒸发	溶解-扩散	分离共沸体系;微量水的脱去;微量高价值有机物回收

2. 离心（centrifugation）　离心分离与过滤相比较,离心分离法速度快,效率高,操作时卫生条件好,占地面积小,能自动化、连续化和程序控制,适合于大规模的分离过程,但是设备投资费用高、能耗也较高。根据操作原理,离心分离分为:过滤式离心、沉降式离心、分离式离心。对于发酵液,通常采用沉降式离心设备,因为它适合于含固体量较低（10%）的场合,而过滤式离心设备（篮式离心机）主要用于分离晶体和母液。

（二）液液分离

1. 溶剂萃取法（solvent extraction method）　溶剂萃取法（液液萃取）是工业生产中常用的提取方法之一。萃取分离的理论基础是不同溶质在两相中分配平衡的差异。溶剂萃取法具有下列特点:对热敏物质破坏少;操作可连续化,反应速度快,生产周期短;采用多级萃取时,溶质浓缩倍数和纯化度过高;溶剂耗量大,对设备和安全要求高,需要各项防火防爆等措施。

2. 双水相法（two aqueous phase extraction）　双水相萃取法又称水溶液两相分配技术,它是不同的高分子溶液相互混合产生两相或多相系统,利用物质在互不相溶的两水相间分配系数的差异来进行萃取的方法。双水相萃取技术真正工业化的例子还很少,其中原因就是成本高,要实现大规模工业化应用,还需在降低原材料成本方面取得突破。

三、纯化分离和成品加工

经过初步处理后,目标产物得到了很大程度上的分离和浓缩,但是要作为药品是远远不够的,还需要进一步的纯化。常用的手段有初步分离中提及的沉淀、离心、溶剂萃取、膜分离,还有层析分离、电泳、结晶、冷冻干燥等方法也常被运用于纯化产品或成品加工。此外,工业上有应用的还包括离子交换分离法、吸附分离法、超临界流体萃取法、渗透蒸发、反胶束萃取和浊点萃取等。

（一）层析分离（chromatographic separation）

层析分离是一组相关技术的总称,又叫色谱法、层离法、色层法等,是一种条件温和、能分离物化性能差别很小的一组化合物的重要分离技术。对所有的层析系统来说,必须具备三个单元部分,一个是固定相,一个是移动相,另一个是需要离析的样品,随着样品被移动相带走而不同程度地受固定相阻滞实现分离。

按照层析过程机制的进一步分类见表 5-5。

表 5-5   根据分离机制划分的层析技术

技术	分离机制	技术	分离机制
吸附色层分离法		共价作用色层分离法	存在反应基团
吸附在无机载体上	在表面上的极性和可极化基团	凝胶过滤色层分离法	流体动力学体积(大小和形状)
离子交换色谱	净交换	分配色谱	分配系数
聚焦色谱	等电点	正相色层分离法	亲水性
亲和色谱	生物特异性相互作用	反相色层分离法	疏水性
疏水作用色层分离法	疏水性(表面自由能)		

目前几乎在所有的领域中都涉及色层分离法及其相关技术的应用,例如在生命科学、生化药物、精细化工、制备化学、环保等领域中广泛应用于物质的分离和分析。

（二）电泳（electrophoresis）

在电场中,带电颗粒在分散介质中向反电荷方向迁移,这种迁移现象即为电泳,利用带电粒子在电场中移动速度不同而达到分离的技术称为电泳技术。目前所采用的电泳方法大致可分为 3 类:显微电泳,自由界面电泳和区带电泳,其中区带电泳应用最为广泛。

电泳技术除了用于小分子物质的分离分析外,最主要用于蛋白质、核酸、多糖等,甚至病毒与细胞的研究。生物大分子如蛋白质,核酸,多糖等大多都有阳离子和阴离子基团,称为两性离子,它们常以颗粒分散在溶液中,而它们的静电荷一般取决于介质的 H^+ 浓度或与其他大分子的相互作用。

（三）结晶（crystallization）

结晶是固体物质以晶体形态从蒸汽或溶液中析出的过程。由于结晶是同类分子或者离子的有规律排列,故结晶过程具有高度的选择性,析出的晶体纯度比较高,同时所用的设备简单,操作方便,所以结晶是从不纯混合物或不纯溶液中制取纯品的一种最经济的单元操作。

结晶也是人们所知的最古老的化学工艺过程之一。很多化学工业过程,在生产的某些阶段,要利用这一单元操作来生产、纯化或回收固体物质。如抗生素工业中,青霉素、红霉素的生产,一般都包含有结晶过程。同样,在其他生物技术领域中,结晶的重要性也在与日俱增,如蛋白质的纯化和生产都离不开结晶技术。

（四）冷冻干燥（lyophilization）

冷冻干燥又称升华干燥,将物料冷冻至水的冰点以下,并置于高真空(10~40Pa)的容器中,通过供热使物料中的水分直接从固态冰升华为水汽的一种干燥方法。冷冻干燥操作中使物料处于冷冻状态,物料内部结构可以保持不变。一般干燥方法的干燥温度需在冰与物料的共融点之上,干燥后产品很可能失去原有性质。又如用一般的真空干燥法处理含盐的生物制品时,表层会形成盐壳;而用冷冻干燥法可以避免发生这种现象。同时,冷冻干燥也适用于处理热敏性和易氧化的物料。而在生物制药领域中,很多药物对结构保护和处理条件有着苛刻的要求,如蛋白制品很容易变性失活,因此冷冻干燥在生物制药领域获得广泛的应用。

四、分离工艺放大

在现代化工与医药生产中，一种化合物往往需要复杂的流程才能被制造出来。为了最终达到所需产品的质量与产量要求，每个生产单元必须选择适当的设备，并对设备在实际运转中的数据提前进行预计，这就是工艺放大。分离作为整个生物制药生产过程中影响相当深远且耗费最为高昂的一个环节，工艺放大就显得尤为重要，而合理的数学模型的应用则大大简化了放大过程，节约了放大成本。

（一）离心工艺放大

低浓度下离心沉降的工艺放大一般以 Stokes 定律作为数学模型，而 Stokes 定律要求黏滞力相比、惯性力可以忽略，当料液浓度足够低的时候可以认为满足该定律的要求。Stokes 定律应用于离心沉降中时，还需要对原方程做一定的修正，即式(5-1)：

$$\frac{R_{(t)}}{R_0} = \exp\left(-\frac{2r^2\omega^2 t(\rho_s - \rho_f)}{9\mu}\right) \qquad \text{式}(5\text{-}1)$$

式中，r、ω、t 和 μ 分别代表颗粒的半径、转速、沉降时间和流体的黏度，而 $R_{(t)}$ 和 R_0 分别表示颗粒 t 时间和初始时的分散半径，ρ_s、ρ_f 则表示前后料液密度。

高浓度下的离心沉降相对而言要复杂得多，高浓度物料的离心沉降过程会明显受到重力的影响，同时又因为连续稀释效应使得这种影响难以准确计算。连续稀释效应指的是随着颗粒径向沉降，它们向外分散，从而在给定半径处的浓度随时间持续降低。目前这方面的理论研究还有待进一步的发展。

（二）层析分离工艺放大

层析工艺的塔板理论模型放大通常参照 Van Deemter 方程，Van Deemter 方程在色谱学中是综合考虑了分离过程中引起峰展宽的物理因素、动力学因素和热力学因素后得到的单位柱长的总峰展宽与流动相流速的关系式。Van Deemter 方程最常用的形式如式(5-2)所示：

$$H = A + \frac{B}{u} + Cu \qquad \text{式}(5\text{-}2)$$

式中，u 为流速。一般来说，影响峰展宽的因素包括多路径效应（由 A 反应），扩散（径向的和轴向的，由 B/u 反应）与固定相和流动相间的传质阻力（由 Cu 反应）。液相色谱中的流动相流速常取出口的流速，即体积流量与柱横截面积之比。如果流动相是气相，还要进行温度与压强的校正。Van Deemter 方程呈双曲形函数的形式，表明流动相的流速存在一个最优值，在该点柱效最高。流动相最佳流速理论数值为：

$$\mu_{opt} = \sqrt{\frac{B}{C}} \qquad \text{式}(5\text{-}3)$$

正如实验一定会有误差一样，工艺放大也有其特定的风险。试验数据的采集范围不足有可能造成工艺放大的不准确。特别是对于新开发的产品或生产工艺来说，往往没有实际运行的工业化生产，只有实验室内的小规模试验。在这种情况下，实验室内形成的物料性质与将来实际工业化生产的物料性质可能会有较大的偏差。所以针对新工艺的工艺放大必须考虑适当的弹性余量。此外，物料性质超出数学模型的计算范围也会造成工艺放大结果的偏差。对于这些情况，目前只能通过使用更接近真实设备尺寸的试验设备或加大试验数据的采集范围来减少误差。

五、生物分离纯化实例

在实际的生物制药生产过程中,分离和纯化目标产物的技术与工艺主要基于不同物质的性质差异,同时还要充分考虑药物标准和工艺成本。因此,有些生物药物的分离纯化工艺比较单一,而有些则是多种技术综合运用。

(一) 低温乙醇血浆蛋白分离法提取人血细胞免疫蛋白(图 5-9)

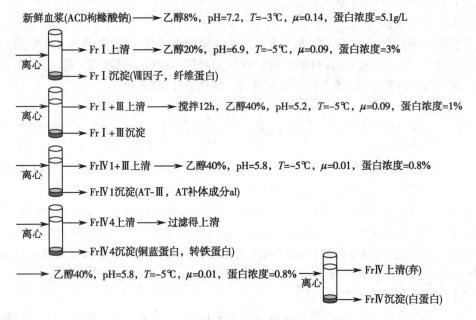

图 5-9　COHN 6 法提取人血细胞免疫蛋白

(二) 等电离交法提取谷氨酸(图 5-10)

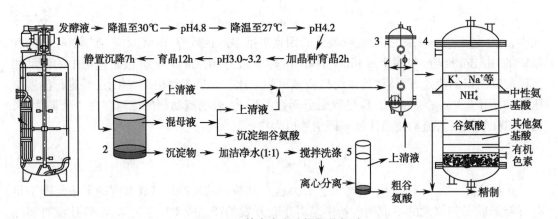

图 5-10　等电离交法提取谷氨酸

1—发酵罐;2—静置沉降后分层标示;3—离子交换设备;4—离子交换的物质层次;5—离心后分层标示

该项提取谷氨酸的工艺主要综合运用了等电点沉淀法和离子交换法,故简称为等电离交法。

思 考 题

1. 生物药物的分类依据有哪些？不同的分类方式各有什么优点？

2. 微生物发酵过程基本流程有哪些？分别受到哪些因素的制约？

3. 现代生物技术制药体系包括哪些技术手段？这些技术手段研究的基本内容是什么？

4. 现代生物技术制药的一般过程有哪些基本步骤？

5. 生物技术制药的下游加工中都有哪些常用手段？这些手段的基本原理是什么？

6. 离心和层析工艺的工程放大有哪些理论基础？

（宋 航）

第六章 制剂及其生产工艺技术

> **学习目标**
> 1. 初步熟悉药物剂型的用途及药效。
> 2. 了解药物制剂的生产工艺和设备。
> 3. 了解制剂质量管理的内容与控制过程。
> 4. 了解药物新剂型的种类。

第一节 概　　述

一、药物剂型的用途及药效

(一) 药物剂型的作用

药物(drug medicine)是指用于预防、治疗、诊断人的疾病,有目的地调节人体生理功能并规定有适应症或者功能主治、用法和用量的产品。药物剂型(dosage form)是药物供使用之前制成适合于医疗或预防应用的形式,是药物用于人体前的最后形式。常用剂型40余种,其分类方法有多种,常用剂型有胶囊剂、注射剂、气雾剂、口服液剂等。

(二) 药物剂型与药效

同一种药物可以制成多种剂型,剂型质量的优劣直接关系到药物效果的差异。同一原料药制成不同剂型,可能会出现有显著差异的药效;即使同一原料药制成同一剂型,也会因工艺条件或质量标准的不同而可能对药效产生较大的影响。这些剂型因素如不加注意,药效就不能充分发挥,甚至给患者造成损害。关于剂型同药效的关系,早在梁代陶弘景《本草经集注》书中就指出:"疾有宜服丸者,宜服散者,宜服汤者,宜服酒者,宜服膏者,亦兼参用所病之源以为制耳",明确肯定剂型的选择同疾病关系密切。其后,金元时期李东垣:"汤者荡也,去大病用之;散者散也,去急病用之;丸者缓也,不能速去病,舒缓而治之也",进一步阐述不同剂型的作用特点,并把什么剂型适合于治疗什么性质的疾病结合起来,说明当时古人已经清楚地认识到剂型因素对药效的发挥很有影响这个客观事实。从20世纪60年代起,剂型因素对药效影响的问题已越来越引起人们的重视。

对于全身作用的药物来说,只有在药物被吸收之后才能发挥药效。在这种情况下,药物吸收的如何直接关系到药效如何。一般来说,不同剂型吸收由快到慢的次序为:注射剂、气雾剂;灌肠剂、汤剂、片剂、口服液、酊剂、酒剂、颗粒剂、内服膏剂;散剂、胶囊剂、微丸剂、片剂、浓缩剂、水剂、蜜丸、糊丸、蜡丸。

研究表明药物剂型与药效关系主要有以下几方面。

（1）可改变药物的作用性质，多数药物改变剂型后其作用性质不变，但有些药物能改变作用性质，例如硫酸镁口服剂型有致泻作用，5%注射液静脉滴注能抑制大脑中枢神经，有镇静、镇痉作用；又如依沙吖啶(ethacridine，即利凡诺)1%注射液用于中期引产，但0.1%~0.2%溶液局部涂抹有杀菌作用。

（2）不同剂型可改变药物的作用速率，例如：注射剂、吸入气雾剂、舌下片等剂型起效快，常用于急救治疗；缓控释制剂、植入剂、丸剂等作用缓慢，常用于慢性疾病的治疗。

（3）可降低药物的毒副作用，如氨茶碱治疗哮喘效果很好，但有引起心跳加快的毒副作用，若制成栓剂则可消除这种毒副作用；缓、控释制剂能保持血药浓度平稳，避免血药浓度的峰谷现象，从而降低药物的毒副作用；红霉素在胃酸中分解，刺激性较大，制成肠溶制剂可减轻其对胃黏膜的影响。

（4）可产生靶向作用，如脂质体、微球等微粒给药系统的静脉注射剂，进入血液循环后，被网状内皮系统的巨噬细胞吞噬，从而使药物浓集于肝、脾等器官，起到肝、脾的被动靶向作用；乳剂经肌内或皮下注射后易浓集于淋巴系统，具有淋巴定向性。

（5）可影响药物的治疗效果，片剂、颗粒剂、丸剂等的不同制备工艺会对药效产生显著影响，特别是药物的晶型、粒子的大小发生变化时直接影响药物的释放，从而影响药物的治疗效果。

二、药物制剂的发展

药物制剂的加工，国内外都是从手工操作开始。在古代，中国的医药不分家，医生行医开方、配方并加工制剂，大多制剂是即配即用。唐代开始了作坊式加工的"前店后坊"，到了宋代，全国熟药所均改为"太平惠民局"，推动了中成药的发展。当时的生产力水平低下，加工器械主要有称量器、盛器、切削刀、粉碎机、搅拌棒、筛滤器、炒烤锅和模具；加工技术有炒、烤、煎煮、粉碎、搅拌、发酵、蒸馏、手搓、模制和泛制。制剂剂型相当丰富，从原药、原汁到加工成丸、散、膏、丹、酒露汤饮等达130余种。明代以后，随着商品经济的发展，作坊制售成药进一步繁荣。1699年北京同仁堂开业，以制售安宫牛黄丸、苏合香丸等驰名海内外。1790年广州敬修堂开业，所生产的回春丹很有名。19世纪中叶以后西药开始输入，1882年由国人首个创办的西药店泰安大药房在广州挂牌。1907年第一家西药厂是由德国商人在上海创办的"上海科发药厂"。

新中国成立后，从20世纪50年代初开始将"后坊"集中，联合组建中药厂。各厂逐步增设一定数量的单机生产设备，较多工序由机械生产取代了手工制作。改革开放以来，由于对外交流扩大，《药品管理法》和《药品生产质量管理规范》(GMP)的颁布实施，以及加大医药知识产权保护，有效地扼制了产品低水平重复的现象。我国制剂新技术、新辅料、新装备和新剂型，从引进、仿制到开发创新，有力地推动制剂工程的发展，制剂生产从手工到机械化，并在逐步实现自动化，制剂产品质量从感观到仪器分析，从成分量化到生物量化，生产规模不断扩大，并创下单品种片剂超亿片、针剂超亿支的纪录。随着中国加入世界贸易组织，成为WTO成员国，中国的制药企业正面临着前所未有的严峻挑战。没有通过GMP认证的企业不能继续生产，产品也不能进入市场；没有现代技术和装备的企业难以在日益激烈竞争的国际市场上立足；没有规模化生产的企业不可能扩大国际市场份额。这使得企业对高级工程技术人才的需求急剧增加，而真正懂得药物制剂工程的科技人才却十分缺乏。近几年，国家对工程学倍加重视，在医药行业组建了若干个医药方面的国家工程技术中心，其中包括药物制剂国家工程研究中心等。

三、药物制剂工程

药物制剂工程是研究药物制剂生产原理、设备及制剂车间工艺设计的一门科学,是以药剂学、制剂工程学及相关学科的科学理论和方法研究制剂生产实践的过程。主要介绍制剂生产的相关基本知识,制剂原料药,制剂辅料,制剂工艺设备,制剂质量管理与控制等。

(一) 药物制剂原料药和制剂辅料

药物的基本组成是(制剂原料药)药物和辅料。制剂原料药是指用来生产各类制剂的药物,其来源有:化学生产合成,动物来源,从植物中提取,由碎片或粉末状草药组成原料药,生物技术发酵、技术培养,传统发酵产生的原料药等。

辅料是赋予制剂形态结构和提高制剂稳定性的必要物料,任何一种原料药要投入临床使用,必须制成各种不同剂型的药物制剂,而制剂的制备除原料药外,还必须加入一些有助于制剂成型的、稳定、增溶、助溶、缓释、控释等不同功能和作用的各种药物制剂辅料。长久以来,人们都把辅料看作是惰性物质,随着人们对药物由剂型中释放、被吸收性能的深入了解,现在人们已普遍认识到,辅料有可能改变药物从制剂中释放的速度或稳定性,从而影响其生物利用度。药用辅料是在药物制剂中经过合理的安全评价的不包括生理有效成分或前体的组分,它的作用有:①在药物制剂制备过程中有利于成品的加工;②加强药物制剂稳定性,提高生物利用度或患者的顺应性;③有助于从外观鉴别药物制剂;④增强药物制剂在贮藏或应用时的安全性和有效性。常用的辅料有药用高分子材料、表面活性剂、防腐剂、矫味剂等。

药物的辅料类型主要有:

1. **药用高分子材料**　药用高分子材料在药用辅料中占有很大的比重,现代的制剂工业,从包装到复杂的药物传递系统的制备,都离不开高分子材料,其品种的多样化和应用的广泛性表明了它的重要性。1960 年以来,药用高分子材料在药物制剂应用中取得了比较重要的进展,如 1964 年的微囊,1965 年的硅酮胶囊和共沉淀物,1970 年的缓释眼用治疗系统,1973 年的毫微囊,宫内避孕器,1974 年的微渗透泵、透皮吸收制剂以及 20 世纪 80 年代以来的控释制剂和靶向制剂等的发明和创造,都离不开高分子材料的应用。

药用高分子材料依据它们的用途一般可分为:在传统剂型中应用的高分子材料;缓释、控释制剂和靶向制剂中应用的高分子材料;包装用的材料。按其来源可分为:天然高分子,如蛋白质类(如明胶等)、多糖类(如淀粉、纤维素)、天然树胶;半合成高分子,如淀粉、纤维素的衍生物(如羧甲基淀粉、羟丙基纤维素);合成高分子,如热固性树脂、热塑性树脂等。

药物制剂过程中,药用高分子辅料主要应用于以下几方面。

(1) 在片剂和一般固体制剂中,作为黏合剂、稀释剂、崩解剂、润滑剂和包衣材料。可用作黏合剂的高分子材料主要有淀粉、预胶化淀粉、甲基纤维素、琼脂、海藻酸、羧甲基纤维素钠、糊精、乙基纤维素、羟丙甲纤维素等;可用作稀释剂的高分子材料主要有微晶纤维素、粉状纤维素、糊精、淀粉、预胶化淀粉等;可用作崩解剂的高分子材料主要有海藻酸、微晶纤维素、明胶、交联聚维酮、羧甲基淀粉钠、淀粉、预胶化淀粉等;可用作润滑剂的高分子材料主要为聚乙二醇等;常用的薄膜包衣材料有两类:肠溶性包衣材料(肠溶性材料是耐胃酸、在十二指肠很易溶解的聚合物)、水溶性包衣材料(有海藻酸钠、明胶、桃胶、淀粉衍生物、水溶性纤维素等)。

（2）作为缓释、控释制剂的辅料：聚合物在现代药剂学中的重要用途之一是作为药物传递系统的组件、膜材、骨架。药用高分子材料的发展促进了药剂技术的飞速进步，通过合成、改性、共混和复合等方法的改进，一些高分子材料在分子尺寸、电荷密度、疏水性、生物相容性、生物降解性、增加智能功能团方面呈现出理想的特殊性能，尤其是在缓释、控释制剂的开发应用中。缓释、控释给药的机制一般可分为 5 类：扩散、溶解、渗透、离子交换和高分子挂接。

（3）作为液体制剂或半固体制剂的辅料：属于这类的高分子材料有纤维素的酯及醚类、卡波姆、泊洛沙姆、聚乙二醇、聚维酮等，它们可作共溶剂、脂性溶剂、助悬剂、胶凝剂、乳化剂、分散剂、增溶剂和皮肤保护剂等。

（4）作为生物黏着性材料：属于这类的高分子材料有纤维素醚类（羟丙基纤维素、甲基纤维素、羧甲基纤维素钠）、海藻酸钠、卡波姆、聚乙烯醇及其共聚物、聚维酮及其共聚物、羧甲基纤维素钠及聚异丁烯共混物等，可黏着于口腔、胃黏膜等处。

（5）用作新型给药装置的组件：这类聚合物为水不溶性，如聚酰胺，硅橡胶，对苯二甲酸树脂、聚三氟氯乙烯和聚氨酯树脂等。

（6）用作药物产品的包装材料：属于这类的高分子材料有高密度聚乙烯、聚丙烯聚氯乙烯、聚碳酸酯、共聚物等。

2. 表面活性剂　表面活性剂分子系由亲水极性基团和亲油非极性基团两部分组成，分别处于分子的两端，称为两亲结构，具有两亲性。表面活性剂据其极性基团的解离性质不同可分为：离子型表面活性剂和非离子型表面活性剂，而根据所带电荷不同，前者又可进一步分为阴离子表面活性剂、阳离子表面活性剂和两性离子表面活性剂。

表面活性剂在药剂中的应用广泛，常用于难溶性药物的增溶、油的乳化、混悬剂的助悬、增加药物的稳定性，促进药物的吸收，增强药物的作用及改善制剂的工艺等，是制剂中常用的附加剂。阳离子表面活性剂还用于消毒、防腐、杀菌等。一种表面活性剂往往有多重作用。

（1）乳化作用：当水相与油相混合时，加入表面活性剂可降低油水的界面张力，分散成稳定的乳剂。另外有些乳化剂在降低油水界面张力的同时被吸附于液滴的表面上，并有规律地定向排列形成乳化膜，可阻止液滴的合并。乳化剂在液滴表面上排列越整齐，乳化膜就越牢固，乳剂也就越稳定。乳化膜有单分子乳化膜、多分子乳化膜和固体微粒乳化膜 3 种类型。

（2）润湿作用：在固、液界面体系中加入表面活性剂后，可以降低固液界面张力，从而降低固体与液体的接触角，对固体表面起润湿作用。因此，作为润湿剂的表面活性剂，要求分子中的亲水基和亲油基应该具有适宜平衡，其 HLB 值一般在 7~11，并应有适宜的溶解度。

（3）增溶作用：表面活性剂在水溶液中达到临界胶束浓度（critical micelle concentration，CMC）值后，一些水不溶性或微溶性物质在胶束溶液中的溶解度可显著增加，形成透明胶体溶液，这种作用称为增溶。例如，0.025% 吐温-80 可使非洛地平的溶解度增加 10 倍。在药剂中，一些脂溶性物质，如挥发油、甾体激素、脂溶性维生素等药物常可借此增溶，形成澄明溶液或提高浓度。药物的性质不同，增溶方式不同。无极性增溶是指非极性药物如苯、甲苯等药物增溶时，药物分子增溶到胶束内部非极性区，药物被包围在疏水基团内部；极性 - 非极性增溶是指具有极性又具有非极性的半极性药物如水杨酸等，其极性基团在胶束外部，非极性基团在胶束内部，药物分子在胶束中定向排列。吸附增溶是指极性药物如对羟基苯甲酸，完全被胶束表面极性基团所吸附。影响增溶的因素主要有增溶剂的种类、同系物增溶剂的相对分子质量、浓度、用量、增溶剂的加入顺序等。

（4）起泡和消泡作用：泡沫是一层很薄的液膜包围着气体，是气体分散在液体中的分散体系。一些含有表面活性剂或具有表面活性物质的溶液，如含有皂苷、蛋白质、树胶及其他高分子化合物的中草药乙醇或水浸出液，当剧烈搅拌或蒸发浓缩时，可产生稳定的泡沫。在产生稳定泡沫的情况下，加入一些 HLB 值为 1~3 的亲油性较强的表面活性剂，则可与泡沫液层争夺液膜表面而吸附在泡沫表面上，代替原来的起泡剂，而其本身并不能形成稳定的液膜，故使泡沫破坏，这种用来消除泡沫的表面活性剂称为消泡剂。

（5）去污作用：去污剂或称洗涤剂是用于除去污垢的表面活性剂，HLB 值一般为 13~16。常用的去污剂有油酸钠和其他脂肪酸的钠盐、钾盐、十二烷基硫酸钠或烷基磺酸钠等阴离子型表面活性剂。去污剂的作用机制较为复杂，包括对污物表面的润湿、分散、乳化或增溶、起泡等多种过程。

（6）消毒和杀菌作用：大多数阳离子表面活性剂和两性离子表面活性剂都可用作消毒剂，少数阴离子表面活性剂也有类似作用，如甲酚皂、甲酚磺酸钠等。表面活性剂的消毒和杀菌作用可归结于它们与细菌生物膜蛋白质的强烈相互作用，使之变性或破坏。

3. 防腐剂　常用的防腐剂主要有对羟基苯甲酸酯类、苯甲酸、山梨酸、苯扎溴铵、醋酸氯己定等几类。这类防腐剂混合使用有协同作用，是一类很有效的防腐剂，化学性质稳定，在酸性、中性溶液中均有效，但在酸性溶液中作用较强，在弱碱性溶液中作用减弱。

4. 矫味剂　矫味剂系指药品中用于改善或屏蔽药物不良气味和味道，使患者难以觉察药物的强烈苦味（或其他异味如辛辣、刺激等）的药用辅料。矫味剂一般包括甜味剂、芳香剂、胶浆剂和泡腾剂 4 类。

（1）甜味剂：包括天然的和合成的两大类。天然的甜味剂蔗糖和单糖浆应用最广泛，具有芳香味的果汁糖浆如橙皮糖浆。

（2）芳香剂：在制剂中有时需要添加少量香料和香精以改善制剂的气味和香味，被称为芳香剂。香料分天然香料和人造香料两大类。天然香料有植物中提取的芳香性挥发油如柠檬、薄荷挥发油等，以及它们的制剂如薄荷水、桂皮水等。人造香料也称调和香料，是由人工香料添加一定量的溶剂调和而成的混合香料，如苹果香精、香蕉香精等。

（3）胶浆剂：胶浆剂具有黏稠缓和的性质，可以干扰味蕾的味觉而能矫味，如阿拉伯胶、羧甲基纤维素钠、琼脂、明胶、甲基纤维素等的胶浆。如在胶浆剂中加入适量糖精钠或甜菊苷等甜味剂，则增加其矫味作用。

（4）泡腾剂：将有机酸与碳酸氢钠一起，遇水后由于产生大量二氧化碳，能麻痹味蕾起矫味作用。对盐类的苦味、涩味、咸味有所改善。

此外，有些药物制剂本身无色，但为了心理治疗上的需要或某些目的，有时需加入到制剂中进行调色的物质称着色剂。着色剂能改善制剂的外观颜色，可用于识别制剂的浓度、区分应用方法和减少患者对服药的厌恶感。选用的颜色与矫味剂能够配合协调，更易为患者所接受，常用的有天然色素与合成色素。

（二）制剂工艺及设备

药物制剂的生产是通过一种或若干原料药（主料和辅料），按设计目标配以一些辅料或助剂，组成一定的处方，再按一定的工艺流程生产出具有式样美观、分剂量准确、性能稳定、安全可靠的剂型。药物的生产工艺为原料药加上辅料制成剂型的过程，如片剂生产工艺为粉碎、筛分、混合、制粒、压片，包衣、包装，这一过程用到的设备为球磨机、电磁振动筛、锥形混合机、摇摆式颗粒机、旋转式多冲压片机。药物制剂工艺不断革新，制剂装备也随之日益发展,新型先进的制剂设备又能够促进制剂工业的发展。长期以来,我国制剂品种难以打入国际市场,这与制剂技术落后、制剂机械技术水平低有关。

国外几十年来研制药品生产的装备和取得的发展都是围绕装备符合 GMP 要求为前提的,并不断利用发展的先进技术来改革工艺,改造设备,开发新型的设备。国外新一代制剂设备发展有以下一些特点:结合制剂工艺、新品种的研究,开发新设备;结合制剂开发新装备;向密闭生产、高效、多功能、连续化、自动化发展;应用新材料、新技术、提高设计水平与制造水平,开发新设备;发展新型先进的质量检测仪器。

(三)制剂质量管理与控制

药品质量是制造出来的,生产过程是决定药品质量关键与最复杂的环节。需要具备三个基本条件:一是组织机构,即经培训有适当专业知识和操作技能的生产管理人员;二是文化管理规程,即制定各种生产规程,如工艺规程,批生产记录,标准操作规程等;三是生产过程的有效控制,即对生产过程和相关设施进行严格的监控和记录,保证生产按预定的工艺进行。

第二节　固体制剂主要生产技术及基本工艺

一、原料药晶型及尺度控制

(一)原料药性状与制剂的药效

原料药的性状包括外观、色泽、臭、味、结晶性等为一般性状,还有溶解度、熔点(熔距)、旋光度(比旋度)、吸收系数、相对密度等其他性状。其中溶解度通常考察药物在水及常用溶剂中的溶解度。对于液体原料药,还应考察其相对密度、凝点、馏程、黏度等性状指标;对于脂肪与脂肪油类药物,还应研究碘值、酸值、皂化值、羟值等重要理化性质。

药物剂型是使用药物的必要形式,而药物的药效又是通过其剂型发挥作用的。药物剂型多种多样,但无论是哪一种剂型,不仅需要根据不同的疾病,不同的用药部位来选用,而且还要考虑到对人体的安全、有效、稳定、准确、方便。同一药物,剂型不同,其药效有差异,其作用的快慢、强度、持续时间也不同,其副作用、毒性强度也不尽相同。如硫酸镁注射吸收后抑制中枢神经,松弛骨骼肌、有镇静及降低颅内压等作用,口服可用于导泻,外用则消炎止痛。此外,同一药物,由于处方组成及制备工艺不同,其粒子大小、粒径类型、原料晶型、赋形剂和辅料的种类和用量、包衣材料以及工艺条件不同,都会导致生物利用度的明显差异,影响药品的疗效。总之,药物与剂型之间有着密切的关系,药物本身的疗效虽然是主要的,但剂型对药物疗效作用的发挥和毒副作用的控制,在一定条件下还是起着至关重要的作用。

(二)原料药晶型控制

固体药物从内部结构质点排列状态可分为晶体与无定形体。晶体(crystal)是固体药物内部结构中的质点(原子、离子、分子)在空间有规律的周期性排列。固体药物内部结构中质点无规则排列的固态物质称无定形体(amorphism),或称非晶体。固体药物在结晶过程中因重结晶条件的变化,使药物分子在晶胞中的对称规律发生变化,导致药物分子之间、药物分子与溶剂分子之间相互作用力或结合方式发生改变,以及化学键旋转、局部构象变化等因素,可使药物的晶体出现两种或两种以上的空间群和晶胞参数,即产生多晶型现象。多晶型可分为构象型多晶型、构型型多晶型、色多晶型和假多晶型等几类。当物质被溶解或熔融后,晶格结构被破坏,多晶型现象也就随之消失。

　　许多药物具有多晶型现象,晶型不同,其物理性质会有不同,并可能对生物利用度和稳定性产生影响,故应对结晶性药物的晶型进行考察研究,确定是否存在多晶型现象。晶型检查通常采用熔点、红外吸收光谱、粉末 X- 射线衍射、热分析等方法。对于具有多晶型现象的药物,应确定其有效晶型,并对无效晶型进行控制。在一定温度与压力下,多晶型中只有一种是稳定型,其溶解度最小,化学稳定性好。其他晶型为亚稳定型,它们最终可转变为稳定型。一般而言,亚稳定型的生物利用度高,为有效晶型;而稳定晶型药物往往低效甚至无效。因此,药物多晶型的研究已经成为新药开发和审批、药物的生产和质量控制以及新药剂型确定前设计所不可缺少的重要组成部分。

　　由于固体药物大多是分子晶体,其晶格能差较小,容易发生晶型转变,因此应采取有效措施对多晶型药物进行晶型控制,使药物的晶型向有效晶型的方向转化。在制剂的生产过程,影响晶型转变的因素主要有溶剂、结晶条件、工艺条件等。在不同溶剂中,重结晶是获取多晶型样品和实现晶型转化的最主要方法,如:尼莫地平、法莫替丁等;制剂中的研磨操作也可以使多晶型药物发生晶型转变;环境温度也会导致固体药物分子的晶格能量变化,也可发生晶型转变现象,如甲氧氯普胺、氯霉素等;湿度变化也会使药物样品失去或得到结晶水而发生转晶现象,如咖啡因 I 型和 II 型样品吸潮后会缓慢转变成水合物晶型。另外,压片、熔融、升华、混悬等操作及痕量金属和辅料的添加都会引起药物晶型转变。此外,生产上常用快速过冷法来制得固体药物的亚稳型。药物成盐是指在溶液中化合物与带有相反电荷的反离子均电离,然后两者以离子键结合,在适宜的溶剂中以盐的形式析出结晶的过程。有研究表明,近一半的活性药物分子最终都是以盐的形式给药。与原形药物相比,药物成盐后,不仅可以改善结晶性、热力学性质、吸湿性和稳定性等理化性质,还可以改变药物的溶出速率,提高生物利用度。影响药物盐型的因素主要是成盐剂和结晶条件等,需根据盐的结晶度、熔点、吸湿性、物理化学稳定性和晶型等因素,确定药物的最终盐型。

(三) 原料药物结晶工艺过程

　　结晶过程一般可分为溶液结晶、熔融结晶、升华结晶和沉淀结晶四大类,其中溶液结晶在制药化工生产中的应用最为广泛。它是通过降温或浓缩的手段使溶液达到过饱和状态,进而析出溶质。溶液结晶发生于固 - 液两相之间,与溶液的溶解度和过饱和度有着密切的联系。

　　溶解度是一个相平衡参数。当溶质被添加进溶剂之后,溶质分子一方面由固相向液相扩散溶解,另一方面又由液相向固相表面析出并沉积。只有当溶解和析出速率相等,即达到动态平衡时,溶液的浓度才能达到饱和且维持恒定,此时的溶液浓度即为溶解度。溶解度是一个状态函数,其数值随操作温度的变化而变化。

　　在一定的温度下,将溶质缓慢地加入溶剂,可得到最大浓度等于溶解度的饱和溶液。此后,即使再添加溶质,溶液的浓度也不会增加。但是若通过降温的方法,将浓度稍高于溶解度的溶液由较高温度冷却至较低温度时,溶液中并不会析出晶体。这表明溶质仍完全溶解于溶液中,即溶液的浓度要高于该温度下的溶解度,这种现象称为溶液的过饱和现象。处于过饱和状态的溶液,其浓度与对应温度下的溶解度之差即为该溶液的过饱和度。

　　如图 6-1 所示,溶解度曲线与超溶解度曲线将溶液浓度划分为三个区域。在溶解度曲线的下方,由于溶液处于不饱和状态,因而不可能发生结晶现象,故该区域称为稳定区。当溶液浓度高于超溶解度曲线所对应的浓度时,溶液会立即发生大规模的自发结晶现象,故该区域称为不稳区。而溶解度曲线与超溶解度曲线之间的区域,常称为介稳区。在介稳区内,溶液虽已处于过饱和状态,但由于过饱和度值不是很高,溶液仍不能轻易地形成结晶。在靠近溶解度曲线的介稳区内,通常还存在一个极不易发生自发结晶的区域,位于该区域中的溶液即使其内存在晶种(晶体颗粒),溶质也只会在晶种的表面沉积生长,而不会产生新的晶核,该区域习惯上称为第一介稳区,而此外的介稳区则称为第二介稳区。在第二介稳区内,若向溶液中添加晶种,则不仅会有晶种的生长,而且还会诱发产生新的晶核,只是晶核的形成过程要稍微滞后

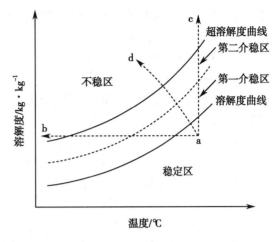

图 6-1　溶液状态图

一段时间。习惯上,将溶解度曲线和超溶解度曲线之间的垂直或水平间距称为介稳区宽度,它是指导结晶操作的又一个重要的基础数据。

显然,溶液处于过饱和状态是结晶过程得以实现的必要条件。通常情况下,采用降温冷却或蒸发浓缩的方法均可使溶液进入过饱和状态。降温冷却过程对应于图 6-1 中的 ab 线,对于溶解度和超溶解度曲线的曲率较大的物系,宜采用该法来获取过饱和度。蒸发浓缩过程对应于图 6-1 中的 ac 线,对于溶解度和超溶解度曲线的曲率较小的物系,宜采用该法来获取过饱和度。此外,在实际生产中,也可将这两种方法结合使用,即采取绝热蒸发的操作方法,又称真空结晶法,对应图 6-1 中的 ad 线。

溶质从溶液中的结晶析出通常要经历晶核形成和晶体生长两个步骤。晶核形成是指在过饱和溶液中生成一定数量的结晶微粒;而在晶核的基础上成长为晶体,则为晶体生长。结晶动力学就是研究结晶过程中晶核形成和晶体生长的规律,包括成核动力学和生长动力学两部分内容。在过饱和溶液中新生成的结晶微粒称为晶核。按成核机理的不同,晶核形成可分为初级成核和二次成核两种类型。与溶液中存在的其他悬浮晶粒无关的新核形成过程,称为初级成核。二次成核是由于晶种的诱发作用而引起的,因而所需的过饱和度要低于初级成核所需的过饱和度。对于溶解度较大的物质的结晶过程,二次成核通常起着非常重要的作用。

二、固体输送与混合

(一) 粉体与颗粒输送

药物粉体通常是原料药与多种辅料构成的混合体,每个微粒在混合粉末中能够自由移动是实现均匀混合的一个重要性质。粉体流动的性质主要取决于微粒尺寸,对于较大微粒而言,其重力作用远大于微粒间的其他作用力。一般来说,当粒径大于 $50\mu m$ 时就具有自由流体的性质,而粒子小于 $50\mu m$ 时就具有黏性流体的性质。流动性是粉体的重要性质之一,对药物制剂工作有重要意义。粉粒的流动性除取决于物质本身的特性(如粒子的大小、孔隙率、密度、形态、吸湿性等)以外,还受到润滑剂的添加等因素的影响。在药剂学中常用休止角和流出速度等描述粉体的流动性质。

休止角是测定粉粒流动性最常用的方法之一。测定方法是使粉粒堆成尽可能陡的角(圆

锥状),则堆的斜边与水平线的夹角即为休止角。一般认为当粉粒的休止角小于 30° 时,其流动性良好;休止角大于 40° 的流动性不好。

流出速度是指单位时间内粉粒由一定孔径的孔或管中流出的速度,流出速度是反映粉粒流动性的重要性质之一,一般粉粒的流出速度快,则其流动的均匀性好,即流动性好。

另外,粉体的其他性质如充填性、吸湿性、润湿性、黏附性、凝聚性和压缩性等,都直接影响着粉体的混合和制剂过程。

在制药行业的固体制剂生产过程中,各生产环节之间粉体物料的输送问题已经成为改进生产工艺与提高产品质量的一个重要问题。目前国内固体制剂中的粉体物料输送方式主要有以下几种:正压输送,负压输送和提升机上料等。正压输送又主要分两种形式:高压输送和低压输送,高压输送的输送能力比较大,输送距离长,但是其设备较复杂,笨重,安装困难,而且部件价格比较高,高压输送对管道和物料都有较大磨损,且有泄漏的可能。低压输送系统对物料的磨损比较小,但其输送能力有限,同样有泄漏的可能。提升机上料的方式是目前制药厂家采用较多的一种方式,但其占地面积较大,能耗高,操作控制较为复杂。负压输送即真空输送,它是采用全密闭输送系统完成对散装物料(粉体、颗粒)的运输,杜绝由于物料泄漏造成对环境的污染和对操作人员身体的伤害,以及周围环境对于物料的污染,是近年来粉体物料输送的发展方向。真空上料机的负压源有多种形式,例如:真空发生器、真空泵、罗茨风机等。真空发生器的优点是体积小、重量轻、便于安装,可应用在洁净厂房内。它采用射流技术,使真空发生器在压缩空气的作用下产生高真空实现对物料的输送,不需要机械式真空泵,没有任何润滑元件,也几乎没有运动部件,完全符合 GMP 要求。

(二)固体混合

固体制剂的生产过程中,物料的混合度非常重要,粉碎、过筛、混合是保证药物含量均匀度的重要单元操作过程。其中混合是指用机械方法使两种或两种以上的固体粉末相互分散而达到均匀状态的操作过程。药物粉末的混合与微粒形状、密度、粒度大小和分布范围以及表面效应有直接关系,与粉末的流动性也有关系。固体粉末的混合机制主要有 3 种形式:对流混合、扩散混合和剪切混合。其中对流混合是由于容器自身或搅拌桨的旋转使固体粉粒产生较大位移而达到混合的机制,属总体混合;扩散混合是指由相邻粉粒互相扩散交换位置而达到混合的机制,属局部混合;剪切混合是指由于固体粉粒各层之间存在一定速度差,从而发生在各层之间的互相渗透而达到混合的机制,属局部混合。实际混合过程中,3 种混合机制并不独立进行,而是相互联系,共同发挥作用。常用的混合方法有:搅拌混合、研磨混合和过筛混合。

固体的混合设备大致分为容器旋转型和容器固定型两类,容器旋转型包括 V 形混合机、立式圆筒混合机、三维运动混合机、球磨机等。容器固定型包括卧式槽形混合机、双螺旋锥形混合机、多用混合机、立式混合机等。

(1) 容器旋转型混合机:其原理是依靠容器自身的旋转作用带动物料上下运动而使物料混合。外形有圆筒形、立方形、双圆锥形和 V 形,一般装在水平轴上,有传动装置使其绕轴旋转,混合效果取决于旋转速度。V 形混合机的结构如图 6-2 所示,由两个圆筒成 V 形交叉结合而成,并安装在一个与两筒体对称线垂直的的圆轴上,当容器围绕转轴旋转一周时,容器内的物料一合一分,容器不停转动时,物料

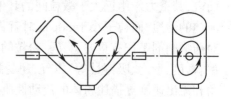

图 6-2 V 形混合机

经多次的分合过程而混合均匀。其混合机制以对流混合为主,混合速度快,混合效果好,应用广泛。

(2) 容器固定型混合机:其原理是物料在容器内靠叶片、螺旋带或气流的搅拌作用而混合。常用的有槽形混合机、锥形混合机。双螺旋锥形混合机的结构如图6-3所示,主要由锥体、螺旋杆和传动部分组成。工作时,双螺旋杆自转带动物料自下而上提升,形成两股对称的沿锥体壁上升的螺柱形物流。同时旋转臂带动螺旋杆公转,使螺柱体外的物料不断混入螺柱体内,整个锥体内的物料不断混掺错位,并在锥体中心汇合后向下流动,从而使物料在短时间内混合均匀。锥形混合机具有混合效率高、清理方便、无粉尘等优点,适用于大多数粉粒状物料的混合。

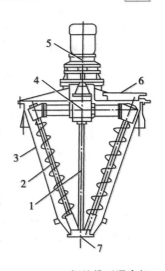

图6-3 双螺旋锥形混合机
1—拉杆;2—螺旋杆;3—锥形筒体;4—转臂传动装置;5—减速机;6—进料口;7—出料口

三、干燥

制药生产中的原材料、中间体、半成品和成品常含有一定量的湿分,主要是水或其他有机溶剂,需要依据加工、储存、运输和使用等工艺质量要求除去其中部分湿分,以达到生产工艺和国家药典规定的湿分含量。干燥就是利用热能除去物料中所含的湿分,获得干燥产品的操作。干燥按操作压力的不同可分为常压干燥和真空干燥;按操作方式不同可分为连续式干燥和间歇式干燥;按加热方式的不同,干燥可分为对流干燥、传导干燥、辐射干燥和介电干燥。常用的干燥设备有厢式干燥器、沸腾干燥器、喷雾干燥器、微波干燥器、红外干燥及冷冻干燥器等。

(一) 厢式干燥器

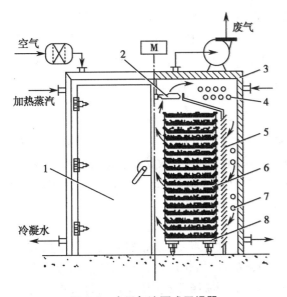

图6-4 水平气流厢式干燥器
1—干燥器厢门;2—循环风扇;3—隔热器壁;4—上部加热管;5—气流导向板;6—干燥物料;7—下部加热管;8—载料小车

厢式干燥器属于对流干燥器,是一种间歇式干燥器,小型的通常称为烘箱,大型的称为烘房。典型厢式干燥器的结构如图6-4所示。预热后的热空气在气流导向板的作用下沿物料表面和隔板底面水平流过,与湿物料之间进行传热和传质。在循环风机的作用下,汽化的部分湿分随干燥废气一起由废气排出口排出。为节约能源,常将部分废气循环使用,即对部分废气重新加热,并与进风口补充进来的部分湿度较低的新鲜空气一起进入干燥室。当物料湿含量达到工艺要求时即可停机出料。

厢式干燥器具有结构简单、投资少、适应性强、应用范围广等优点。缺点是物料不能很好地分散,热风只在物料表面流过,热空气与物料的接触面积小,干燥不均匀,产品质量不稳定,热能利用率低,干燥时间长,劳动强度大,在装卸和翻动物料时易产生扬尘。

（二）喷雾干燥

喷雾干燥是利用雾化器将原料液分散成细小的雾滴后，通过与热气流相接触，使雾滴中水分被迅速汽化而直接获得粉状、粒状或球状等固体产品的干燥过程。原料液可以是溶液、悬浮液或乳浊液，也可以是膏糊液或熔融液。喷雾干燥具有许多独特的技术优势，因而在制药生产中有着十分广泛的应用。

一般情况下，喷雾干燥流程由气流加热、原料液供给、干燥、气固分离和操作控制五个子系统组成。喷雾干燥所用的干燥介质通常为热空气，典型的喷雾干燥流程如图6-5所示。操作时，新鲜空气经过滤、加热和分布器分布后，直接进入干燥室，而原料液则由泵先输送至雾化器，分散成雾滴后，再进入干燥室与热气流接触并被干燥，干燥后的产品一部分由底部直接排出，而随尾气带出的另一部分产品则进入气粉分离装置中进行收集。

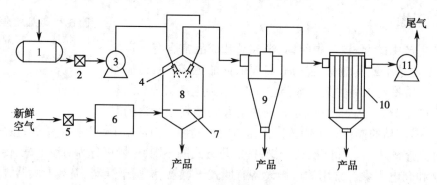

图6-5   喷雾干燥流程

1—料液贮罐；2—料液过滤器；3—输料泵；4—雾化器；5—空气过滤器；6—空气加热器；7—空气分布器；8—喷雾干燥器；9—旋风分离器；10—袋滤器；11—引风机

与其他干燥方法相比，喷雾干燥具有干燥速率较快，料液所受温度低不易变质，操作灵活，产品具有良好的分散性、流动性、溶解性和粒度均匀性等特点，适用于热敏性料液的干燥操作。缺点是体积传热系数小，热效率不高，对细粉产品的干燥生产，需采用高效分离设备，费用高。

四、制粒

制粒是把粉末、熔融液、水溶液等状态的物料经加工制成具有一定形状与大小粒状物的单元操作。制粒可以改善物料的流动性、分散性、黏附性，而且有效防止各成分的离析，实现固体药剂的化学性质均一化。常用的制粒方法主要有湿法制粒、干法制粒、流态化制粒，其中目前最常用的是后两者，仅对其作简要介绍如下。

（一）干法制粒

干法制粒是将药物与辅料的粉末混合均匀后压成大片状或板状，然后再粉碎成所需大小颗粒的方法。干法制粒过程中不需加入黏合剂，仅靠压力作用使粒子间产生结合力聚结在一起。适用于热敏性药物、遇水易分解的药物以及容易压缩成型的药物制粒，热敏性药物如阿司匹林、维生素C、奥美拉唑钠等均采用干法制粒。其优点是方法简单、省工省时；缺点是可能在压缩过程中会引起晶型转变及活性降低。干法制粒有压片法和滚压法两种操作方式。

(二)流化制粒

流化制粒又称沸腾制粒或流化床制粒,沸腾造粒机一般由输送泵、压缩机、袋滤器、流化室、鼓风机、空气预热器和气体分布器等组成,如图6-6所示。流化室多采用倒锥形,以消除流动"死区"。流化室上部设有袋滤器以及反冲装置或振动装置,以防袋滤器堵塞。工作时,经过滤净化后的空气由鼓风机送至空气预热器,加热至规定温度(60℃左右)后,由下部经气体分布器和二次喷射气流入口进入流化室,使物料流化。随后,将黏合剂喷入流化室,继续流化、混合数分钟后,即可出料。湿热空气经袋滤器除去粉末后排出。

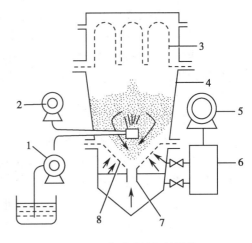

图6-6　沸腾造粒机的结构
1—黏合剂输送泵;2—压缩机;3—袋滤器;4—流化室;5—鼓风机;6—空气预热器;7—二次喷射气流入口;8—气体分布器

沸腾造粒机制得的颗粒粒度多为30~80目,颗粒外形比较圆整,压片时的流动性也较好,这些优点对提高片剂的质量非常有利。由于沸腾造粒机可完成多种操作,简化了工序和设备,因而生产效率高,生产能力大,并容易实现自动化,适用于含湿或热敏性物料的造粒;缺点是动力消耗较大。此外,物料密度不能相差太大,否则难以流化造粒。

五、包衣

包衣是指采用一定的工艺将适宜衣料包裹在粒芯的外表面,干燥后成为紧密黏合在粒芯表面的一层或数层不同性质的功能层的操作,是制剂生产中的重要单元操作之一,达到改善片剂的外观,遮盖某些不良性气味,减少药物对消化道的刺激,提高药物的稳定性,控制药物的释放速度和释放位置等目的。根据使用目的和包衣料性质的不同,包衣可为糖衣、薄膜衣和肠溶衣等,其中应用较为广泛的是糖衣和薄膜衣。糖衣片系指衣层以蔗糖为主的包衣片,是应用最早、最广泛的包衣片主要类型。薄膜衣片是以高分子物料为片剂衣膜的包衣片。薄膜包衣是一种新型的包衣技术,可在片芯外包上比较稳定的薄层高分子衣膜。

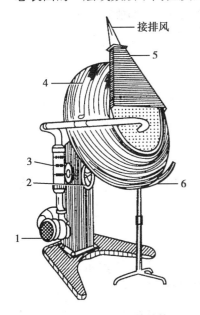

图6-7　普通包衣机的结构
1—鼓风机;2—角度调节器;3—电加热器;4—包衣锅;5—吸尘罩;6—煤气辅助加热器

常用的包衣方法有流化包衣法、滚转包衣法、压制包衣法、蘸浸包衣法和静电包衣法等。包衣常用的设备有普通(荸荠式)包衣机、流化床包机、高效包衣机、离心式包衣机、喷雾包衣机等,下面仅简介两种最常用的包衣机。

(一)普通包衣机

普通包衣机是最基本、最常用的滚转式包衣设备,目前在制药企业中有着广泛的应用,其主要由包衣锅、动力系统及加热、鼓风、除尘等部件组成,结构如图6-7所示。

包衣锅一般为荸荠形,多由不锈钢或紫铜制成。包衣过程中,可根据需要用电热丝、煤气辅助加热器等直接加热锅体,或通入干热空气,或将两法联用,以加快包衣溶剂的挥发速度。鼓风机可向锅内吹入热风或冷风,以调节包衣温度,并吹去多余的细粉。除尘设备由除尘罩及排风管组成,其作用是及时排除包衣时的粉尘和湿热空气。

普通包衣机的优点是粒(片)芯在荸荠形包衣锅中滚动速度快,相互摩擦机会多;散热及水分散发效果好,易搅拌;加蜡后片剂容易打光。缺点是间歇操作,劳动强度大,生产周期长,且包衣厚薄不均,片剂质量也难以均一。

(二)流化包衣机

流化包衣机是一种利用喷嘴将包衣液喷到悬浮于空气中的片剂表面,以达到包衣目的的装置,其工作原理如图6-8所示。工作时,经预热的空气以一定的速度经气体分布器进入包衣室,从而使药片悬浮于空气中,并上下翻动。随后,气动雾化喷嘴将包衣液喷入包衣室。药片表面被喷上包衣液后,周围的热空气使包衣液中的溶剂挥发,并在药片表面形成一层薄膜。控制预热空气及排气的温度和湿度可对操作过程进行控制。

流化包衣机具有包衣速度快,不受药片形状限制等优点,是一种常用的薄膜包衣设备,除用于片剂的包衣外,还可用于微丸剂、颗粒剂等的包衣。缺点是包衣层太薄,且药片作悬浮运动时碰撞较强烈,外衣易碎,颜色也不佳。

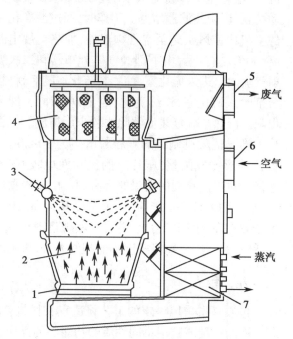

图6-8　流化包衣机的工作原理
1—气体分布器;2—流化室;3—喷嘴;4—袋滤器;
5—排气口;6—进气口;7—换热器

六、片剂的制备

片剂是指药物与辅料均匀混合后压制而成的片状制剂,它是现代药物制剂中应用最为广泛的剂型之一,其外观既有圆形的,也有异形的。片剂应用广泛,具备运输、贮存及携带、应用都比较方便;生产的机械化、自动化程度较高;产品的性状稳定,剂量准确,成本较低;可制成不同类型的片剂,满足临床医疗或预防的不同需要的优点。根据用法、用途片剂可分为素片、包衣片、泡腾片、咀嚼片、多层片、分散片、舌下片、口含片、植入片、溶液片、缓释片或控释片。

片剂的制备工艺过程主要有两种,湿法制粒压片和干法压片。

(一)湿法制粒压片

该方法可以较好地解决粉末流动性差、可压性差的问题,其生产工艺流程如下。

原辅料粉碎→过筛→混合→制软材→制湿颗粒→湿颗粒干燥→整粒→总混→压片

(1)**原辅料粉碎**:将原料药与辅料分别通过粉碎机粉碎。

(2)**过筛**:将粉碎后的原辅料分别通过筛分机械过筛,获得一定粒度的颗粒。

(3)**混合**:将得到的原辅料颗粒通过混合机械混合均匀。

(4)**制软材**:将混合均匀的药物,加入适量的润湿剂或黏合剂,搅拌均匀,制成适宜的软材。黏合剂的用量与原料的理化性质及黏合剂本身的黏度皆有关。

(5) 制湿颗粒:就是将软材用手工或机械挤压的方式通过筛网,例如用摇摆式颗粒机等可制得湿颗粒。制粒机可选的筛网有尼龙筛网、镀锌筛网和不锈钢筛网,可根据生产的实际需求加以选择。

(6) 湿颗粒干燥:除了流化或喷雾制粒法制得的颗粒已被干燥以外,其他方法制得的颗粒必须再用适宜的方法加以干燥,以除去过量的水分,防止结块或受压变形。

(7) 整粒:在干燥过程中,某些颗粒可能发生粘连、结块,因此,要对干燥后的颗粒给予适当的整理,以使结块、粘连的颗粒散开,得到大小均匀一致的颗粒。整粒一般采用过筛的办法,所用筛网要比制粒时的筛网稍细一些,但如果干颗粒比较疏松,宜选用稍粗一些的筛网整粒。

(8) 总混:整粒完成后,向颗粒中加入润滑剂及外加的崩解剂,然后置于混合筒内进行"总混"。

(9) 压片:压片机有单冲压片机和旋转式多冲压片机两大类。单冲压片机仅适用于很小批量的生产和实验室的试制,旋转式多冲压片机适合大批量生产,效率较高。

(二) 干法制片

干法制片方法一般包括结晶压片法、干法制粒压片法和粉末直接压片法。

(1) 结晶压片法:某些流动性和可压性均好的结晶性药物,只需适当粉碎、筛分和干燥,再加入适量的崩解剂、润滑剂即可压成片剂,如氯化钾、氯化钠、硫酸亚铁等。

(2) 干法制粒压片法:某些药物对湿、热较敏感,不够稳定,所以可改用干法制粒的方式压片。即将药物粉末及必要的辅料混合均匀后,用适宜的设备将其压成大片固体,然后再粉碎成适当大小的干颗粒,最后压成片剂。

(3) 粉末直接压片法:粉末直接压片是不用制粒,将药物粉末直接压成片剂的方法,适用于湿热条件下不稳定的药物。对辅料要求较高,要求所用的辅料具有相当好的可压性和流动性,并且在与一定量的药物混合后,仍能保持这种较好的性能。已有许多用于粉末直接压片的药用辅料,如各种型号的微晶纤维素、喷雾干燥乳糖水合物、可压性淀粉、微粉硅胶(优良的助流剂)等。

(三) 片剂的包衣

为增加片剂的稳定性,掩盖不良臭味或改善片剂外观等,可对制成的药片包糖衣或薄膜衣。对于一些遇胃液易破坏、刺激胃黏膜或需要在肠道内释放的口服药片,可包肠溶衣。

(四) 片剂的包装和储存

为了对药片储存、运输、携带方便等要对制成可供服用的药片要对其进行包装。包装分为外包和内包:内包装指与药片直接接触的包装,一般用玻璃瓶、铝塑材料等通过内包机械把药片包裹起来的操作。外包装指内包后的药物瓶、板等通过外包机械的装盒,装箱的操作。根据主药和辅料理化性质一般采取避光、低温、干燥条件储存。

(五) 片剂的质量检查

片剂外观应完整光洁、色泽均匀,有适宜的硬度。需要进行重量差异、崩解时限、发泡量、微生物限度检查。

七、颗粒剂及丸剂的制备

(一) 颗粒剂

颗粒剂系指药物与适宜的辅料混合制成的具有一定粒度的干燥颗粒状制剂。颗粒剂是口服固体剂型,既可吞服,又可分散于水中服用。根据颗粒剂在水中的分散情况,一般可分为可溶性颗粒剂、混悬性颗粒剂和泡腾性颗粒剂 3 种。可溶性颗粒剂可在水中完全溶解;混悬性颗粒剂是指难溶性固体药物与适宜的辅料制成的颗粒剂,临用前分散在水或其他适宜的液体中形成混悬液;泡腾性颗粒剂是指含有泡腾崩解剂(一般为碳酸氢钠和有机酸的干燥混合物),遇水可放出大量气体而迅速崩解的颗粒剂。

1. 颗粒剂的制备工艺　颗粒剂的典型制备工艺如下所示。

原辅料粉碎→过筛→混合→制软材→制粒→干燥→整粒与分级→包衣

上述的颗粒剂的制备工艺流程中,原辅料粉碎→过筛→混合此三步工艺与片剂基本相同。

(1) 制软材:将药物与稀释剂,必要时还加入崩解剂充分混匀,加入适量的水或其他黏合剂混合制软材。生产中经常采用槽形混合机来完成此操作。软材制作标准可根据经验判断,一般认为合格软材应以“轻握成团,轻按即散”为准,也有用测量动量扭矩的方式准确测量软材的动量扭矩,从而判断软材的制作程度。

(2) 制湿颗粒:将软材以机械挤压通过适当规格的筛网,从而制得需要大小的湿颗粒,如摇摆式制粒机制粒法。除了传统的挤出式制粒方法外,近年来许多新的制粒方法和设备已应用于生产实践,其中最典型的就是流化(沸腾)制粒。流化制粒可在一台机器内完成混合、制粒、干燥,因此称为“一步制粒法”。此外,还有高效湿法混合制粒机制粒,可在一台机器内完成混合、制粒操作,效率高,速度快,颗粒粒度小而均匀,常与摇摆式制粒机联合使用。除用湿法制粒外,颗粒剂也可采用干法制粒、包衣机转动制粒等方法制备。

(3) 颗粒的干燥:除了流化制粒法制得的颗粒已被干燥以外,其他方法制得的颗粒必须再用适宜的方法加以干燥,以除去水分、防止结块或受压变形。常用的方法有:厢式干燥法、流化床干燥法等。

(4) 整粒与分级:在干燥过程中,某些颗粒可能发生粘连甚至结块,所以必须通过整粒以制成一定粒度的均匀颗粒。一般采用过筛的方法整粒和分级。

(5) 包衣:为达到矫味、稳定、缓释、控释或肠溶等目的,可对颗粒剂进行包衣,一般采用薄膜衣。

2. 颗粒剂的包装和贮存　颗粒剂的包装过程与片剂基本相同。颗粒剂贮存于干燥处,防止受潮变。颗粒剂包装与贮存的重点在于防潮,分剂量的颗粒剂包装主要为塑料袋或纸袋。不分剂量的外用散剂或非单剂量的散剂,大规格的可用塑料袋、纸盒、玻璃管或瓶包装。用塑料袋包装时,应热封严密。

3. 颗粒剂的质量检查　颗粒剂的质量检查,除主药含量外,《中国药典》(2010 版)还规定了粒度、干燥失重、溶化性以及重量差异、卫生学检查等检查项目。

(二) 丸剂

1. 丸剂的含义及分类　丸剂是用药物细粉或提取物配以适当辅料或黏合剂制成具有一定直径的球形制剂,直径小于 2.5mm 的丸剂称为微丸剂。按赋形剂可分为:水丸、蜜丸、水蜜丸、糊丸、蜡丸、浓缩丸等。蜜丸系指药材细粉以蜂蜜为黏合剂制成的丸剂。水蜜丸系指药材细粉以蜂蜜和水为黏合剂制成的丸剂。水丸系指药材细粉以水(或根据制法用黄酒、醋、稀药汁、糖液等)黏合制成的丸剂。糊丸系指药材细粉以米糊或面糊等为黏合剂制成的丸剂,浓缩丸系指药材或部分药材提取的清膏或浸膏,与适宜的辅料或药物细粉,以水、蜂蜜或蜂蜜和水为黏合剂制成的丸剂。根据所用黏合剂不同,分为浓缩水丸、浓缩蜜丸和浓缩水蜜丸。

按制备方法可分为：①塑制丸，如蜜丸、糊丸、浓缩丸、蜡丸等；②泛制丸，如水丸、水蜜丸、浓缩丸、糊丸等；③滴制丸(滴丸)。

(1) 塑制丸：是药物细粉或提取物配以适当辅料或黏合剂，经混合、挤压、切割、滚圆等方法制成的球形制剂。制备过程分4步完成。①湿料的制备：将药物与辅料如乳糖等混合均匀，加入水或羟丙基甲基纤维素(HPMC)等的溶液作为黏合剂，将粉料制成具有一定可塑性的湿润均匀的物料；②挤压：将第一步制成的塑性湿料或湿粒置挤压机内，经螺旋推进或辗滚等挤压方式将湿料通过具一定孔径的孔或筛，压挤成圆柱形条状物；③滚圆成丸：将上述挤出物堆卸在滚圆机的自转摩擦板上，挤出物则被分散成长短相当于其直径的更小的圆柱体，由于摩擦力的作用，这些塑性圆柱形物料在板上不停地滚动，逐渐滚成圆球形；④置烘箱内干燥或采用流化床干燥。

(2) 泛制丸：泛制是将药材细粉与赋形剂在转动的适宜容器或机械中，经交替润湿、撒布而逐渐成丸的一种制丸操作，一般采用包衣锅进行生产，主要操作方法有3种。①空白丸芯滚丸法：采用无棱角的空白丸芯，如30~40目的蔗糖细粒或糖粉与淀粉用合适黏合剂滚制而成的细粒为"丸模"，置包衣锅内，喷入适量黏合剂溶液，使丸芯表面湿润并撒入药物粉末或药物与辅料的混合粉末，也可将药物溶解或混悬在溶液中喷包在"丸模"上，逐渐成丸；②滚动泛丸法：将药物和辅料粉末置包衣锅内，喷洒水或稀醇等，逐渐滚动成球；③湿颗粒滚动成丸：将药物和辅料细粉与相应黏合剂混合，制成小粒即为"丸模"，置包衣锅中滚转，依次喷入黏合剂、撒入药粉或药粉与辅料的混合粉，吹干，再反复操作成丸。

(3) 滴制丸：滴制系指固体或液体药物与适宜基质加热熔化混匀后，滴入不相混溶的冷凝液中，收缩冷凝而制成的小丸状制剂，主要供口服使用。滴丸剂中除主药以外的赋形剂均称为基质，常用的有水溶性和脂溶性两大类。用于冷却滴出液使之收缩而制成滴丸的液体称为冷凝液。冷凝液的选择通常应根据主药和基质的性质来决定，主药与基质均应不溶于冷凝液中。另外，冷凝液的密度应适中，能使滴丸在冷凝液中缓慢上升或下降。脂溶性基质常用的冷凝液有水或不同浓度的乙醇溶液，水溶性基质常用的冷凝液有液状石蜡、二甲硅油和植物油等。

2. 滴丸剂的制备工艺与设备　滴丸剂的制备主要采用滴制法，滴制法是指将药物均匀分散在熔融的基质中，再滴入不相混溶的冷凝液里，冷凝收缩成丸的方法。滴丸剂的制备工艺流程一般如下。

药物＋基质→混悬或熔融→滴制→冷却→洗丸→干燥→选丸→质检→分装

生产滴丸的设备是滴丸机。通常根据滴丸与冷凝液的相对密度差异，将滴丸机分为向上滴的滴丸机和向下滴的滴丸机两大类。主要部件包括：滴管系统(包括滴头和定量控制器)、保温设备(主要是带加热恒温装置的贮液槽)、控制冷凝液温度的设备(冷凝柱)及滴丸收集器等。

3. 滴丸剂的质量检查　在药典中，规定了滴丸剂的装量差异、微生物及重量差异限度、溶散时限检查等项目。

八、胶囊剂及散剂的制备

(一) 胶囊剂

胶囊剂系指将药物填装于空心硬质胶囊中或密封于弹性软质胶囊中而制成的固体制剂。一般供口服，也有用于其他部位的，如直肠、阴道置入等。构成囊材是明胶、甘油、水以及其他药用材料,但各成分的比例不尽相同,制备方法也不同。根据胶囊囊壳的差别,胶囊剂主要分为硬胶囊和软胶囊两大类。胶囊剂是将一定量的药物(或药材提取物)及适当的辅料(也可不加辅料)制成均匀的粉末或颗粒,填装于空心硬胶囊壳中而制成的制剂。软胶囊剂是将一定量的药物(或药材提取物)溶于适当液体辅料中,再用压制法或滴制法使之密封于一定形状的软质胶囊壳中而制成的制剂。

1. 硬胶囊剂的制备　硬胶囊剂是由空胶囊和粉末或颗粒状内容物两部分组成。

(1) 空胶囊壳的制备:组成硬胶囊剂胶囊壳的材料主要是明胶甘油和水,其主要制备流程如下:

溶胶→蘸胶(制坯)→干燥→拔壳→切割→整理

其工业生产过程一般由自动生产线完成。生产环境洁净度应达 D 级,空胶囊壳上还可用食用油墨印字。

(2) 硬胶囊剂的生产工艺流程如下:

空胶囊供给→空胶囊定向排列→帽体分离→物料填充→帽体闭合→锁扣→胶囊送出

全自动胶囊填充法采用全自动胶囊生产设备,全部工艺过程均由机器完成,是目前生产速度和生产能力最高的胶囊填充方法。

2. 软胶囊制备　主要有两种制备方法:滴制法和压制法。

(1) 滴制法:由具有双层喷头的滴丸机完成。以明胶为主的软质囊材(一般称为胶液)与被包药液,分别在双层喷头的外层与内层以不同速度喷出,使定量的胶液将定量的药液包裹后,滴入与胶液不相混溶的冷却液中,由于表面张力的作用使之形成球形,并逐渐冷却、凝固成软胶囊,如常见的鱼肝油软胶囊等。

(2) 压制法:是将胶液制成厚薄均匀的胶片,再将药液置于两个胶片之间,用钢板模或旋转模压制软胶囊的一种方法。目前生产上主要采用旋转模压法,模具的形状可为椭圆形、球形或其他形状。

3. 胶囊剂的包装与贮存　胶囊剂的包装分外包与内包,与片剂的基本相同。

胶囊剂的贮存环境需确保胶囊体和药物完好,理化性质不发生变化:一般为密封、干燥、阴凉。

4. 胶囊剂的质量检查　胶囊剂外观应应整洁,不得有粘结、变形、渗漏或囊壳破裂等。胶囊剂还应做水分检查(硬胶囊内容物为液体或半固体者不检查水分)、装量差异、崩解时限、微生物限度等。

(二) 散剂

散剂是一种或数种药物均匀混合而制成的干燥粉末状制剂,可内服也可外用。散剂在制备过程中粉碎程度比较大,比表面积大,易于分散,应用后体内起效较快;外用时覆盖面积大且覆盖面形状变化自由,可以同时发挥保护和收敛等作用;应用时剂量便于控制,适合婴幼儿服用。

1. 散剂的生产工艺流程如下:

物料前处理→粉碎→过筛→混合→分剂量→包装

(1) 物料前处理:在固体制剂制备过程中,通常把药物与辅料总称为物料。物料前处理是指将物料处理到符合制备要求的程度。对于西药,一般只需要将原辅料充分干燥,以满足粉碎要求;对于中药,则应依据处方中各药材的性状进行适当的处理,以供粉碎用。

(2) 粉碎、过筛:散剂的粉碎程度并不是愈细愈好,应根据药物的理化性质、稳定性、用药目的和给药途径的不同确定适宜的细度,以达到有效、安全、省时、节能的目的。内服散剂应为细粉;儿科用及外用散敷剂应为最细粉。

(3)混合:混合是散剂制备的重要工艺过程之一,混合的目的是使散剂,特别是复方散剂中各组分混合均匀,色泽一致,以保证剂量准确,用药安全有效。

(4)分剂量:将混合均匀的散剂,按质量要求分成等重份数的过程称为分剂量。常用方法有目测法、质量法、容量法3种。机械化生产多用容量法分剂量。药物的流动性、吸湿性、堆密度等理化特性,均影响分剂量的准确性,应注意加以控制。

(5)散剂的包装与贮存:散剂的质量与散剂的包装贮存条件密切相关。散剂包装与贮存的重点在于防潮,分剂量的散剂包装主要为塑料袋或纸袋。不分剂量的外用散剂或非单剂量的散剂,大规格的可用塑料袋、纸盒、玻璃管或瓶包装。用塑料袋包装时,应热封严密。

2. 散剂的质量检查　按照《中国药典》(2010版)第二部附录规定散剂有如下检查项目。粒度、外观均匀度、干燥失重、无菌、水分、装量差异等。

第三节　液体制剂及注射用无菌粉末的基本生产工艺技术

一、口服液制剂的基本生产工艺

(一)概述

口服液剂服用剂量少,吸收较快,质量相对稳定,携带、服用方便,安全、卫生,易保存,尤其适合人工业生产。口服液的缺点是生产设备、工艺条件要求高,成本高。口服液容积小,有效成分易丢失,尤其是脂溶性成分保留少。口服液大部分为溶液型,但近几年亦出现了其他类型,如脂质体口服液、口服乳液等,如双参脂质体口服液、月见草口服乳液。

西药口服液剂以西药为原料,经适当工艺制成液体制剂,并装瓶。其工艺一般包括:处方,化学反应过程,制成原料药,物理分离过程分离出药用成分,加入辅料过程,装瓶,包装。

中药口服液制剂是以中药为原料,经适当提取、精制,加入适当添加剂制成的一种无菌或半无菌口服液体制剂。它类似于中药合剂,是单剂量包装的合剂,是在汤剂,合剂和糖浆剂基础上发展起来的一种新剂型。

(二)工艺流程

口服液制备工艺一般可分为浸出、净化、浓缩、分装、灭菌等五个步骤。

(1)浸出:一般多采用煎煮法,可根据药材与其所含成分的性质,采用先煎后下、包煎另煮、烊化兑入等程序,确保口服液质量。此外,还可以采用渗漉法、蒸馏法、水醇法等制备。

(2)净化:将浸出药液放置一段时间后,滤除不溶物,收集滤液供浓缩处理。中药口服液净化处理沉淀明显减少,但有效成分有可能滤过损失。

(3)浓缩:上述滤液用蒸汽加热浓缩,一般以每剂用量30~60ml为宜。若太浓,成品易产生沉淀,且黏度大,分装困难;若太稀,则服用量大。

(4)分装:将浓缩液灌入洗净的输液瓶中封口。封装前加防腐剂。

(5)灭菌:中药合剂分装后,需要采用煮沸法或流通蒸汽法灭菌。

(三)口服液体制剂质量检查

口服液体制剂应澄清,在贮存期间不得有发霉、酸败、异物、变色、产生气体或其他变质现象,允许有少量摇之易散的沉淀,此外口服液体制剂应检查其相对密度、pH 值、装量、微生物限度。

二、注射液和输液制剂的基本生产工艺

(一)注射剂的制备

注射剂俗称针剂,是指专供注入肌体内的一种制剂,其中包括无菌或无菌溶液、乳浊液、混悬液及临用前配成液体的无菌粉末等类型。注射剂是一种不可替代的临床给药剂型,对抢救用药尤为重要。注射剂具有如下特点:①药效迅速、作用可靠;②可用于不宜口服给药的患者;③可用于不宜口服的药物,如酶、蛋白等生物技术药物由于其在胃肠道不稳定,常制成粉针剂;④发挥局部定位作用;⑤注射给药不方便且注射时疼痛;⑥制造过程复杂,生产费用较大,价格较高。

注射剂的生产工艺流程如图 6-9 所示。其中几个主要步骤简述如下。

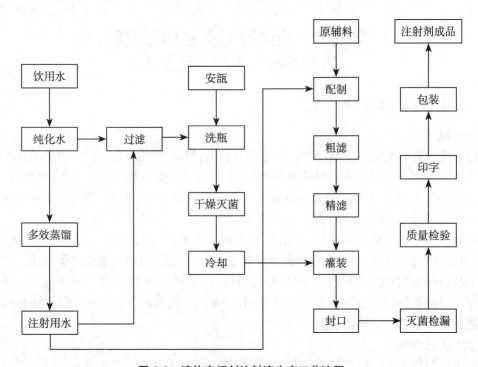

图 6-9　液体安瓿剂注射液生产工艺流程

1. 注射用水制备　水是药物生产中用量最大、使用最广的一种辅料,用于生产过程及药物制剂的制备。按使用范围的不同,制药用水可分为饮用水、纯化水、注射用水及灭菌注射用水四大类。其中纯化水为饮用水经蒸馏法、离子交换法、反渗透法或其他适宜方法制备而成的制药用水。而注射用水则为纯化水经蒸馏提纯后的水,其水质应符合细菌内毒素试验要求。

2. 注射剂的容器及处理方法　安瓿的主要式样为曲颈安瓿,规格分为 1ml、2ml、5ml、10ml、20ml 等数种。目前国内多使用的曲颈易折安瓿有两种,即色环易折安瓿和点刻痕易折安瓿。点刻痕易折安瓿又称刻痕色点曲颈易折安瓿,安瓿瓶颈上有一刻痕,使用时不用锉刀就很容易折断,使用方便。安瓿的处理包括洗涤、干燥和灭菌。

(1) 安瓿的洗涤:安瓿在除去外包装后需经洗涤才能使用。超声波洗涤法是采用超声波洗涤与气水喷射式洗涤相结合的方法,具有清洗洁净度高、速度快等特点。图 6-10 为连续回转超声波洗瓶机,该设备利用针鼓转动对安瓿进行洗涤,每一个洗涤周期为进瓶→灌水→超声波洗涤→纯化水冲洗→压缩空气吹洗→注射用水冲洗→压缩空气吹净→出瓶,图 6-10 中已标出的流体接口②、⑩等分别对应圆盘上 2、10、11、12、14、18、16、15、13 等工位。针鼓连续转动,安瓿洗涤周期进行,实现了大规模处理安瓿的功能,符合 GMP 生产的技术要求,为自动电气控制。

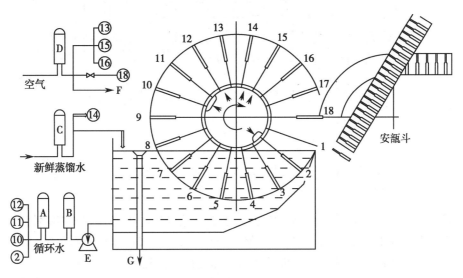

图 6-10　18 工位连续回转超声波洗瓶原理示意图
1—引盘;2—注射循环水;3,4,5,6,7—超声清洗;8,9—空位;10,11,12—循环水冲洗;13—吹气排水;14—新注射用水;15,16—压气吹净;17—空位;18—吹气送瓶;A,B,C,D—过滤器;E—循环泵;F—吹除玻璃屑;G—溢流回收

(2) 安瓿的干燥和灭菌:安瓿洗涤后,一般要在烘箱内 120~140℃进行干燥,盛装无菌操作或低温灭菌的安瓿须在 180℃干热灭菌 1.5 小时。大量生产时,多采用隧道式干热灭菌机,如图 6-11 所示。此设备主要由红外线发射装置和安瓿自动传送装置两部分组成。安瓿在隧道中依次通过:预热段,温度在 100℃左右,使大部分水分蒸发;高温灭菌段,温度可达350℃以上,杀灭微生物;降温段,温度 100℃左右。

3. 注射剂的配制　供注射剂生产所用的原辅料必须符合《中国药典》(2010 年版)及国家对注射剂原辅料质量标准的要求。生产前还需做小样试制,检验合格后方能使用。制注射剂前,应按处方规定计算出原辅料的用量,如果注射剂在灭菌后主药含量有所下降时,应酌情增加投料量。

配制方式有两种。一种是稀配法,本法适用于原料质量好,小剂量注射剂的配制,即将原料加入所需的溶剂中一次配成注射剂所需浓度;另一种是浓配法,本法适用于原料质量一般,大剂量注射剂的配制,即将原料先加入部分溶剂配成浓溶液,溶解(或加热溶解)过滤后,再将全部溶剂加入滤液中,使其达到注射剂规定浓度,溶解度小的杂质在浓配时可以滤过除去。

若处方中含两种或多种药物时,难溶性药物宜先溶解或配液时分别溶解后再混合,最后加溶剂至规定量;如有易氧化药物需加抗氧剂时,应先加抗氧剂,后加药物。

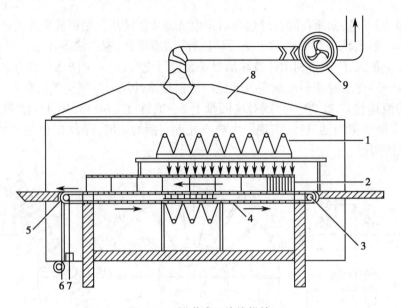

图 6-11　隧道式红外线烘箱

1—远红外发生器;2—盘装安瓿;3,5—滑轮;4,7—传送带;6—电动机;8—罩壳;9—排风管

4. 注射剂的灌封　注射剂的灌封包括药液的灌注与容器的封口,是注射剂装入容器的最后一道工序。注射液滤过后,经检查合格应立即灌装和封口,以避免污染,其质量直接由灌封区域环境和灌封设备决定。安瓿灌封的工艺过程一般应包括安瓿的排整、灌注、充惰性气体、封口等工序。容器灌入注射液后,应立即进行封口。封口方法一般均采用拉丝技术,原理如图6-12所示。注射剂生产的全过程经过多道工序,将这些工序联结起来,组成联动机,可以提高注射剂的质量和生产效率。

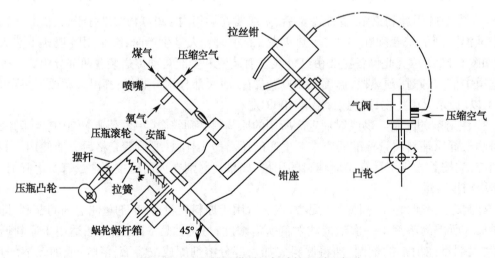

图 6-12　安瓿拉丝灌封机气动拉丝封口部分

5. 注射剂的灭菌与检漏　灌封后的注射剂应立即灭菌。灭菌方法和条件应根据药物的性质选择确定,其原则是既要保持注射剂中药物的稳定,又必须做到成品达到完全无菌的要求,必要时可采取多种灭菌方法联用。对热不稳定的产品,在避菌条件较好的情况下生产

的注射剂,一般可用流通蒸汽 100℃灭菌。对热稳定的产品,也可采用热压灭菌方法进行灭菌处理。

6. 注射剂的质量检查　根据《中国药典》(2010 年版)中制剂通则,注射剂的质量检查包括装量、可见异物、无菌检查、细菌内毒素或热原检查、含量、pH 以及特定的检查项目等。

7. 注射剂的印字与包装　经质量检查合格后的注射剂,每支安瓿或每瓶注射液均需及时印字或贴签,内容应包括品名、规格、批号、厂名等。目前,药厂大批量生产时,广泛采用印字、装盒、贴签及包装等联成一体的印包联动机,大大提高了印包工序效率。

(二) 输液剂的制备

输液是指一次给药在 50ml 以上,由静脉滴注输入人体内的大剂量注射液,通常以玻璃或塑料制作的输液瓶或塑料袋包装。输液种类有电解质类输液、营养输液、胶体输液、治疗型输液等。输液的质量要求与注射剂基本一致,检查项目有可见异物、无菌、热原、细菌内毒素、不溶性微粒、pH、含量测定及安全性试验等。输液剂的生产工艺流程如图 6-13 所示。

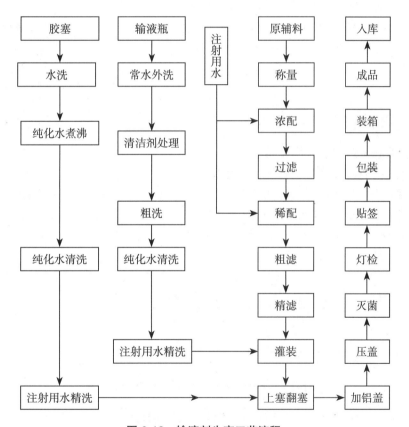

图 6-13　输液剂生产工艺流程

三、注射用无菌粉末的基本生产工艺

(一) 注射用无菌粉末的基本生产过程

注射用无菌粉末简称粉针剂,是指药物制成的供临用前用适宜的无菌溶液配制成澄清溶液或均匀混悬液的无菌粉末或无菌的块状物,可用适宜的注射用溶剂配制后注射,也可用静脉输液配制后静脉滴注。根据生产工艺的不同,粉针剂可分为两种,一种是将原料制成无菌粉末,在灭菌条件下直接进行无菌分装,称为注射用无菌分装制品;另一种是后面将简介的注射用冷冻干燥制品(粉针剂)。

注射用无菌粉末为非最终灭菌药品,其生产必须采用高洁净度控制技术工艺,特别是瓶子与胶塞干燥灭菌、净瓶塞存放、药粉分装、药液除菌滤过、灌装、冷冻干燥、压塞等关键工序。注射用无菌粉末的质量应符合《中国药典》(2010年版)附录的规定要求。

(二)注射用无菌粉末分装的生产工艺

注射用无菌粉末分装制品的生产工艺基本流程如图 6-14 所示。

(三)注射用冷冻干燥制品的生产

注射用冷冻干燥制品是将药物先制成无菌水溶液,进行无菌灌装,再经冷冻干燥,在无菌的条件下封口制成的粉针剂。冷冻干燥法是将需要干燥的药物溶液预先冻结成固体,然后在低温与一定真空条件下缓缓加热,从冻结状态不经过液体而直接升华除去水分的一种干燥方法。冻干工艺包括冻结、升华和再干燥三个分阶段。注射用冷冻干燥制品的生产工艺流程如图 6-15 所示。

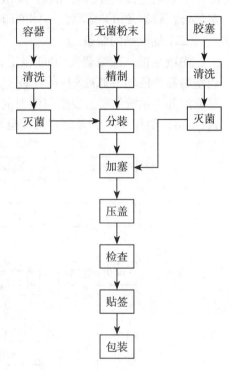

图 6-14 注射用无菌粉末分装制品生产工艺流程

四、外用液体制剂的基本生产工艺

(一)外用液体制剂的作用及特点

外用液体制剂为液体制剂直接涂抹于患处,具有用药直接、见效快等优点。给药途径不同对液体制剂有特殊要求,同一给药途径的液体制剂中又包括不同分散体系的制剂。表 6-1 简要介绍了外用液体制剂的作用和特点。

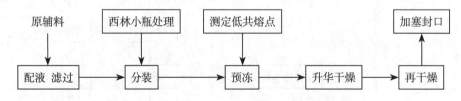

图 6-15 注射用冷冻干燥制品的一般工艺流程

表 6-1 外用液体制剂的作用和特点

名称	作用	特点
搽剂	镇痛、收敛、保护、消炎、杀菌	供揉搽皮肤表面用的液体制剂。用乙醇和油作分散剂
涂膜剂	用时涂于患处,溶剂挥发后形成薄膜,对患处有保护作用,同时逐渐释放所含药物起治疗作用	高分子成膜材料及药物溶解在挥发性有机溶剂中制成的可涂布成膜的外用液体制剂
洗剂	有消毒、消炎、止痒、收敛、保护等局部作用	涂抹、敷于皮肤的外用液体制剂。洗剂一般轻轻涂于皮肤或用纱布蘸取敷于皮肤上应用

续表

名称	作用	特点
滴鼻剂	缓解或治疗鼻塞、打喷嚏、流鼻涕等	滴入鼻腔内使用的液体制剂。以水、丙二醇、液状石蜡、植物油为溶剂,多制成溶液剂,但也有制成混悬剂、乳剂使用的
滴耳剂	消毒、止痒、收敛、消炎、润滑作用	滴入耳腔内的外用液体制剂。以水、乙醇、甘油为溶剂,制剂中加入溶菌酶、透明质酸酶等,能淡化分泌物,促进药物分散,加速肉芽组织再生
漱剂	口腔的清洗、去臭、防腐、收敛和消炎	用于咽喉、口腔清洗的液体制剂,含漱剂要求微碱性,有利于除去口腔的微酸性分泌物、溶解黏膜蛋白
滴牙剂	因其刺激性、毒性很大,应用时不能直接接触黏膜	用于局部牙孔的液体制剂,药物浓度大,往往不用溶剂或用少量溶剂稀释

（二）外用液体制剂生产的基本工艺

外用液体制剂生产的基本工艺,以滴鼻剂(图 6-16)为例进行简要介绍如下。

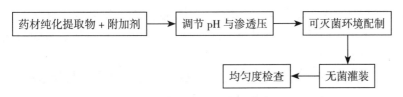

图 6-16 滴鼻剂工艺流程图

（1）药材纯化提取物 + 附加剂:药材应按该品种项下规定的方法进行提取、纯化。滴鼻剂常用的溶剂有水、丙二醇、液状石蜡、植物油等。可按药材提取物或药物的性质加入适宜的抗氧剂、增溶剂、防腐剂或其他附加剂。各种附加剂不得对呼吸道及黏膜有刺激性。

（2）调节 pH 值与渗透压:水性溶液应适当调节 pH 与渗透压,一般 pH 应为 5.5~7.5,并与鼻腔黏液等渗。

（3）可灭菌环境配置及无菌罐装:滴鼻剂应在清洁避菌的环境中配制,及时灌装于无菌的洁净干燥容器中。

（4）均匀度检查:溶液型滴鼻剂应澄清,不得有沉淀和异物。混悬型滴鼻剂中的颗粒应细腻,均匀分散,放置后其沉淀物不得结块,振摇后一般应在数分钟内不分层。乳浊型滴鼻剂应分布均匀。

（三）滴鼻剂的质量检查

滴鼻剂应制定相对密度、无菌、pH 值、微生物限度、装量等检查项目,如每一容器的装量应不超过 10ml。

第四节 气雾剂的基本生产工艺

一、气雾剂的用途及组成

气雾剂在 20 世纪 50 年代用于皮肤病、创伤、烧伤和局部感染等,1955 年被用于呼吸道给药。近年来,气雾剂产品越来越多,包括局部治疗药、抗生素、抗病毒药等。气雾剂可用于局部或全身治疗作用。局部治疗作用,如治疗咽喉炎、鼻炎、阴道炎、局麻止痛的气雾剂等;全身治疗作用,如抗心绞痛、解热镇痛的气雾剂等。

气雾剂系指含药溶液、乳状液或混悬液与适宜的抛射剂共同装封于具有特制阀门系统的耐压密封容器中的,使用时借助抛射剂的压力将内容物呈雾状、泡沫状或其他形态喷出的制剂。

气雾剂是由抛射剂、药物与附加剂、耐压容器和阀门系统所组成。抛射剂与药物一同装封在耐压容器内,容器内的抛射剂气体产生压力,若打开阀门,则药物、抛射剂一起喷出而形成气雾。雾滴中的抛射剂进一步汽化,雾滴变得更细。

二、气雾剂的制备生产工艺

气雾剂应在避菌环境下配制,各种用具、容器等须用适宜方法清洁和消毒,整个操作过程应注意避免微生物的污染。制备气雾剂的一般工艺流程为:

容器、阀门系统的处理与装配→药物的配制与分装→填充抛射剂→质量检查→包装→成品。

1. 容器、阀门系统的处理与装配　气雾剂的容器要能耐受气雾剂所需压力,阀门各部件尺寸精度和溶胀性必须符合要求,并不得与药物或附加剂发生理化反应。要求气雾剂能均匀喷出雾滴。定量阀门气雾剂每揿压一次应喷出准确的剂量。非定量阀门气雾剂喷射时应能持续喷出均匀剂量。

2. 药物的配制与分装　药物应按照处方量制成药液;根据药液性质选取合适的辅料(增溶剂、抗氧化剂、表面活性剂等);气雾剂要求在洁净环境中配置,及时罐封于灭菌的干燥容器中。

3. 填充抛射剂　一般为低沸点液态气体。根据气雾剂所需压力,可将几种抛射剂以适宜的比例混合使用。

4. 质量检查　检查气雾剂压力、泄漏、喷出气雾剂粒度检查等。

5. 包装　装盒、装箱。

第五节　半固体制剂的基本生产工艺

半固体制剂一般指药物与基质混合制成的均匀的半固体外用制剂。根据基质与用药部位不同等一般可以分为软膏剂、凝胶剂、眼膏剂、栓剂等。

一、软膏剂

软膏剂(ointments)系指药物与油脂性或水溶性基质混合制成的均匀的半固体外用制剂。按基质的性质和特殊用途分为油膏剂、乳膏剂、凝胶剂、糊剂和眼膏剂等。从广义上,软膏剂系指具有一定稠度的半固体状制剂,按分散系统不同亦可划分为如下三类:溶液型、混悬型和乳剂型。

溶液型软膏剂:系指药物溶解(或共熔)于基质或基质组分中制成的软膏剂。

混悬型软膏剂:系指药物细粉均匀分散于基质中制成的软膏剂。

乳剂型软膏剂(creams):系指药物溶解或分散于乳状液型基质中形成的均匀的半固体外用制剂。

软膏剂的制备,按照形成软膏的类型,制备量及设备条件不同,采用的方法也不同。溶液型或混悬型软膏常采用研磨法或熔融法。乳剂型软膏常在形成乳型基质过程中或之后加入药物，称为乳化法。

软膏剂需质量检查项目有：粒度、装量、无菌及微生物限度等。

二、眼膏剂

眼膏剂系指直接用于眼部治疗作用的软膏制剂。包括眼用半固体制剂（眼膏剂、眼用乳膏剂、眼用凝胶剂）、眼用固体制剂（眼膜剂、眼丸剂、眼内插入剂）、液体滴眼剂等。眼膏剂的制备与一般软膏剂制法基本相同，但必须在净化条件下进行，一般可在净化操作室或操作台中配制。

所用药物应按规定方法合成或提取、纯化以及用适宜的方法粉碎成规定粒度。所用基质应均匀、细腻、无刺激，涂抹于眼部要易于吸收；基质在配置前应滤过并灭菌等。药物、器械与包装容器等均应严格灭菌，以避免污染微生物而致眼感染的危险。

眼膏剂质量检查项目有：可见异物、粒度、金属性异物、装量、渗透压摩尔浓度及无菌条件等。

三、凝胶剂

凝胶剂系指药物与适宜基质制成具有凝胶特性的半固体或稠厚液体制剂。按基质的不同，凝胶剂可分为水性凝胶与油性凝胶。由小分子无机物胶体小颗粒以网状结构存在于液体中的凝胶称为双相凝胶，如氢氧化铝凝胶。由有机化合物形成的凝胶剂称为单相凝胶，如淀粉、聚乙烯等加水或甘油制成。

凝胶剂一般避光，密闭贮存；药典规定凝胶剂应做 pH、装量、无菌及微生物限度等检查。

四、栓剂

栓剂系指药物和适宜基质制成的具有一定形状的供腔道给药的固体形外用制剂。栓剂因施用腔道的不同，分为直肠栓、阴道栓和尿道栓。栓剂在常温下为固体，塞入人体腔道后，在体温下迅速软化，熔融或溶解于分泌液，逐渐释放药物而产生局部或全身作用。栓剂常用基质为：半合成脂肪酸甘油酯、可可豆酯、氢化植物油、甘油和明胶等。必要时可加入表面活性剂使药物易于释放和吸收。栓剂常用的固体药物应预先用适宜方法制成细粉或最细粉，然后制成适宜的形状。

栓剂的制备方法有冷压法与热熔法。冷压法是将药物与基质的锉末置于冷却的容器内混合均匀，然后手工搓捏成形或装入制栓模型机内压成一定形状的栓剂。热熔法是将计算量的基质锉末用水浴或蒸汽浴加热融化，加入有润滑剂的冷却模型中。

栓剂应在 30℃ 以下密闭贮存；检查重量差异、硬度、外观及均一性。

第六节　新剂型与新技术

一、药物传输系统

（一）控缓释制剂

控缓释制剂指制剂中药物在规定溶剂中按要求缓慢非恒速（恒速）释放，且每日用药次数比普通制剂至少减少一次或用药间隔有所延长的制剂。特点:减少服用次数;血药浓度平稳,避免或减小峰谷现象;减少药物总剂量。种类:①骨架缓、控释制剂,包括亲水凝胶、蜡质、不溶性骨架片及骨架型小丸;②膜控型缓、控释制剂,包括微孔膜包衣片及小丸,膜控释片及小丸肠溶膜控释片;③渗透泵控释制剂;④透皮给药体系;⑤脉冲式给药体系;⑥自调式给药体系;⑦植入型缓、控释制剂。

(二) 靶向制剂

靶向制剂系指药物通过局部或全身给药,选择性地浓集于靶组织、靶细胞及细胞内靶作用部位的给药体系制剂。特点:提高疗效,降低毒副作用。种类:①被动靶向制剂,如脂质体,乳剂,微球等;②主动靶向制剂,如经免疫、糖基等修饰的脂质体,乳剂,微球,前体药物等;③物理化学靶向制剂,如磁性微球,栓塞微球,热敏及 pH 敏感脂质体等。

(三) 经皮制剂

透皮给药系统或称经皮治疗系统(transdermal drug delivery systems,transdermal therapeutic systems,简称 TDDS,TTS)系指经皮给药的新制剂。经皮给药制剂经皮肤敷贴方式用药,药物透过皮肤,由毛细血管吸收进入全身血液循环,达到有效血药浓度并转移至各组织或病变部位,起治疗或预防疾病的作用。这种制剂既可以起局部治疗作用,也可以起全身治疗作用。广义的透皮给药系统可以包括软膏剂、硬膏剂、贴剂、涂剂和气雾剂等。

1. 经皮给药制剂的制备

(1) 膜材的加工、改性、复合和成型

1) 膜材的加工:膜材的加工方法根据所用高分子材料的性质,膜材可分别用作 TDDS 中的控释膜、药库、防粘层和背衬层等。膜材的常用加工方法有涂膜法和热熔法两类。涂膜法是一种简便的制备膜材的方法。热熔法成膜是将高分子材料加热成为黏流态或高弹态,使其变形为给定尺寸膜材的方法,包括挤出法和压延法两种,适合于工业生产。这类膜材在塑料工业领域已有大量商品,可以根据聚合物型号、分子量、厚度、添加剂等要求选择使用。

挤出法根据使用的模具不同分为管膜法和平膜法。管膜的生产是将高聚物熔体经环形模头以膜管的形式连续地挤出,随后将其吹胀到所需尺寸并同时用空气或液体冷却的方法。平膜的生产则是利用平缝机头,直接根据所需尺寸挤出薄膜同时冷却的方法。挤出法生产的膜材特性与材料的热熔及冷却温度,挤出时的拉伸方向及纵横拉伸比有关。

压延法是将高聚物熔体在旋转辊筒间的缝隙中连续挤压形成薄膜的方法,因为高聚物通过辊筒间缝隙时,沿薄膜方向在高聚物中产生了高的纵向应力,得到的薄膜较挤出法有更明显的各向异性。

2) 膜材的改性:为了获得适宜膜孔大小或一定渗透性的膜材,在膜材的生产过程中或对已取得的膜材需要作特殊处理,主要有溶蚀法和拉伸法。

溶蚀法是将膜材用适宜溶剂浸泡,溶解其中可溶性成分如小分子增塑剂,从而得到具有一定大小膜孔膜材的方法。也可以在加工薄膜时就加入一定量的可溶性物质作为致孔剂,如聚乙二醇、聚乙烯酸等。这种方法比较简便,膜孔大小及均匀性取决于这些物质的用量以及高聚物与这些物质的相容性。最好使用水溶性添加剂以避免有机溶剂的使用。

拉伸法是利用拉伸工艺制备单轴取向和双轴取向薄膜的方法。首先把高聚物熔体挤出成膜材,冷却后重新加热至取向温度,趁热迅速向单侧或双侧拉伸,薄膜冷却后其长度、宽度或两者均有大幅度增加,由此高聚物结构出现裂纹样孔洞。

3) 膜材的复合和成型:涂布和干燥是透皮制剂的基本工艺过程,不论何种类型的透皮制剂,都必须使用压敏胶,因而都涉及这一工艺。一些药库、防粘层和实验室膜材的制备也常需采用涂布工艺。所以,常用的涂布液有压敏胶溶液(或混悬液)、药库溶液(或混悬液)或其他成膜溶液和防粘纸上的硅油等。在涂布前应确定涂布液固含量或其他决定质量的指标,如黏度、表面张力、单位面积用量、涂布厚度或增重等。将这些涂布液涂布在相应材料上,如铝箔、膜材或防粘材料上,干燥,驱除溶剂即得。有时为了增强涂布液在基材表面的铺展和浸润或两者的结合强度,还需对基材表面进行一定的处理。

(2) 经皮给药制剂的制备过程:把各个层次复合在一起就形成多层的 TDDS,系将涂布有压敏胶层的控释膜先与防粘纸黏合,然后与中心载有定量药库的铝箔,通过热压法使控释膜的边缘与铝箔上的复合聚乙烯层熔合。而对于骨架型和黏胶型 TDDS,大多采用黏合方式复合。例如对于多层黏胶型系统,是把涂布在不同基材上的压敏胶层相对压合在一起,移去一侧基材,就得到具双层压敏胶结构的涂布面,然后重复该过程,将第三层压合在上述双层上,直至全部复合工艺完成。

2. 制备工艺流程　经皮给药系统根据其类型与组成有不同的制备方法,主要分 3 种类型:涂膜复合工艺、充填热合工艺,以及骨架黏合工艺。涂膜工艺是将药物分散在高分子材料(压敏胶)溶液中,涂布于背衬膜上,加热烘干使溶解高分子材料的有机溶剂蒸发,可以进行第二层或多层膜的涂布,最后覆盖上保护膜;亦可以制成含药物的高分子材料膜,再与各层膜叠合或黏合。充填热合工艺是在定型机械中,在背衬膜与控释膜之间定量充填药物储库材料,热合封闭,覆盖上涂有胶黏层的保护膜。骨架黏合工艺是在骨架材料溶液中加入药物,浇铸冷却成型,切割成型,粘贴与背衬膜上,加保护膜而成。

二、制剂新技术

(一)固体分散技术

固体分散技术系将难溶性药物以分子、微晶或胶态、无定型分散于水溶性材料中以提高药物溶解度,使其产生速效作用,或将药物分散于蜡类等难溶性材料中以延缓药物吸收的技术。特点:根据载体种类及制备方法,药物具有速效及缓释特性。

制备方法:常用的方法有熔融法、溶剂法、溶剂-熔融法、溶剂-喷雾法、研磨法。

存在问题:固体分散技术,特别是作为一种速效技术,目前仍然解决不了大规模生产中药物老化,即药物分散度在生产过程中重新下降的问题,因而使这种技术在实际中未得到广泛应用,当然也是今后重点要解决的问题。

(二)药物包合技术

药物包合技术系指一种药物分子(客分子)被包嵌于另一种具有孔隙结构的分子内(主分子),形成包合物的技术。特点:作为客分子的药物被包合后,能改善其某一方面的特性,如溶解度增加,稳定性提高,防止挥发性成分的挥发,掩盖药物不良气味,降低药物刺激性及毒副作用,液体药物粉末化等。

制备方法:常用的制备方法有饱和水溶液法、研磨法、冷冻干燥法、喷雾干燥法,最常用的包合材料为环糊精及衍生物。

(三)药物微囊化技术

药物微囊化技术系指用合成或天然的高分子材料(囊材)将固态或液态药物包裹成微型胶囊的技术。特点:经过微囊化技术,可改善被包裹药物的一些特性,如提高药物稳定性,掩盖药物不良气味,减少药物在胃内失活或减少对胃刺激,液态药物固体化;或使药物作用的特性发生变化,如具有缓释、控释作用,靶向作用等。

制备方法:制备方法包括物理化学法,如单凝聚法、复凝聚法、溶剂 - 非溶剂法等;物理机械法,如喷雾干燥法、空气悬浮法、多孔离心法、锅包衣法等;化学法,如界面缩聚法、辐射交联法等。

第七节   仿制药质量一致性研究

一、仿制药质量一致性的意义

仿制药是与被仿制药(原研药)具有相同的活性成分、剂型、给药途径和治疗作用的替代药品,具有降低医疗支出,提高药品可及性,提升医疗服务水平等重要的经济和社会效益。由于早期批准的仿制药医药学研究基础相对薄弱,部分仿制药质量与被仿制药差距较大,尚不能达到被仿制药的临床疗效,提高仿制药质量对维护公众健康意义重大。《国家药品安全"十二五"规划》明确提出,要用 5~10 年时间,对《药品注册管理办法》(2007 年修订)实施前的仿制药,分期分批与被仿制药进行全面比对研究,使仿制药与被仿制药达到一致。

仿制药一致性研究就是仿制药必须与原研药"管理一致性、中间过程一致性、质量标准一致性等全过程一致"的高标准要求。仿制药和原研药虽然是一样的药品,杂质的含量可能不一样,生物利用度不一样,副作用有差别,临床上的安全性和有效性自然就不同。所以必须进行药物一致性研究,才能提高药品的安全性和有效性,保障人民用药安全、有效。

仿制药质量一致性评价是国家食品药品监督管理部门组织相关技术部门及专家,对药品生产企业提出的仿制药自我评估资料,按照给定的评价方法和标准,评价其是否与被仿制药在内在物质和临床疗效上具有一致性的过程。通过仿制药质量一致性评价,要淘汰内在质量达不到要求的品种,促进我国仿制药整体水平提升,达到或接近国际先进水平。

质量一致性主要指物质基础和临床疗效两方面的一致。物质基础的一致主要通过是否符合质量标准来确定,临床疗效的一致主要通过一些体内外的试验来评估。临床验证(含生物等效和临床试验)是确定一致性评价的"金标准"。但由于一致性评价的对象为已上市药品,涉及面广,采用临床验证进行一致性评价存在很大困难。故可灵敏地反映体内疗效的体外试验是优先考虑的评价方法,同时也保留企业开展临床研究的权力。一方面可以避免大规模临床研究带来的资源紧缺,另一方面体外试验可以用于日常监管,确保产品质量长期的一致性(如日本开展仿制药品质再评价工程就是以体外试验为主)。

二、仿制药质量一致性的评价

对于口服固体制剂,主要选择多种介质下的溶出曲线的比较来评价是否与原研药一致;对于注射剂,由于不存在药物吸收问题,主要关注安全性指标,将主要通过完善质量标准来进行评价;对于其他剂型,将结合剂型特点,设定合理的评价方法和标准。采用溶出曲线进行评价的原因如下:一是多种介质下的溶出曲线已成为多国药品监督管理部门要求企业在药物研发时必须开展的研究。二是已有数据表明,若仿制品体外多条曲线与原研药皆一致,则两者体内生物利用度一致的概率高达 90%。所以说,多种介质下的溶出曲线的比较能较好地反映药物体内疗效,可以用于口服固体制剂质量一致性评价。

溶出度是指药物从片剂或胶囊剂等固体制剂中溶出的速度和程度。影响溶出度测定除药物固有性质外,还与制剂处方工艺、溶出度试验方法、含量测定方法和仪器等因素有关。

生物利用度(biological availability,BA)是衡量药物制剂中主要进入血液循环中速率与程度的一种量度。生物等效性(bioequivalency,BE)是反映新制剂与参比制剂生物等效程度的指标,它是以生物利用度研究为基础的药物制剂质量控制研究项目。

在进行生物利用度研究和生物等效性评价时,主要考虑以下 3 个参数:①血药浓度 - 时间曲线下面积(area under curve,AUC);②达峰时间(T_{max});③峰浓度(C_{max})。其中 AUC 的大小可反映药物吸收程度,同一受试者 AUC 大,表示药物吸收程度大。生物利用度研究就是在同一受试者中比较 AUC 大小。T_{max} 和 C_{max} 大小可综合反映药物的吸收、分布、消除情况,其他参数如半衰期,平均驻留时间(mean residence time,MRT)和血药浓度也可作为生物等效性评价指标。影响生物度的因素可归纳为"制剂因素"和"生理因素"两大类。

制剂因素主要包括药物理化性质(如粒度、表面积、溶解速度和药物晶型等)和处方中其他相关物质的性质。生理因素主要包括患者的生理特点,如胃肠 pH、胃肠道活动性、肝功能及肝肠血流灌注情况,胃肠道结构和肠道寄生虫等情况,患者饮食习惯和空腹程度等。

对于仿制固体制剂和混悬剂,由于晶型可能影响制剂的稳定性和生物利用度,应考虑多晶型问题对药物生物利用度或生物等效的影响。仿制药的活性成分必须与原研药相同。

从晶型方面来说,仿制药采用的晶型也应尽可能与原研药相同,以保证仿制药与原研药生物等效,并具有足够的稳定性。但是,药物的多晶型之间仅是晶体结构的不同,化学结构是相同的。因而对于仿制药,如果生物等效性及稳定性得到充分的试验研究证实,主药的晶型也可以与原研药不同。美国 FDA 也批准了一些此类的仿制药上市,如美国上市的华法林钠、法莫替丁、雷尼替丁的一些仿制药产品,其主药的晶型与原研药是不同的。

此外,我国还将通过一致性评价建立企业处方、工艺及溶出曲线数据库,并依据企业上报的处方、工艺和溶出曲线等一致性评价数据,加强对药品上市后的监管,提高我国仿制药的质量。

思 考 题

1. 为什么要将药物制成剂型应用?
2. 按形态和给药途径分类,剂型分哪几类?
3. 制剂新剂型有哪些,各有何特点?
4. 半固体制剂包括哪些剂型?
5. 固体制剂包括哪些剂型,典型生产工艺有哪些?

(郭 强)

第三篇 药品生产质量工程及系统设计

第七章 药品生产过程质量检测与控制

学习目标

1. 初步掌握药品的质量特性、质量监控与检验的目的和意义；
2. 初步熟悉药品质量标准、药品检验的主要内容及其工作程序；
3. 了解药品质量检验常用的分析方法；
4. 了解过程分析在药品生产质量控制中的应用。

第一节 概 述

一、药品的质量特性

药品是一种特殊的商品,其真伪优劣,既直接影响预防和治疗的效果,又密切关系到人民健康与生命安危。因此,必须保证有严格的质量标准和科学合理的分析、检测及评价方法,同时还必须对药品生产过程进行全面质量控制。药品的质量是指药品所固有的一组用以达其临床用药需求的整体特征或特性。药品质量又包含其产品质量和在研制、生产、经营、使用等过程中的工作质量与服务质量。药品的产品质量是指其物理学、化学、生物学等指标符合规定标准的程度,也是工作质量与服务质量的综合表现。

药品的质量特性包括真实性、有效性、安全性、稳定性、均一性和经济性。

(1)真实性(authenticity):药品的真实性如《药品管理法》第十一条规定:"生产药品所需的原料、辅料,必须符合药用要求"。药品的真实性通常要通过性状检查、鉴别等方法来判定。在药品生产过程中,实施源头监管是保证药品真实性的一个关键环节。如"齐二药"的亮菌甲素注射液事件即属一起假药案。经调查发现,是不法商人用有毒的"二甘醇"假冒药用辅料"丙二醇"销售给该公司,而该公司采购人员违规采购,质检人员严重违规操作,未将检测图谱与标准图谱对比鉴别,且发现检样的"相对密度值"与标准严重不符时,却将其改为正常值,签发合格证,以此造成假药投放市场,导致 11 人死亡的悲剧。

(2) 有效性(effectiveness)：药品的有效性是指药品在规定的适应证或者功能主治、用法和用量的条件下，能预防、治疗、诊断人的疾病，有目的地调节人的生理功能，是药品质量的基本特征。国际上一些国家将评价标准分为：完全缓解、部分缓解、稳定、无缓解。我国将有效性的评价标准分为显著有效、有效、无效。在新药评价时，一般用已知有效药物作对照比较。要保证药物的有效性，重点要放在新药研制时临床试验阶段的质量监督，其次要注意在药物的使用过程中是否能对症与合理用药。

(3) 安全性(security)：药品的安全性是指按规定的适应证和用法用量使用药品后，人体产生毒副作用的程度。大多数药品都会有不同程度的毒副作用，只有在其不至于损害人体健康，或可解除、缓解毒副作用的前提下，才可以使用。即使某种药物的有效性很强，但对人体有严重危害，也不可以作为药品使用。药品的安全性应视为药品的首要质量特征。因此，安全性的保证与监控应贯穿药品研制，新药的审批、生产、合理使用以及药品上市后监测等全过程。如各国政府在新药的审批中都要求研制者进行急性毒性、长期毒性、致畸、致癌、致突变等深入研究，就是为了保证药品的安全性。对药品安全性认识的深化，源自于20世纪人类历史上数次药物"灾害"事件，尤其是1937年美国的磺胺酏剂事件和1961年德国的"反应停"事件震惊了世界各国，人们普遍认识到药物在造福人类的过程中同时也会危害人类。药品是世界各国监管最严格的商品之一，原因就在于此。

(4) 稳定性(stability)：药品的稳定性是指在规定的条件(包括规定的效期内，规定的运输、保管、贮藏条件等)下，药品仍保持着原性能，保持药品有效性和安全性的能力，即药品的各项质量检查指标仍在合格范围之内。稳定性是药品质量的重要特征。药品的稳定性主要由药品生产过程来控制，但如果在运输、贮存、销售药品过程中管理不当，也会造成药品稳定性下降。

(5) 均一性(uniformity)：药品的均一性是指药品质量的一致性，主要表现为物理分布方面的特性，即指药品的每一制剂单位都应具有相同的品质。由于人们在服用药品时是按每单位剂量服用的，若每单位药物含量不均一，尤其是有效成分在单位产品中含量较低的药品含量不均一，就会造成因含量过小而无效，或因含量过大而中毒。药品的均一性主要依赖药品生产过程加以保证，药品的贮存保管亦会影响药品的均一性。

(6) 经济性(economy)：药品的经济性是指药品作为商品的一种价值特征，主要指药品在生产、流通过程中形成的价格。药品的经济性对药品价值的实现有较大影响。一种药品再好，但价格很高，不能满足大多数人用药治病的需要，或可持续求医用药的需要，它好的质量品性未能发挥，也不能称其为好药。在医疗机构，药品的经济性主要表现在对医药成本与效果的控制上。

人们对药品质量特征的认识，随着生活水平的提高和人们对生命健康意义的认识而不断地改变或深化。在20世纪初叶，人们只认识到药品质量要保持稳定；到20世纪中叶，人们开始认识到药品的安全性很重要，随后又认识到药品的有效性也不能忽略；在20世纪末，人们越来越重视生活质量的提高，对药品的质量提出了更高的要求。如身患高血压的患者需长期服用降压药，降压药对患者生活与生命质量的影响受到了医药人员的关注。在降压效果相同的情况下，药品对患者情绪、心境、认知功能、记忆力、睡眠状态、生活等心理生理的影响程度成为评价该类药物的新质量指标。

二、药品质量管理与监控

(一) 组织机构

1. **药品行政监督管理机构**　药品行政监督管理机构代表国家行使监督管理的职权。各国政府对药品的管理都是非常严格的。如美国联邦政府于 1906 年设立食品药品监督管理局(U.S. Food and Drug Administration, FDA)。FDA 为直属美国健康及人类服务部管辖的联邦政府机构,其主要职能为负责对美国国内生产及进口的食品、膳食补充剂、药品、疫苗、生物医药制剂、血液制剂、医学设备、放射性设备、兽药和化妆品进行监督管理,同时也负责执行公共健康法案(the Public Health Service Act)的第 361 号条款,包括公共卫生条件及州际旅行和运输的检查、对于诸多产品中可能存在的疾病的控制等。

中华人民共和国成立以来,由卫生行政等部门监督管理药品。经过多次机构改革,2003 年,我国在国家药品监督管理局(State Drug Administration, SDA)基础上组建了"国家食品药品监督管理局"(State Food and Drug Administration, SFDA)。作为国务院直属机构,SFDA 除继续行使 SDA 职能,还负责对食品、保健品、化妆品安全管理的综合监督和组织协调,依法组织开展对重大事故的查处。2013 年国务院机构改革,组建国家食品药品监督管理总局(China Food and Drug Administration, CFDA),对食品药品实行统一监督管理,以进一步提高食品药品监督管理水平。各省市自治区及地市州县也都分别设有各级的食品药品行政监督管理机构,负责各地区的药品行政监督管理工作。

2. **药品技术监督管理机构**　药品技术监督管理机构即食品药品检验机构,是代表国家对食品药品质量实施技术监督检验的法定机构。国家设有中国食品药品检定研究院(医疗器械标准管理中心),主要职责包括:承担药品、医疗器械的注册审批检验及其技术复核工作,承担保健食品、化妆品审批所需的检验检测工作,负责进口药品注册检验及其质量标准复核工作;承担药品、医疗器械、保健食品、化妆品和餐饮服务食品安全相关的监督检验、委托检验、抽查检验以及安全性评价检验检测工作,负责药品进口口岸检验工作;承担或组织药品、医疗器械检验检测的复验及技术检定工作;承担生物制品批签发相关工作;承担药品、医疗器械和餐饮服务食品安全相关标准、技术规范及要求、检测方法制修订的技术复核与验证工作;承担保健食品、化妆品技术规范、技术要求及检测方法的制修订工作;承担药用辅料、直接接触药品的包装材料及容器的注册检验、监督检验、委托检验、复验及技术检定工作,以及承担相关国家标准制修订的技术复核与验证工作;负责药品、医疗器械国家标准物质的研究、制备、标定、分发和管理工作;负责生产用菌毒种、细胞株的检定工作,承担医用标准菌毒种、细胞株的收集、鉴定、保存、分发和管理工作;承担实验动物质量检测和实验动物保种、育种和供种工作;承担有关药品、医疗器械和保健食品广告以及互联网药品信息服务的技术监督工作;承担全国食品药品监管系统检验检测机构的业务指导、规划和统计等相关工作,组织开展药品研究、生产、经营相关单位以及医疗机构中的药品检验检测机构及人员的业务指导工作等。各省市自治区及地市州县也都分别设有各级的食品药品检验所,负责各地区的药品技术监督管理和检验工作。

3. **其他药品管理机构**　我国法律还规定,卫生行政部门会同药监部门共同监管药品的临床、不良反应、麻醉药品等特殊管理药品的使用等,规定工商行政部门协同监管药品的生产经营营业执照、商标、广告及药品行业的不正当竞争行为;规定中医药管理部门协同监管中药材、饮片、习用药材和民族药材的加工生产;规定物价部门监管药品价格;公安部门协同监管麻醉药品与精神药品的使用。

4. 药品研制、生产、经营机构与医疗机构　这些机构的功能是开展药品研制、生产、经营及临床应用。无论其所有制性质、规模、组织形态是否不同，但保证其所研制、生产、经营或应用的药品安全有效与质量可控是共同的要求。这些机构也都按要求设立相应的质量监管、质量保证及分析检测等部门。如药品生产企业设有质监部门，负责全面质量管理，并设中心化验室，负责对原辅料和成品的质量检验，车间亦须设化验室（组），业务上受中心化验室指导，负责对中间体和半成品的质量检验。

（二）药品全面质量管理体系

由于产品的质量是在生产过程中形成的，人们在长期的生产实践中，总结和形成了用各种方法来控制产品的质量，并将其有机地整合起来，逐渐形成了质量管理体系。用质量管理体系来控制产品质量是质量控制的新阶段。我国药品质量管理亦吸纳国际通行标准和规范，推行全面质量管理（total quality management，TQM），即以质量为核心，有效地利用人力、物力、财力、信息等资源，综合运用一整套质量管理体系和方法，控制影响药品质量的全过程和各种因素，经济地研制、生产和提供用户满意的产品，使企业与社会长期受益的管理活动。由过去的成品检验、把关为主，转变为预防、改进为主，由管结果变为管因素，使药品研发、生产、经营和使用全过程都处于受控状态。

药品质量管理体系要求药品生产须执行《药品生产质量管理规范》（good manufacture practice，GMP），建立有效运作的药品生产质量体系，在机构、人员、厂房、设备设施、卫生、验证、文件、生产管理、质量管理、产品销售与回收等方面制定系统的、规范的标准操作规程（standard operation practice，SOP），控制药品生产中影响质量的各环节及全过程；经营企业须执行《药品经营质量管理规范》（good supply practice，GSP），保证购、销、贮、运等环节的质量；新药研究须执行《药品非临床研究质量管理规范》（good laboratory practice，GLP）和《药品临床试验质量管理规范》（good clinical practice，GCP），以确保实验过程的科学性和实验结果的可靠性，同时保护受试者的权益并保证其安全。中药材种植（养殖）生产须执行《中药材生产质量管理规范》（good agriculture practice，GAP），以保证中药材质量的基源准确、优质、稳定和可控。另外，分析检验中应执行《分析质量控制》（analytical quality control，AQC），以对药品检验、管理和分析结果进行质量控制。

在实际工作中，根据质量管理体系要素，按照工作性质可将质量管理分为质量控制（quality control，QC）、质量保证（quality assurance，QA）和质量工程（quality engineering，QE）三部分，并且这些部分之间既相互联系，又相互制约，共同构成了药品的质量控制体系。

第二节　药品质量标准及分析检验工作程序

一、药品质量分析检验的作用及分类

质量检验（quality inspection）是指对产品过程或服务的一种或多种质量特性进行测量、检查、试验或度量，并将结果与规定质量要求进行比较，以确定每项质量特性符合规定质量标准要求情况所进行的一类活动。药品质量检验是指依据药品质量标准，借助于一定的检测手段，对药品进行定性、定量以及进行有效性、均一性、纯度要求与安全性检查，并将结果与规定的质量标准比较，最终判断被检药品是否符合质量标准的质量控制活动。

（一）质量检验的意义与作用

质量检验是质量体系中一个要素。即使在现代质量管理中,质量检验也起着十分重要的作用。企业的生产活动是一个上下工序紧密联系的复杂过程。产品质量的形成由于受人员、机器、材料、方法、环境等主客观因素的影响,产品质量发生波动是必然的,因此,在生产过程的各个环节和各道工序,都必须进行质量检验。《药品管理法》第十二条规定:药品生产企业必须对其生产的药品进行质量检验,不符合国家药品标准的不得出厂。应该说,药品生产企业原辅料及成品药检验是保证药品质量、保障公众用药安全的必然要求。

（二）质量检验的分类

一般按药品生产过程,可将其质量检验分为以下 3 类。

1. 原料、辅料、包装材料的购进检验　即对所购进的原料、辅料、包装材料等进行合格性检验,合格方可采购、入库,并进入下一道工序,否则不予购进。

2. 对中间品进行检验　以分析生产单元的质量传递关系。多生产单元的生产流程,需分析测定中间品质量,如性质、纯度等,或计算单元产品的产量,确定单元间质量传递关系,保证生产流程正常运行。同时监控工序是否稳定,及时调整和控制生产参数,对生产过程进行有效监控,使合格的中间品进入下一道工序。

3. 成品检验　即对产品成品进行全面分析检验,合格者方能出厂,进入销售和使用环节。

（三）质量检验与全面质量管理的关系

药品生产过程的质量检验与其企业全面质量管理存在着十分密切的不可分割的关系。从质量管理的各个发展阶段来看,都包含着质量检验的内容。质量检验在质量管理初期曾发挥过主导作用,在统计质量管理阶段,统计质量的数据均是从质量检验中得来的;同样,全面质量管理又是在质量检验和统计质量管理的基础上逐步建立和完善的。由于质量检验在生产过程中是一个不可缺少的环节,每一个生产过程都离不开质量检验,因此质量检验是企业质量管理的基础。企业的质量强调以预防为主,而预防和控制所需要的信息和数据,需要质量检验来提供,如中间品的检验,既对本工序进行把关,又对下一道工序提供预防。质检人员从原辅料购进、投料、半成品、成品整个生产过程的检验中获取数据信息,并及时反馈有关部门和工序,再经分析找出质量问题的原因,及时采取改进措施,从而形成质量控制和保证体系。

同样,在经营、贮运等过程中,药品均有特定的稳定性特征,受到温度、湿度和光照等环境因素的影响,往往会发生降解而引起质量变化。为了保障药品的品质和安全与有效性,药品在流通和经营过程中,必须注意严格按照药品规定的条件进行贮运和保存,定期对药品进行必要的分析检验以考察其质量的变化,以改进贮藏条件和管理办法。

在药品使用中,由于患者的生理因素(性别、年龄等)、病理状态(疾病的类型和程度)、基因类型、吸收、代谢及分泌排泄功能等都影响到药物在体内的经时行为,从而影响药物的疗效和使用的安全。所以,开展临床治疗药物的分析监测,揭示药物进入体内后的动态行为,指导医生合理用药与个体化用药,是保障临床用药安全、有效和合理的重要措施。

总之,药品分析检验在药品全面质量管理中,发挥着"眼睛"的重要作用。通过对药物进行全面的分析研究,确立药物的质量规律,建立合理有效的药物质量控制方法和标准,保证药品的质量稳定与可控,保障药品使用的安全、有效和合理,为人类社会不断增长的对于健康和生命安全的需求服务。

二、药品质量标准

为了确保药品的质量,国家和各级政府制定出药品质量控制和质量管理的依据,即药品质量标准。药品标准为依照药品管理法律法规、用于检测药品是否符合质量要求的技术依据。药品标准的分类如图 7-1 所示。

国家药品标准是国家对药品质量、规格、检验方法所作的技术规定,是药品生产、供应、使用、检验和管理部门共同遵循的法定依据。我国现行的国家药品标准,包括《中华人民共和国药典》、局(部)颁药品标准等。前二者由国家药典委员会负责制定和修订,由国家食品药品监督管理总局颁布实施;后者是指国家食品药品监督管理部门批准给申请人特定的药品标准,包括新药注册标准、仿制药注册标准和进口药品注册标准。生产该药品的企业必须执行该标准,其不得低于《中国药典》的规定。

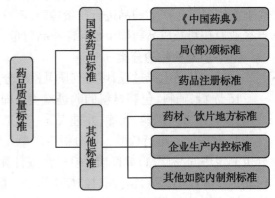

图 7-1 药品标准的分类简况图

(一)《中国药典》

药典(pharmacopoeia)是药品标准的主体,是记载药品规格和质量标准的法典,由国家药典委员会编纂并由政府颁布发行,所以具有法律的约束力。

《中华人民共和国药典》简称《中国药典》(Pharmacopoeia of the People's Republic of China,英文简称为 Chinese Pharmacopoeia,缩写为 Ch. P.)。目前,我国现行版药典为《中国药典》2010 年版。

1.《中国药典》沿革 世界最早的药典可追溯到公元 659 年我国唐朝的《新修本草》(又称《唐本草》)。新中国成立以来,我国于 1953 年出版第 1 版《中国药典》。根据当时规定,《中国药典》每 5~10 年审议改版一次,并根据需要出增补本。至今已先后出版了九版药典,历版《中国药典》及其收载品种情况见表 7-1。

表 7-1 历版《中国药典》收载品种情况表

版次	正文收载	一部		二部		三部		颁布时间(正式执行时间)
	总数	正文	附录	正文	附录	正文	附录	
1953 年版	531							1953 年
1963 年版	1310	643		667				1965 年 1 月 26 日
1977 年版	1925	1152		773				1979 年 10 月 4 日(1980.1.1)
1985 年版	1489	713		776				1985 年 9 月(1986.4.1)
1990 年版	1751	784		967				1990 年 12 月 3 日(1991.7.1)
1995 年版	2375	920		1455				1996 年 4 月 1 日(1996.4.1)
2000 年版	2691	992		1699				2000 年 1 月(2000.7.1)
2005 年版	3217	1146	98	1970	137	101	134	2005 年 1 月(2005.7.1)
2010 年版	4567	2165	112	2271	152	131	149	2010 年 1 月(2010.10.1)

2.《中国药典》的基本结构和内容　《中国药典》2010年版由一部、二部、三部及其增补本组成，各部内容分别包括凡例、正文、附录和索引4部分。正文一般含有法定名称、来源、性状、鉴别、检查、含量或效价测定、类别、剂量、规格、贮藏、制剂等内容。

(二) 部(局)颁标准

我国的药品标准除《中国药典》外，尚有《中华人民共和国卫生部药品标准》(简称《部颁标准》)，主要收载来源清楚、疗效确切、药典未收载的常用药品。《部颁标准》由药典委员会编纂出版，卫生部颁布执行。1986年以来，卫生部先后颁布了进口药材标准、《卫生部药品标准》(中药材第一册)、中成药部颁标准(1~20册)、化学药品部颁标准(1~6册)。

自1998年国家药品监督管理局(2003年更名为国家食品药品监督管理局)成立后，新药标准改为由国家食品药品监督管理局负责。国家食品药品监督管理局批准的新药标准称为《国家食品药品监督管理局标准》(简称《局颁标准》)，属于国家药品标准。先后颁布有局颁中药标准(1~14册)、化学药品标准(1~16册)、局颁新药转正标准(1~76册)。

(三) 其他标准

部分尚未制定国家标准的中药材、中药饮片，其标准与炮制规范由省、自治区和直辖市药品监督管理部门制定和批准。如广东省食品药品监督管理局2011年颁布了《广东省中药材标准(第二册)》，分别收载了《中国药典》现行版未收载的、广东省地方习用中药材品种119个和112个，作为该省中药材生产、经营、使用的质量依据以及检验、管理部门监督的技术依据。

国家鼓励将自主创新技术转化为标准，鼓励药品生产企业制定高于国家标准的企业标准。除此之外，医药生产企业为确保药品生产质量，根据药品生产控制和药品本身特点等要求制定企业内控标准，其中某些指标甚至多于和高于法定标准。在特殊情况下，进出口药品、仿制国外药品、赶超国际水平(采标)等需要按照国外药典标准进行药品检验。

(四) 主要外国药典

1.《美国药典》及《美国国家处方集》《美国药典》(United States Pharmacopoeia，缩写为USP)由美国药典委员会编制出版，首版于1820年出版。《美国国家处方集》(National Formulary，缩写为NF)为USP补充资料，可视为美国的副药典。1884年，美国药学会编制出版第一部《国家处方集》，1975年以后由美国药典委员会负责修订出版。1980年起，美国药典委员会将USP(20)与NF(15)制成合订单行本出版，前面部分为USP，后面部分为NF，因此出版物的完整名称应为《美国药典/国家处方集》(United States Pharmacopoeia/National Formulary，缩写为USP/NF)，至2013年USP/NF最新版为USP36/NF21。

2.《英国药典》《英国药典》(British Pharmacopoeia，缩写为BP)由英国药典委员会编制出版。自1816年开始编辑《伦敦药典》，后出版有《爱丁堡药典》和《爱尔兰药典》，1864年合并为BP，至2013年BP最新版为BP2013版。

3.《日本药局方》《日本药局方》(Japanese Pharmacopoeia，缩写为JP)由日本药局方编辑委员会编纂，由厚生省颁布执行，有日文和英文两种文本。分两部出版，第一部收载化学原料药及其制剂；第二部主要收载生药(crude drugs，包括药材、粉末生药、复方散剂、提取物、酊剂、糖浆、精油、油脂等)、家庭药制剂和制剂原料。

4.《欧洲药典》《欧洲药典》(European Pharmacopoeia，缩写为Ph. Eur.)由欧洲药典委员会编辑出版，有英文和法文两种法定文本。Ph. Eur. 第1版第1卷于1969年出版发行。至2011年，Ph. Eur. 最新版是第7版，包括两个基本卷及8个非累积增补本(7.1~7.8)。

5.《国际药典》 国际药典(The International Pharmacopoeia,缩写 Ph. Int.),由联合国世界卫生组织(WHO)主持编订。2006 年出版第 4 版,2008 年对其进行了第一次增补,2011 年进行第二次增补。

三、药品检验工作程序及主要内容

(一)药品检验工作程序

药品质量检验工作是依照检验目的,根据相应品种的质量技术标准,通过实验而得出结果和结论。药品检验工作的基本程序如下:

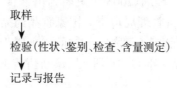

1. **取样** 取样是指从整批成品中抽出一部分具有代表性的供试样品供检验、分析、留样观察之用。取样的要求是:取样要有科学性、真实性和代表性,其原则是均匀、合理。为了达到这一取样原则性,各种样品对取样量和取样方法都有特定的要求,并遵循一定的药品抽样指导原则。

对于化学原料药,一般取样样本数量 n 与药品包件总数 x 的关系为:$n \leqslant 3$ 时,每件取样;$n \leqslant 300$ 时,按 $\sqrt{x}+1$ 随机取样;$n \geqslant 300$ 时,按 $\frac{\sqrt{x}}{2}+1$ 随机取样。

药材和饮片包件中抽取供检验用样品的原则是:总包数不足 5 件的,逐件取样;包数为 5~99 件的,随机抽取 5 件取样;包数为 100~1000 件的,按 5% 取样;超过 1000 件的,超过部分按 1% 取样;贵重药材和饮片,不论包件多少均逐件取样。取样要有记录,包括样品名称、目的、数量、方式、时间、地点、取样人等。

2. **检验** 整个检验工作程序基本上按照标准项目内容的先后顺序依法进行。包括性状、鉴别、检查、含量测定等。

3. **记录** 记录是记载分析检验工作的原始资料,也是判定药物质量、问题追溯的原始依据。要真实、完整,宜用钢笔或其他专用笔书写,不得涂改(如需更正,应签名或签章),记录内容一般包括供试品药品名称、来源、批号、数量、规格、取样方法、外观性状、包装情况、检验目的、检验方法及依据,收到日期、报告日期、检验中观察到的现象、检验数据、检验结果、结论等。应进行复核,做到无缺页缺损,妥善保存。

4. **报告** 检验报告是药品质量的检验结果证明书,要求内容完整、无损页损角,文字简洁、字迹清晰、结论明确。检验报告的主要内容一般包括:检品名称、批号、规格、数量、来源、包装情况、检验目标、检验项目(定性鉴别、检查、含量测定等)、标准依据、取样日期、报告日期、检验结果(应列出具体数据或检测结果)、检验结论等内容。最后必须有检验人、复核人及有关负责人签名或盖章。记录和报告应妥善保存 3 年及以上,以便备查。

(二)药品质量检验的主要内容

根据药品的质量属性,确定质量检验内容,其关系如图 7-2 所示。

1. **鉴别** 依据药物的化学结构和理化性质进行某种化学反应,测定某些理化常数或光谱、色谱特征，来判断药物及其制剂的真伪。因为某一项鉴别试验通常只能表示药物的某一种特征，因此，在药物鉴别试验中大多采用一组（二项或几项）试验来全面评价其真实性。如《中国药典》中苯巴比妥的鉴别，采用丙二酰脲类的化学反应和红外光谱两项鉴别试验。

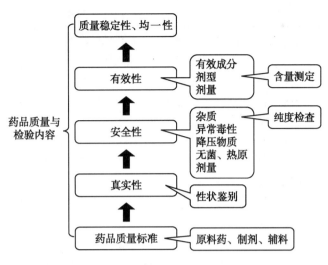

图 7-2 药品质量与检验内容关系图

2. 检查 《中国药典》（2010年版）凡例中规定："检查项下包括反应药物的安全性、有效性的试验方法和限度、均一性与纯度等制备工艺要求等内容。"有效性通常以动物实验为基础，最终以临床疗效来评价；纯度即药物的纯杂程度，主要是对生产或储存过程中引入及产生的杂质进行"限度检查"，从而判定药物的优劣；均一性包括含量均匀性、溶出度、释放度、装量差异、生物利用度等；安全性包括热原或细菌内毒素检查、无菌检查、毒性试验、刺激性试验、过敏性试验、升压或降压物质检查等；对制剂还有按其通则要求进行的一般质量检查，如片剂要求重量差异、崩解时限等。

3. 含量测定 是采用理化或生物学方法，测定药物中主要有效成分的含量（或效价），以确定药物的含量是否符合药品标准规定的要求。一般应在其他项目合格后进行含量测定。

判断一个药物质量是否符合要求，必须全面考虑鉴别、检查与含量测定三者的检验结果，只有这样才能正确评价一个药物的质量。

四、药品质量分析检验常用方法

（一）药品质量分析检验常用方法的分类

根据药品分析检验的目的、对象、方法原理、供试品用量等要求的不同，药品分析检验方法可以有不同的分类方法。

1. 按分析检验的目的分类 一般可分为定性分析、定量分析和结构分析。定性分析就是鉴定药品是由哪些元素、原子团、官能团或化合物组成，有何特异性，鉴别其真伪等；定量分析则是测定药品中有关成分或组分的含量，以分析药品质量的优劣。结构分析的任务是研究药品的分子结构或晶体结构。除一般理化常数测定外，结构分析通常联合采用紫外-可见光谱、红外光谱、核磁共振谱、质谱等分析技术，晶型测定一般采用 X-射线衍射法等技术。

根据工作或部门的不同要求，还分为例行检验分析和仲裁检验分析。例行检验分析又称常规检验，如生产企业日常进行的产品检验等；仲裁检验是指当出现某些争议、事故等问题时，由法定检验单位使用法定方法进行的裁判性检验。

2. 按被测试样用量分类 可分为常量分析、半微量分析、微量分析和痕量分析。如表7-2所示。

表 7-2 各种试样用量的分析方法

方法	固态试样质量 （mg）	液态试样体积 （ml）	方法	固态试样质量 （mg）	液态试样体积 （ml）
常量分析法	100~1000	10~100	微量分析法	0.1~10	0.01~1
半微量分析法	10~100	1~10	痕量分法	<0.1	<0.01

在经典定量分析中，一般采用常量分析方法，如较多的化学原料药品含量测定时采用滴定分析方法；在仪器分析中，一般采用微量分析或痕量分析方法。如许多制剂分析采用高效液相色谱法。

3. 按测定方法的原理分类 可分为化学分析法、仪器分析法及生物测定法。常见的分析方法分类见表 7-3。

表 7-3 常见的分析方法分类

药品质量检验常用方法	化学分析法	化学反应定性分析法	颜色变化、沉淀产生；气体产生；焰色反应等
		化学反应定量分析法	1. 重量法（挥发法、萃取法、沉淀质量法） 2. 滴定分析法（酸碱滴定法、沉淀滴定法、配位滴定法、氧化还原滴定法）
	仪器分析法	光学分析法	1. 一般光学分析方法（折光法、旋光法、X-射线衍射法等） 2. 光谱法（紫外-可见光谱法、红外光谱法、荧光光谱法、核磁共振波谱法、近红外光谱法、原子吸收光谱法、原子发射光谱法、原子荧光光谱法等）
		分离分析法	1. 色谱法（气相色谱法、液相色谱法，如薄层色谱法及高效液相色谱法、超临界流体色谱法等） 2. 电泳法（传统电泳法、高效毛细管电泳法等） 3. 其他分离方法（膜分离法等）
		电化学分析法	电位法、电导法、极谱法、库仑法等
		其他分析方法	1. 质谱法 2. 热分析法 3. 免疫分析方法等
	生物分析法		1. 分子生物学鉴定法 2. 生物效价测定法

（二）药品质量分析检验常用方法简介

1. 化学分析法 化学分析法（methods for chemical analysis）是以被测组分某种特定的化学反应为基础的分析方法，又称经典的分析方法。化学分析方法又分为化学定性分析方法和化学定量分析方法。

（1）化学定性分析法：又称化学鉴别方法。主要通过化学反应现象进行定性鉴别，如颜色变化、产生沉淀或有气体放出等。例如阿司匹林与铁盐的反应生成紫堇色配位化合物的鉴别方法。

（2）化学定量分析法：化学定量分析法是根据特定的化学反应及其计量关系对物质进行

分析的方法。包括滴定分析法(容量分析法)和重量分析法。根据反应原理不同,滴定分析法可分为酸碱滴定法、沉淀滴定法、配位滴定法和氧化还原滴定法。例如中药炉甘石中氧化锌的含量测定即采用配位滴定法。重量分析法是通过称重获得供试品成分含量的分析法,又分为挥发重量法、萃取重量法和沉淀重量法。例如灰分、炽灼残渣等测定即采用重量法。

　　化学分析法的应用范围广泛,所使用的仪器简单,测定结果准确度较高,但分析的灵敏度和选择性以及对微量组分测定均有一定局限。

　　2. 仪器分析法　仪器分析法(instrumental analysis)是以物质的物理或理化性质为基础的分析方法。由于这类方法大都需要较特殊的仪器,故称之为仪器分析法。仪器分析法又分为光学分析法、分离分析法、电化学分析法及其他分析方法。

　　(1)光学分析法:光学分析法(optical analysis)是基于物质发射的电磁辐射或物质与辐射相互作用后产生的辐射信号或发生的信号变化来测定物质的性质、含量和结构的一类仪器分析方法。光学分析法又分为非光谱法和光谱法两大类。

　　1)非光谱法:物质与辐射能作用时不发生能级跃迁,仅通过测量电磁辐射的某些基本性质(反射、折射、干涉、衍射和偏振)的变化,主要有折射法,旋光法,浊度法,X-射线衍射法和圆二色法等。这些方法在药品物理常数测定、某些结构分析中较为常用。下面简要介绍几种常用方法。

　　A. 折光分析法:折射率是物质的一种物理性质。通过测定液态药品的折射率,用以鉴别药物组成,浓度测定,纯净程度等性状检测以及品质研究等。如《中国药典》2010年版规定牡荆油的折光率应为 1.485~1.500。

　　B. 旋光分析法:许多物质具有旋光性(又称为光学活性),测定其大小进行分析的方法称为旋光分析法,可对药物进行鉴别、定量测定于性药物的纯度。旋光仪结构如图 7-3 所示。

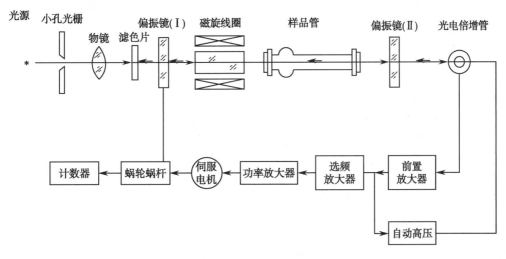

图 7-3　自动旋光仪工作原理示意图

　　C. X-射线衍射分析法:是利用 X-射线衍射对物质进行内部原子在空间分布状况的结构分析方法。在药物分析中,通常以此进行晶型分析。从衍射 X-射线强度的比较,也可进行定量分析,还可以获得元素存在的化合物状态、原子间相互结合的方式,从而可进行价态分析。X-射线衍射仪结构如图 7-4 所示。

2) 光谱法：光谱法（spectroscopy）是基于物质与辐射能作用时，测量由物质内部发生量子化的能级之间的跃迁而产生的发射、吸收或散射辐射的波长和强度进行分析的方法。光谱法可分为原子光谱法和分子光谱法。

原子光谱法是由原子外层或内层电子能级的变化产生的，它的表现形式为线光谱。属于这类分析方法的有原子发射光谱法（atomic emission spectrometry，AES）、原子吸收光谱法（atomic absorption spectrophotometry，AAS）、原子荧光光谱法（atomic fluorescence spectroscopy，AFS）以及 X- 射线荧光光谱法（X-ray fluorescence spectrophotometry，XFS）等。

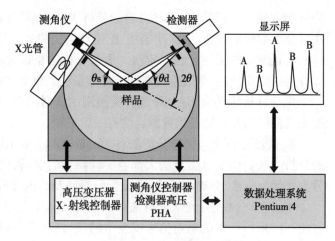

图 7-4　X- 射线衍射仪原理示意图

分子光谱法是由分子中电子能级、振动和转动能级的变化产生的，表现形式为带光谱。属于这类分析方法的有：紫外 - 可见分光光度法（ultraviolet-visible spectrophotometry，UV-Vis）、红外分光光度法（infrared spectrophotometry，IR）、分子荧光光谱法（molecular fluorimetry spectroscopy，MFS）和分子磷光光谱法（molecular phosphorescence spectroscopy，MPS）等。

下面简要介绍几种药物分析中常用的光谱分析方法。

A. 紫外 - 可见分光光度法：基于物质吸收紫外或可见光（200~760nm 的光辐射）引起分子中价电子跃迁、产生分子吸收光谱与物质组分之间的关系建立起来的分析方法，称为紫外 - 可见分光光度法。根据物质的吸收波长（吸收光谱）及吸收程度（吸光度），可以进行定性、定量和结构分析。由于紫外 - 可见分光光度法灵敏度、选择性都较高，仪器简单，易于操作，是药物分析中常用的方法，也是高效液相色谱法最为常用的检测器。其仪器结构及外形如图 7-5 所示。

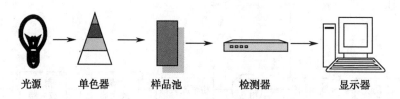

图 7-5　紫外 - 可见分光光度计结构图

B. 红外分光光度法：是基于物质分子在吸收相应的红外光（2.5~1000μm）后引起振动能级和转动能级跃迁而产生的特征吸收光谱。红外光谱的最大特点是具有特征性，谱图上的每个吸收峰代表了分子中某个基团的特定振动形式，从而广泛应用于有机化合物的官能团定性分析和结构分析（但无法区分对映体），也可用于定量分析，其原理及光路图如图 7-6 所示。

C. 荧光分析方法：某些物质的价电子吸收紫外 - 可见光后，由基态跃迁至激发态，再由激发态跃迁回基态时，可发出波长更长的光辐射，即荧光，由此而建立的分析方法称为荧光

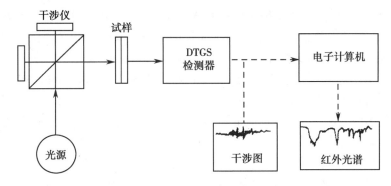

图 7-6 傅里叶变换红外光谱仪原理及光路图

分析法。根据荧光现象和荧光光谱参数可对物质进行定性分析,根据所产生的荧光强度和物质浓度之间的关系,可进行定量分析。实验中通常应用的有目视荧光计和荧光分光光度计,前者如紫外分析仪,主要用于定性检识,后者结构及光路图如图 7-7 所示。

D. 原子吸收分光光度法:是基于测量蒸气中基态自由原子对特征波长光辐射的吸收(即原子吸收光谱)而对被测元素(主要为金属元素)进行定量分析的方法。可对药物中矿物质、金属成分及其杂质等进行检测。仪器及结构如图 7-8 所示。

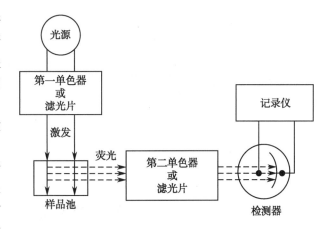

图 7-7 荧光分光光度计结构及光路图

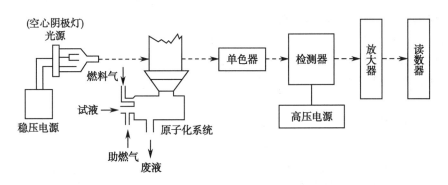

图 7-8 原子吸收分光光度计结构示意图

E. 核磁共振波谱法(nuclear magnetic resonance spectrum,NMR):某些物质的原子核可在磁场中吸收一定频率的无线电波,而发生自旋能级跃迁的现象称为核磁共振。以核磁共振信号强度对照射频率(或磁场强度)作图所得图谱称为核磁共振波谱。利用核磁共振波谱进行物质结构(包括构型、构象)测定、定性及定量的方法即为核磁共振波谱法,常用的方法有核磁共振氢谱和核磁共振碳谱。

(2) 分离分析法:分离分析法主要包括色谱法(chromatography)、电泳法(electrophoresis)

及其他分离方法。色谱法是根据被分离的混合物在互不相溶的两相间分配系数的不同而进行分离的方法。包括气相色谱法（gas chromatography，GC）、高效液相色谱法（high performance liquid chromatography，HPLC）、薄层色谱法（thin layer chromatography，TLC）、离子色谱法（ion chromatography，IC）、超临界流体色谱法（supercritical fluid chromatography，SFC）等。下面简要介绍几种常见的分离分析方法。

1）气相色谱法（GC）：是将汽化后的试样由载气（流动相）带入色谱柱，根据各组分在流动相和固定相间作用的不同而分离，并随载气依次流出气谱柱，经检测器检测，利用保留值进行定性、色谱峰面积或峰高进行定量的分析方法。GC 具有分离效率高、操作简便、灵敏度高等特点，主要用于药物中挥发性成分或经衍生化后能汽化的成分以及水分、农药残留、有机溶剂残留等的测定。气相色谱仪及其工作流程如图 7-9 所示。

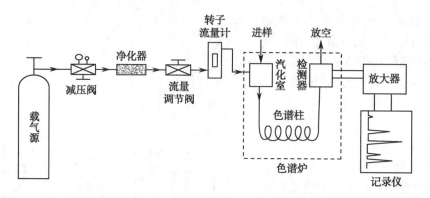

图 7-9　气相色谱仪及其工作流程图

2）高效液相色谱法：是在经典液相色谱法的基础上，采用高效固定相和高压输送流动相以及在线检测技术的一种高效、快速的分离分析方法。其发展迅速，应用广泛，现已成为药物含量测定、杂质及有害物质检查等最常用的方法。高效液相色谱仪及其工作流程如图 7-10 所示。

3）薄层色谱法：系将适宜的固定相涂布于玻璃板、塑料或铝基片上，成一均匀薄层。待点样、展开后，根据比移值（R_f）与适宜的对照物按同法所得的色谱图比

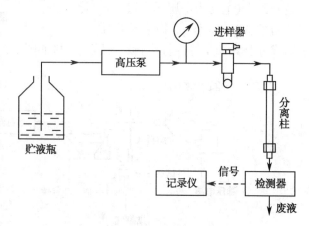

图 7-10　高效液相色谱仪及其工作流程图

移值（R_f）作对比，进行定性分析，也可以通过富集测定或扫描峰面积与组分浓度关系进行定量分析。在药物分析中用于初步鉴别、杂质检查或含量的初步测定。薄层色谱法是快速分离和定性分析少量物质的一种重要的实验技术，尤其在中药及其制剂的鉴别中应用非常广泛。

4）高效毛细管电泳法：是以毛细管为分离通道，以高压电场为驱动力，依据样品组分间淌度及分配行为上的差异而实现分离的分析方法。其主要特点是：高效，高速，微量，应用范围广泛，从无机离子到生物大分子甚至整个细胞、病毒粒子、荷电离子、中性分子等都可进行

分离分析。其装置及原理如图 7-11 所示。

（3）电化学分析法：电化学分析法（electrochemical analysis）是建立在物质在溶液中的电化学性质基础上的一类仪器分析方法，通常将试液作为化学电池的一个组成部分，根据该电池的某种电参数（如电阻、电导、电位、电流、电量或电流 - 电压曲线等）与被测物质的浓度之间存在一定的关系而进行测定的方法。

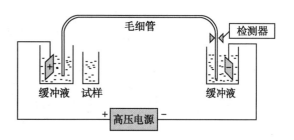

图 7-11 高效毛细管电泳装置及原理图

1）电位法（potentiometry）：利用电极电位与离子浓度之间的关系测定离子浓度（活度）的方法，分为直接电位法和电位滴定法两类。直接电位法是根据电极电位与溶液中电活性物质的活度关系，通过测量溶液的电动势，根据 Nernst 方程计算被测物质的含量。如根据直接电位法原理设计的 pH 计，可用于溶液 pH 的测定。电位滴定法是用电位测量装置指示滴定分析过程中被测组分的浓度变化，通过记录或绘制滴定曲线来确定滴定终点的分析方法。如图 7-12 所示，分别为 pH 计（左）和电位滴定法（右）测定装置图。

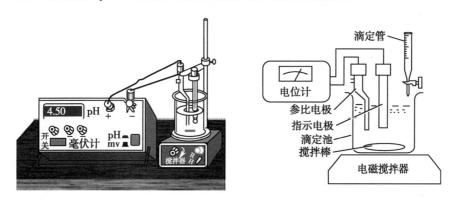

图 7-12 pH 计（左）和电位滴定法（右）测定装置图

2）极谱分析法（polarography）：以滴汞电极和参比电极对待测溶液进行电解，测量这种特殊电解过程中电流 - 电压特性曲线（称极谱波）的半波电位和扩散电流进行定性定量分析。分为经典直流极谱法、示波极谱法、方波极谱法和脉冲极谱法等。

（4）其他分析法：常用的药物分析方法还有质谱法（mass spectroscopy，MS）、热分析法（thermal analysis）、流动注射分析方法（flow injection analysis，FIA）、联用技术等。

1）质谱法：是被测试样在离子源中形成各种离子，经质量分析器，将不同质量的离子按质荷比（m/z）的不同进行分离和检测，应用其质谱来进行成分和结构分析的一种方法。随着 GC 和 HPLC 等仪器和质谱仪联机成功以及计算机的飞速发展，使得质谱法成为分析、鉴定复杂混合物的最有效工具之一。质谱仪结构如图 7-13 所示。

2）热分析法：物质在加热或冷却过程中会发生一定的物理化学变化，如融化、凝固、氧化、分解、化合、吸附和脱吸附等，在这些变化过程中必然会伴有一些吸热、放热或重量变化等现象，热分析法就是将这些变化作为温度的函数来进行研究和测定的方法。常用的热分析法有以下 3 种：①测量物质与参比物之间温度差随温度变化的差热分析法（differential thermal analysis，DTA）；②测量输入到样品与参比物之间功率差随温度变化的差

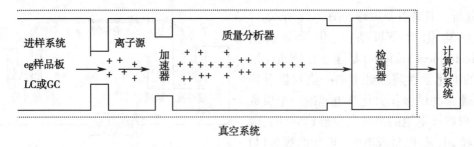

图 7-13　质谱仪结构示意图

示扫描量热法(differential scanning calorimetry, DSC);③测量物质质量随温度变化的热重法(thermogravimetry, TG 或 TGA)。

在药物分析中,热分析法主要用于测定药物的干燥失重、水分、挥发性残留有机溶剂等。

3) 流动注射分析法:是把一定体积的试样溶液注入一个流动着的,非空气间隔的试剂溶液载流中,被注入的试样溶液(或水)流入反应盘管,形成一个区域,并与载流中的试剂混合、反应,再进入到流通检测器进行测定分析的方法。检测器包括装有流通池的分光光度计、荧光光度计、原子吸收分光光度计和离子计等。还可根据需要在末端连接反应圈,以提高反应压力。流动注射法具有以下优点:①测量在动态条件下进行,反应条件和分析操作能自动保持一致,结果重现性好;②耗氧量少、分析速度快,特别适合于大批量样品分析。流动注射分析装置如图 7-14 所示。

4) 联用技术:将两种或两种以上仪器用适当的接口相结合,进行联用分析的技术称为联用技术。目前主要有色谱 - 色谱联用,色谱 - 光谱联用,色谱 - 质谱联用,色谱 - 核磁共振谱联用等。如图 7-15 所示为色谱 - 质谱联用仪结构示意图。

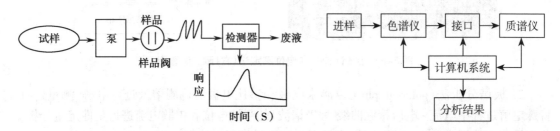

图 7-14　流动注射分析装置示意图　　　图 7-15　色谱 - 质谱联用仪器结构示意图

第三节　药品生产过程的在线质量分析与监测

一、过程分析在药品生产质量控制中的作用

药品的质量是在生产过程中形成的,与生产过程中每个环节的影响因素密切相关,除对终级产品要按照质量标准进行严格分析、检验、把关外,更有必要建立从原料(包括辅料)到产品生产的全过程(包括在线)的质量控制体系和分析技术标准,对其生产全过程进行实时监测和自动化质量控制,从而真正确保质量均一、稳定。本节简要介绍过程分析在药品生产质量控制与监测中的作用及常用方法。

随着科学技术的发展,特别是各种传感器和计算机技术的发展,过程分析(process analysis technology,PAT)在许多工业生产领域(包括制药)中得到了广泛的应用。美国食品和药物管理局(FDA)于2004年9月颁布了《PAT工业指南》,将PAT定义为一种可以通过测定关键性的过程参数和指标来设计、分析、控制药品生产过程中的机制和手段。其技术的核心是对及时获取生产过程中间体的关键质量数据和工艺过程的各项数据,掌握中间体或物料质量,跟踪工艺过程的状态,并对工艺过程进行监控,使产品质量向预期的方向发展,以此降低由生产过程造成的产品质量差异。

通过在药品生产过程中使用PAT技术,可以提高对工艺设计、生产过程和产品各阶段的重视及质量保证。PAT与常规药品质量分析的主要区别在于过程分析的基础是在线、动态的质量控制,即通过检测找到引起产品质量变动的影响因素,再通过对所使用的原材料、工艺参数、环境和其他条件设立一定的范围,使药物产品的质量属性能够得到精确、可靠的预测,从而达到控制生产过程的目的。这对于在中药生产行业中引入新技术、降低生产成本和损耗、降低生产风险、减少生产中的人为因素、减少污染、节省能源、提高管理效率、保证生产安全等都具有重要意义。同时还可以加深员工对生产过程和产品的理解,提高设备利用率。

PAT技术是一门多学科参与的综合化技术,包括化学、物理学、生物学、微生物学过程的分析、数学与统计学数据的分析、风险分析等。目前国际上通常使用的PAT工具包括:过程分析仪器、多变量分析工具、过程控制工具、持续改善/知识管理/信息管理系统等。

二、药品生产过程在线质量分析与检测主要内容

(一)制药过程分析系统与模式

药品生产过程是一个多环节的复杂工艺体系。从工程分析的角度,其质量控制的主要对象包括两部分:一是工艺过程,如温度、压力、溶剂比等确保工艺过程重现的工艺参数;二是质量指标,包括生产过程原辅料、中间体及成品的各项理化指标,如pH、密度、重量差异、水分、药物成分含量等药物品质指标。质量控制模式亦包括生产设备自有控制系统和分析仪器植入生产线控制。其总体内容构成的基本框架如图7-16所示。

药品生产过程质量分析是采用各种传感器检测被控参数的数值,将其与工艺设定的数值对比,并根据偏差进行调

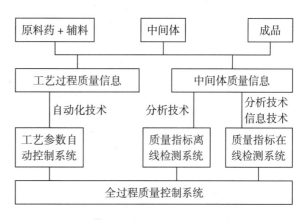

图7-16　药品生产过程质量控制系统框架图

控,使其维持在设定的范围内,以保证生产工艺遵循设定的路线进行。工艺过程参数的控制技术已非常成熟,并在其他工业生产过程中广泛应用。对于质量指标的控制,根据操作程序的不同,可分为离线分析法(off-line)和在线分析法(on-line)两种模式。离线分析是对原辅料或工艺环节完成后的中间体进行质量指标检测,其方法为常规的实验室分析法;在线分析是在工艺环节进行过程中对中间体的质量指标进行在线检测,包括在线质量控制指标的选择、在线检测、在线质量评价模型的建立、质量控制模型的建立等程序。药物生产过程分析模式见表7-4。在实际工作中可采用几种不同的分析模式和方法,而以连续式的在线分析为首选。

表7-4　药物生产过程分析模式

过程分析模式	操作方法技术	方法技术特点
离线分析法 (off-line)	离线分析 (off-line)	从生产现场取样,再回到实验室进行分析,准确度较高,但分析速度慢,信息滞后
	现场分析 (at-line)	人工取样后,在现场进行分析,分析速度较快,但不能实时监测
在线分析法 (on-line)	在线分析 (on-line)	采用自动取样和样品处理系统,将分析仪器与生产过程直接联系起来,进行连续或间歇连续的自动分析
	原位分析(in-situ)或 内线分析(in-line)	将传感器(如探头、探针等)直接插入生产流程中,所产生的信号直接进入检测器,并通过微机系统实现连续的或实时的自动分析监测
	非接触分析 (noninvasive)	利用遥感技术对生产过程进行检测,分析探头(或探针)不与试样直接接触,无需采样预处理,进行遥感和无损检测

(二)制药过程分析特点

1. **分析对象的复杂性**　由于药品生产工艺的复杂性,决定制药过程分析对象的复杂性,从整个过程看,包括:合成反应、提取分离、纯化结晶、干燥粉碎、制剂、包装、清洁等过程;从待测物聚集状态看,包括气态、固态、液态等。不同的对象所选用的分析方法和要求亦各不相同,但总的则应具有快速、简便、重现性好等特点。

2. **采样与样品处理的特殊性**　由于制药工业生产物料量大,组成有时不均匀,故采样点是关键,必须注意代表性。样品自动和在线采集及预处理是过程分析的发展趋势。

3. **分析方法的时效性**　制药过程分析方法是建立在对药品生产过程深刻理解的基础之上的。样品采集于生产线,要求在较短时间内迅速获取分析结果信息并及时反馈,以便监测生产环节,调节生产参数,控制生产过程,减小生产风险,从而达到控制生产过程质量的目的。因此,过程分析与一般药物分析要求不同,其时效性是第一要求,而准确度则可以根据实际情况在允许限度内适当放宽。

如物料混合均匀度、混合终点的确定,可选择近红外光谱法、激光诱导荧光法、热扩散法等;制粒的含量均匀度、颗粒粒径和密度的测定可选用近红外光谱法、拉曼光谱法、聚焦光束反射测量法、声学发射法等;颗粒粒径分布可采用激光衍射法、成像分析方法等;水分的测定可采用近红外光谱法;压片和装胶囊的效价、含量均匀度、硬度、孔隙率及重量差异等可选用近红外光谱法、激光诱导荧光法;包衣厚度和均匀度、包衣终点、喷枪与片床距离等测定可选用近红外光谱法、光反射法等。

4. **应用化学计量学建模的重要性**　过程分析化学计量学(chemometrics)是过程检测和过程控制的软件系统,是PAT建立和发展的重要基础。其主要作用是:①检测信号的提取和解析;②过程建模;③过程控制。在制药过程控制中常用的方法包括主成分分析、主成分回归、多变量统计过程控制、偏最小二乘法、聚类分析和人工神经元网络等。

5. **制药过程分析仪器的匹配性**　离线分析方法和所用仪器与一般常规分析方法相同。在线分析仪器应具备对试样的化学成分、性质及含量进行在线自动测量的特点:①具有自动取样和样品预处理系统;②具有全自动化控制系统;③稳定性好,使用寿命长、易维护,能耐受高温、高湿、腐蚀、振动、噪声等工作环境,结构简单,测量精度可以适当放宽。

为了与过程分析相匹配,其仪器结构亦与普通分析仪器有所不同,其自动及在线取样和样品处理系统是关键。过程分析仪器结构如图 7-17 所示。

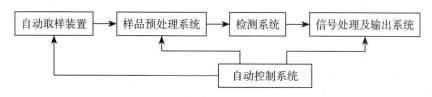

图 7-17　过程分析仪器结构示意图

三、药品生产过程在线质量控制方法与技术简介

（一）在线分析质量控制方法

目前，比较成功应用于 PAT 的有紫外 - 可见分光光度法、近红外光谱法、红外光谱法、拉曼光谱法、X- 射线荧光法、在线光谱法、电化学法、流动注射分析法等。现就常用方法作简要介绍。

1. 紫外 - 可见分光光度法　用于过程分析的紫外 - 可见分光光度计的光源、色散元件、光检测器与普通仪器相同，只是将样品池改为流通池。其测定原理是依据 Lambert-Beer 定律，若需进行显色反应，则在取样器和分光光度计之间增加一个反应池。一般用自动采样器从生产工艺流程中取样，同时进行过滤、稀释、定容等预处理，然后进入反应池，依法加入相应试剂如显色剂等，反应后流入比色池测量。本法适用于在紫外 - 可见区有吸收或能产生一定显色反应、且无其他干扰的液体样品。

2. 近红外光谱分析法　近红外（near infrared，NIR）谱区是波长范围为 780~2500nm（或 12 800~4000cm^{-1}）的电磁波，近红外吸收光谱主要由分子中 C—H、N—H、O—H 和 S—H 等基团基频振动的倍频吸收与合频吸收产生。NIR 信号频率比 MIR 高，易于获取和处理；信息丰富，但吸收强度较弱，谱峰宽、易重叠，因此必须对所采集的 NIR 数据经验证的数学方法处理后，才能对被测物质进行定性定量分析。

在线 NIR 分析系统由硬件、软件和模型三部分组成。近红外光谱分析工作基本流程及工作原理如图 7-18 和图 7-19 所示。

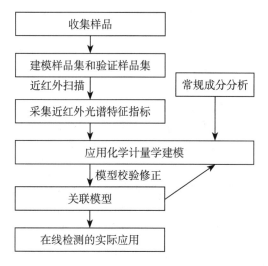

图 7-18　NIR 分析工作流程图

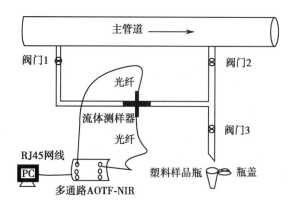

图 7-19　AOTF 近红外光谱仪旁路检测示意图

3. 拉曼光谱法   当按一定方向传播的光子与样品相互作用时,会有一部分光子改变传播方向,向不同角度传播的现象称为光散射。如果光子与物质分子发生非弹性碰撞,相互作用时有能量交换,结果是光子从分子处获得能量或将一部分能量给予分子,散射频率发生变化,这时将产生与入射光波长不同的散射光,相当于分子振动 - 转动能级能量差,这一现象称为拉曼效应,这种散射光称为拉曼(Raman)散射光。

拉曼光谱法(Raman spectroscopy)是建立在拉曼散射基础上的光谱分析法,主要用于物质鉴别、分子结构及定量分析。激光拉曼光谱仪器结构如图 7-20 所示。

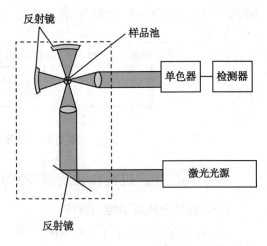

图 7-20   激光拉曼光谱仪器结构示意图

4. 过程色谱分析法   用于工业生产过程分析的色谱,一般称为工业色谱(industrial chromatography)或过程色谱(process chromatography)。与常规实验室分析不同,在过程色谱中,从样本采集、预处理至分析、检测、记录、显示等操作环节都是自动化的。但一般的过程色谱不能进行连续分析,而是间歇、循环式分析。通常循环周期为几分钟到几十分钟。过程色谱主要由取样与样品处理系统、分析系统和程序控制系统等组成。如图 7-21 所示为典型的色谱在线分析系统。过程色谱在药物合成、发酵过程、反应废液分析、易挥发性成分分析、生物药物分离纯化等方面都有较好的应用。

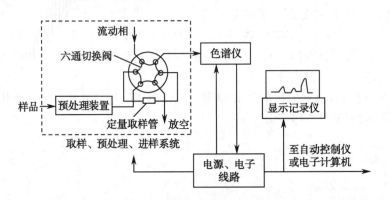

图 7-21   在线色谱系统结构示意图

5. 流动注射分析法   目前流动注射分析法(FIA)在制药过程检测方面的应用报道很多,主要有反应过程检测,废水中废弃物检测,生物发酵过程监测等。如制药工程反应废水中的总磷可采用磷钼蓝比色法进行在线监测;水中氰化物的异烟酸吡唑酮可用流动注射分光光度法检测等。

6. 光纤传感器技术   传感器(sensor)是一种检测装置,能接收被测定信息,并将其按一定规律转换成电信号或其他可识别的信息输出。通常分为物理传感器(physical sensor)和化学传感器(chemical sensor),前者如药物生产过程监控中的温度、压力传感器等;后者主要是由分子识别原件(感受器)和转换部分(换能器)组成。感受器用来识别被测对象,并通过引起某些光、热等物理或化学变化以及直接诱导产生电信号,然后再利用电学测量方法进行检测和控制。

光纤传感器具有以下特点：①可以同时获得多元多维信息，并通过波长、相位、衰减分布、偏振和强度调制、时间分辨、收集瞬时信息等加以分辨，实现多通道光谱分析和复合传感器阵列的设计，达到对复杂混合物中目标物的检测。②光线的长距离传输还可实现生产过程的快速在线遥测或多点同时检测。如近红外光谱仪器可以在线检测 100m 以外的样品。③其灵活性使其易于制成便携式仪器，通过光纤探头，可直接插入生产装置的非正直、狭小的空间中，进行原位、实时、无损定位分析。同时也可以在困难或危险环境中采样分析。

（二）生产中自动化质量控制

自动控制（automatic control）是指在没有人员直接参与的情况下，利用外加的设备或装置（称控制器）使机器、设备或生产过程（称被控对象）的某个工作状态自动地按照预定的参数（即被控量）运行。

自动控制可以解决人工控制的局限性与生产要求复杂性之间的矛盾。生产实行自动控制可以提高产品质量，提高劳动生产率，降低生产成本，节约能源消耗，减轻体力劳动，减少环境污染等优越性。自 20 世纪中叶以来，自动控制系统及自动控制技术得到了飞速的发展，制剂生产中利用自动控制越来越广泛。例如：物料的加热；灭菌温度的自动测量、记录和控制；洁净车间中空调系统的温度、湿度及新风比的自动调节；多效注射用水机中对所产注射用水的温度、电导率检测的控制；注射剂生产中所使用的脉动真空蒸汽灭菌柜对灭菌温度、灭菌时间的自动控制和程序控制等。

1. 固体制剂不合格品剔除　在制剂生产过程中，需要连续对产品进行检测，以控制和保证产品质量或检测生产状况。在粉针剂生产流水线中，为便于对分装、轧盖、灯检等工序进行考核和计算收率，可在各工序后的输送带上设光电计数器，通过计数器全面掌握各工序生产状况。片剂生产中，片重差异是片剂的重要质量指标之一。影响片重差异大小的因素很多，不可能对每片进行称量，难以保证不合格的片子不进入合格产品中。自动剔除片重不合格片子的压片机，其基本原理为：压片中对冲头采用液压传动，所施加的压力已确定，当片重小于或大于合格范围后，冲头所发生的压力也将小于或大于设定值，通过压力传感器将信号传送给压力控制器，通过微机与输入的设定值比较后，将超出设定范围的信号转换成剔除废片的信号，启动剔除废片执行机构，将废片剔除。

2. 灌装制剂不合格品剔除　在制剂生产过程中，需对某一方面进行自动保护，否则将可能影响产品质量或产生其他不利影响。粉针剂生产中的螺杆式分装机的自动保护如下。

（1）防金属微粒的保护：分装机的分装头主要由螺杆和粉盒组成，螺杆和粉盒锥底均由不锈钢制成，螺杆与锥底出粉口的间隙很小。为防止螺杆与出粉口摩擦造成金属微粒进入药粉中，在分装头上增设防金属微粒保护装置，如图 7-22 所示。当螺杆与出粉口相接触，电路即接通，螺杆将停止转动，并报警。

（2）无瓶保护：分装中，西林瓶不断由输送轨道进入等分盘，但难免也有瓶不能进入等分盘，为防止无西林瓶时分装头仍继续下药粉，在等分盘附近设保护装置（图 7-23）。当正常运转时，西林瓶将保护片向外推出（位置 a），保护片的凸出部分挡住光电管，分装头运转，将粉送出。而当等分盘缺口内无瓶时，保护片不动（位置 b），光电管无信号发出，分装控制器未接收到工作指令，分装头不运转，因此不会因无瓶时仍然落粉而污染工作面。

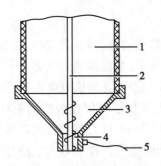

图 7-22　防金属微粒保护装置
1- 粉盒；2- 螺杆；3- 锥底；4- 出粉口；5- 导线

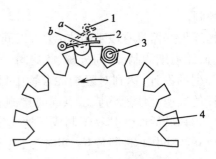

图 7-23　空瓶保护装置
1- 光电管；2- 保护片；3- 西林瓶；4- 等分盘

3. 中药饮片生产过程的在线控制　中药炮制和饮片生产过程的自动控制系统主要包括硬件和软件两大部分。硬件包括控制计算机、各种自动阀门和切换器、自动传感装置、自动测试装置、自动输出装置等；软件包括计算机信息集成软件平台、集散控制系统及可编程控制器等。自动控制系统对生产或炮制过程的温度、压力、流量、液位、重量、浓度或含量等工艺参数和质量参数，进行数据采集、分析、显示、报警和控制，以实现各工艺操作的自动控制。常用的传感器有：光敏传感器、压力敏传感器、湿敏传感器、气敏传感器、热敏传感器等。可根据测定条件、传感器性能和使用条件进行选择。

思 考 题

1. 试述药品的定义及其质量特性，举例说明药品质量控制与其他商品有何不同？

2. 何谓国家药品标准？我国现行的国家药品标准包括哪些内容？

3. 简述《中国药典》2010 年版分为几部？各部分别包含哪些内容？举例说明《中国药典》正文通常包括哪些项目？

4. 简述药品检验工作程序及内容。

5. 试述药品生产过程分析模式及特点。

（贡济宇）

第八章 药品生产监管与质量保证

学习目标
1. 熟悉药品生产质量管理意义及基本含义。
2. 了解政府对药品生产过程的行政监管工作概况。
3. 初步了解药品生产质量管理中的验证、技术转移等基本内容。

第一节 药品生产的监管

药品是关系到人类生命健康的特殊商品。无论中医还是西医,大家都承认"是药三分毒",就反映出药品的特殊性,即药品同时具有治疗性和潜在毒性两个侧面,这就是每一位研究者、生产者、医生和消费者都应该牢记的 Paracelsus(瑞士医生,1493—1541)格言:"所有的物质都是毒物,没有什么物质没有毒性。药物与毒物的区分在于适当的剂量"。

这句话现在可以有更好的描述——理论上讲,所有的药物都可能是毒物,药物与毒物只是剂量上的差异和个体耐受性的不同。例如,葡萄糖是人体最基本的能量物质,但葡萄糖在糖尿病患者血糖过高时也是一种致命的毒物。

因为药品的特殊性,以及在药品研究、生产和临床处方中涉及大量复杂的专业知识,患者个人要获得、分析、判断其所要服用药物的质量、效用与安全性是非常困难的,绝大多数患者只能依靠医生等"第三方"专业人士、专业机构提供的指导。人类历史表明,对于药品这类复杂而特殊的商品,不仅需要生产者、医生等向患者提供质量信息,更需要政府基于法律的授权和强大的法律、行政能力来行使统一的药品基本质量保障。

具体而言,药品行政监管是指政府的相关监督管理机构依据法律授权及法定的药品标准、规章、指南等,对药品的研发、生产、供给、使用过程中的药品质量及影响药品质量工作进行的监管。其目的是:保证药品质量,保障用药安全,维护人民身体健康和用药的合法权益。

这里所说的"监管",其英文对应为 regulation,它是政府干预经济的一种方式,即政府运用公权力,依据法律法规对市场经济主体及其活动进行微观监督和控制;在法学、经济学领域内通常译作"规制"。

一、市场经济中的行政监管作用

中国现在有近 5000 家制药企业、大约 18 万种上市药品。面对如此庞大的药品生产市场,最近几年时有发生的药品安全事故表明,单纯依靠企业自律和市场机制来保障药品生产质量是有严重局限的。按照经济学的理论,如果某一产品的市场失效(market fail),这时需要市场之外的力量介入;人们通常会自然而然想到,市场之外的力量就是政府。

面对市场失效造成的公共利益的损失,欧美国家起初是依赖司法诉讼。然而,相比于司法诉讼的立法迟缓、诉讼冗长和内在的事后救济特性,政府监管因其具有事前防范、快速灵活、更易得到公众监督等,逐渐成为救治市场失灵的首选方式。

一般认为,政府监管主要包括经济性监管、社会性监管两类。经济性监管是确保市场竞争,防止无效率资源配置和确保需要者的公平利用为主要目的;社会性监管是以保障劳动者和消费者的健康、卫生、环境保护等为目的。经济性管制一般是采取市场准入、价格产量调控等手段,社会性管制更多的是靠各种标准进行。

应该注意两点:其一,保证经济活动良性运转的五大支柱是个人、企业、社会组织、政府、法律,法律为前四者提供基本环境,决不能只是依靠"市场"和"政府"这两个手段。其二,欧美国家的政府干预是建立在比较完全的市场经济基础上的,而中国的政府干预则是建立在由过去完全的计划经济逐步转向市场经济的基础上的。

因此,在讨论中国当前的政府监管发展时,要充分认识到现在的政府监管绝不是重新使用过去计划经济时代的微观管理模式,而是在完备的法律基础之上,政府认真履行四大职责:一是提供公共产品与服务;二是维护公平的市场竞争秩序;三是实施宏观调控;四是建立社会保障制度。这就是政府职能转变,实现从微观管理向宏观调控转变并提供基础性公共服务,在政府职能方面建设有限政府,在政府行为方面建设法治政府,在政府信息方面建设开放政府,在政府责任方面建设责任政府。

二、我国药品行政监管的实施

当代政府监管体系建设主要包括三方面。

(1) 健全的法律法规:周密、完备的法律法规为监管工作提供完善的法律基础,公正、严格的程序规章限制规范政府的监管行为。

图 8-1 中,宪法、法律、行政法规(药品管理法实施条例)为法律体系组成;药品生产质量管理规范为部门规章。

(2) 高效的组织机构:监管机构必须在法律授权和公众的控制下独立行使职能,履行严格、公正的行政监管;为此,监管机构需要拥有足够的精通专业知识、了解经济和社会国情的高水平公务员。药品行政监管的组织机构是国家食品药品监督管理总局(CFDA)和地方各级食品药品监督管理局。药品监管队伍主要包括行政监管、技术监督两方面的专业人员。药品行政监管人员主要是指从事

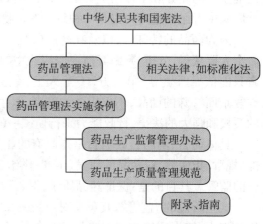

图 8-1　药品生产行政监管的法治框架

安全监管以及稽查执法、政策法规研究与制定等工作的综合管理人员;技术监督人员主要是指从事检验检测以及技术审评、监督检查、监测评价等工作的专业技术人员。

(3) 运用多种政策手段和技术方法:政府监管的主要政策手段可分为限制性、激励性两类,包括制定规章、公布命令、颁发许可证、发布政策指南、进行处罚和提供援助等。在监管实践中,应该"禁止不良行为"与"鼓励优良行为"并重,更好地引入激励性的监管手段。

药品行政监管的政策指南与技术标准主要是由 CFDA 颁发的各种部门规章、管理办法等。

第二节　药品生产质量管理规范（GMP）

GMP（Good Manufacturing Practice for Drugs），翻译为药品生产质量管理规范，是药品生产过程中政府监管的主要模式，从中形成了药品生产和质量管理的基本准则，并且也是药品研究、流通过程中政府监管的重要参考，标志着制药业全面质量管理的开始。

一、药品生产质量管理规范的基本理念

相比其他行业，制药工业具有特殊性，主要因为其所生产的产品直接关系到人的康复、保健、生命安危，所以制药企业的生产管理除应符合一般企业管理要求，还应符合以质量为核心的管理要求。

20世纪60年代以前，工业领域内的产品质量管理主体上是基于质量检验的，其主要方式是对于制造完成后的产品进行抽检。基于第二次世界大战期间大规模军品生产的经历，工业界逐渐认识到产品质量应该是在工艺过程中制造出来的，应该加强工艺过程管理；并且随着对生产过程的系统研究，更发现一些产品的失效是源自设计环节的不完善，因此提出质量也是设计出来的。这就是自20世纪50年代起在欧美、日本等国家兴起的全面质量管理活动。

同时，战后火箭、卫星、载人宇宙飞船的发射，对于产品质量有着更高的要求——即"零缺陷"；类似地，在原子能发电设备、高压蒸汽锅炉等设备的生产、使用中，对于质量、质量管理的认识也在不断深化。由此，工业界开始意识到，应该对产品质量、质量管理这些相互关联且对于生产和消费都十分重要的问题进行系统化思考，并且建立结构化管理方法。

适逢此时，出现了"反应停"悲剧，制药行业因公众和政府的压力，必须建立系统化的生产与质量管理体系，这就是1963年美国食品和药物管理局（FDA）着手推行的GMP模式。

我国"药品生产质量管理规范（2010年修订）"第3款指出：**本规范作为质量管理体系的一部分，是药品生产管理和质量控制的基本要求。旨在最大限度地降低药品生产过程的过程中污染、交叉污染以及混淆、差错等风险，确保持续稳定地生产出符合预定用途和注册要求的药品。**

GMP的基本理念（图8-2）是：建立一套系统、完善、文件化的质量保障体系，防止差错、污染和混淆，不给任何偶然发生的事件任何机会，确保生产出安全、均一、稳定、符合质量标准的药品。图8-2中的"全流程控制"是指控制生产工艺、控制供应商、控制产品质量。

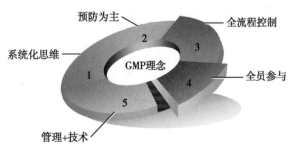

图 8-2　GMP 核心理念

我国"药品生产质量管理规范（2010年修订）"比较全面地体现了全面质量管理的理念，设定了第2章"质量管理"，强调"企业应当建立药品质量管理体系"。

必须强调的是，质量是人做出来的，一切强化、优化质量管理体系的行动最后都必须通过员工的动作来实现，再多、再完善的管理文件也不会自己转化成产品质量。一切参与药品生产的人员应该牢固树立四个意识：遵守法规，质量在我，规范操作，持续改进。我们应该始

终牢记:唯有经过充分培训、诚实、有责任心的员工,才是药品生产质量的真实保证。

二、药品生产质量管理规范的基本框架

"药品生产质量管理规范(2010年修订)"正文共计14章313条31 712字,另外根据需要编制附录,现已有无菌药品、原料药、生物制品、血液制品、中药制剂5个附录正式发布,另有医用氧及中药饮片2个附录正在审批中。

2010年版GMP规范的编写体例与欧盟GMP指南一致,这是出于多方面的考虑,包括:由于历史原因,一直以WHO和欧盟文件为参考;欧盟GMP与PIC/S组织GMP基本一致,便于中国争取加入PIC/S组织,实现GMP检查的国际互认。

为了加快我国药品生产与质量管理工作的步伐,"药品生产质量管理规范(2010年修订)"对国际先进GMP标准中凡不采纳将危及药品生产安全的相关内容予以直接采纳;反之,则就依国情决定是否采纳或采纳时加以变通。

药品生产质量管理规范体现了硬件、软件和人员层次上的系统设计:硬件是实施GMP和药品生产的平台;软件是药品良好质量的设计和体现;人员是软硬件结合的实施主体,是工作质量的直接表现。

与其他管理体系一样,GMP也可以按人员(人)、设备与厂房(机)、原辅料和用具及包装(料)、生产与管理文件(法)、生产现场与卫生要求(环)等(亦可简称为:人、机、料、法、环五要素)五方面加上质量管理系统来认识(图8-3)。

2010年版GMP规范强调了文件化质量管理系统的建立与运行、验证是质量保证工作的基础和风险控制作为关键点选择方法等3个策略,建立了对人员资质和培训、非正常生产与变更两大薄弱领域的重点关注。

针对国内实践,强调了生产要求与注册审批要求的一致性,注重与《药品召回管理办法》的衔接,规定企业应当召回存在安全隐患的已上市药品,细化了召回的管理规定,进而对质量管理、质量保证、质量控制与GMP之间的关系给予了说明。图8-4表示出GMP的建立与实施的基本内容。2010年版GMP规范在第4条清晰地表示:"企业应当严格执行本规范,坚持诚实守信,禁止任何虚假、欺骗行为。"

图8-4中,保持产品质量的持续稳定可以这样理解——稳定不一定仅是不变,可控制的变化也是稳定,关键是要对变化进行有效控制。基于这样的考虑,有8个概念应予重点注意:变更控制、偏差处理、纠正和预防措施(CAPA)、产品质量回顾分析、

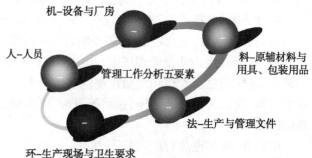

图8-3 管理工作分析要素

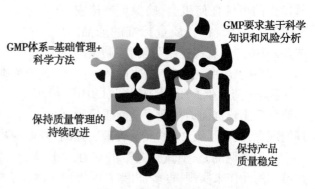

图8-4 GMP的建立与实施

质量风险管理、超标结果调查(OOS)、持续稳定性考察计划、供应商审计与确认。这8个概念分别涉及对于变化的主动或被动管理。

《药品生产质量管理规范》只是政府监管机构对于药品生产企业进行的药品生产的行政性规章,体现的只是对制药企业药品的生产与质量管理活动的最基本或者说最低要求。企业的生产和质量管理改进永无止境,药品生产质量管理规范指示的只是起点,绝不是终点。

三、质量风险管理

企业是否具有风险意识,是其管理现代化能否达成的标志之一。风险管理强调的是事前的预防和对根本原因的调查,以确保决策的合理性。国际标准组织在2009年发布的"风险管理—原则与指南"中描述了风险管理的第一原则:控制损失,创造价值。

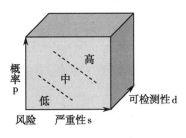

图 8-5　风险的衡量

风险是损害发生的可能性(概率 p)与严重性(损失 s)的组合,是风险分析的主要内容;但很多情况下,风险是否比较容易被检测到也是一个关键性因素,需要引入第三个指标——可检测性(d)(图 8-5)。例如,对于空调系统,湿度的变化对于药品质量生产造成的损害严重程度可能不算太大,但是对湿度的精密监测在技术上是有一定难度的,因此,空调系统的湿度由于可检测性不高而可能成为风险管理中一个需要重点关注的对象。

风险管理的基本程序如图 8-6 所示,包括风险识别、风险评价、风险控制和风险管理效果评价等环节。

风险管理是　个很有用的工具,但是在风险评价时需要历史数据来判断风险发生的概率。缺乏可信的历史数据,则风险的发生概率无从确定,也就无法合理、有效地实施风险分析、风险控制。

世界卫生组织 1992 年的 GMP 指南中就提出:药品应适用于预定用途,符合药品法定标准的各项要求,避免消费者承接安全、质量和疗效的风险。WHO 将风险意识与全面质量管理结合,促使人们对药品整个生命周期的风险管理予以重视。

进入 21 世纪后,药品质量管理理念进一步发展,对药品质量管理工作中的风险因素、风险分析、风险控制等逐渐得到重视,在工业、金融领域,尤其是与药品生产关系紧密的食品生产领域内的风险管理思想开始普及。2002 年,美国 FDA 首先鼓励在质量管理体系中运用风险管理方法。

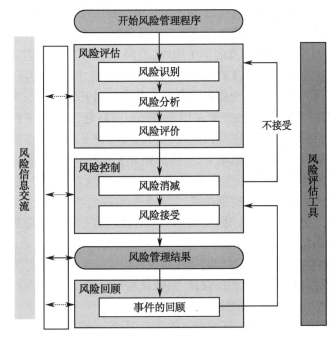

图 8-6　风险管理框架

中国"药品生产质量管理规范(2010年修订)"引入了质量风险管理的概念,并相应增加了一系列新要求,如:供应商的审计和批准、变更控制、偏差管理、超标(OOS)调查、纠正和预防措施(CAPA)、持续稳定性考察计划、产品质量回顾分析等。这些制度分别从原辅料采购、生产工艺变更、操作中的偏差处理、发现问题的调查和纠正、上市后药品质量的持续监控等方面,对各环节可能出现的风险进行管理和控制,促使生产企业建立相应的制度,及时发现影响药品质量的不安全因素,主动防范质量事故的发生。

药品的质量风险管理,是根据产品质量的风险、特别是对患者的风险,进行科学合理的资源安排,摆脱平均分摊资源的不合理状态。在成功地采用基于风险的方法以后,企业最终将能取消那些对确保药品安全性或质量无意义的生产控制,从而在保证药品生产质量的同时降低成本、提高收益。

第三节   药品生产验证

一、药品生产验证的引入

在制药行业中,验证(validation)是一个核心理念。验证的三个要素是:文件化,预先设定准则,重复实施。与其他工业领域一样,制药行业早期的质量管理主要是借助对产品的质量检验,尤其是样品抽验。20世纪20年代,美国休哈特等人将数理统计运用于质量管理,引入控制图,开始形成"样品抽检 + 事前预防"的质量管理体系,这一模式在第二次世界大战时期的美国军工生产中得到广泛应用。

战后,科技推动的生产力快速发展,仅在制造过程中进行质量控制不能保证产品质量的最终实现。自20世纪50年代起,美国开始系统研究可靠性技术;60年代,又提出"全面质量管理"理念。20世纪五六十年代,欧美多国均出现输液产品带菌导致败血症的各种病例。此时的药品监管官员即开始觉得已有的质量管理手段存在很大的不足。对此,他们原设想借助更大规模的统计过程控制技术来改进。

1971年3月的第1周内,美国7个州的8家医院发生了150起败血症病例;1周后,败血症病例增至350人;1971年3月27日止,总数达到405例,污染源为欧文菌或阴沟肠杆菌。据美国国会总审计办公室的统计,1965年7月1日至1975年11月10日期间,从市场撤回大容量注射剂产品的事件超过600起,410名患者受到伤害,54人死亡。其间,1972年,英国德旺波特医院自制葡萄糖输液导致6起败血症病例。调查发现,蒸汽灭菌柜的排气阀被碎玻璃和废纸堵塞、温度计损坏加上抽样和检测方法有失误,导致冷空气无法顺利排出,局部温度不达标。检查结论是生产过程无法保证产品质量。

FDA成立特别小组,对美国的输液生产进行全面的调查,调查的内容包括:

- A. 水系统:包括水源、预处理,纯化水及注射用水生产及分配系统,灭菌冷却水系统;
- B. 厂房及空调净化系统;
- C. 灭菌柜的设计、结构及运行管理;
- D. 产品的最终灭菌;
- E. 氮气、压缩空气的生产、分配及使用;
- F. 与产品质量相关的公用设备;

- G. 仪表、仪器及实验室管理；
- H. 注射剂生产及质量控制的全过程。

调查表明，与败血症案例相关的批次并不是由于企业未进行无菌检查或违反药事法规的条款将无菌检查不合格的批号投入进市场，而在于无菌检查本身的局限性、设备或系统设计建造的缺陷以及生产过程中的各种偏差及问题。

FDA 调查组认为，输液产品的污染与各种因素有关，如厂房、空调净化系统、水系统、生产设备、工艺等，关键在于工艺过程。例如，调查中发现厢式灭菌柜设计不合理，安装在灭菌柜上部的压力表及温度显示仪并不能反映出灭菌柜不同部位被灭菌产品的实际温度；产品密封的完好性存在缺陷，以致已灭菌的产品在冷却阶段被再次污染；操作人员缺乏必要的培训等。

FDA 将这类问题归结为"过程失控"——企业在投入生产运行时，没有建立明确的控制生产全过程的运行标准，或是在实际生产中缺乏必要的监控，以致工艺运行状态出现了危及产品质量的偏差，而企业并未觉察，更谈不上及时采取纠偏的措施。

1974 年，FDA 的 Ted Byers 和 Bud Loftus 发表论文，提出用"过程验证"（process validation）来改变"过程失控"，应该"通过验证确立控制生产过程的运行标准，通过对已验证状态的监控，控制整个工艺过程，确保质量"。他们当时的想法或许也是基于人们所熟知的科学研究模式：提出假设或预测（编制验证方案），进行现场试验（验证），撰写总结报告（记录并处理试验数据）。

自此，"validation"进入药品生产质量管理，基于风险分析之上的关键影响因素验证将是药品生产的质量保证体系建设的中心任务。

二、药品生产验证实施

"药品生产质量管理规范（2010 年修订）"在第二章"质量管理"中的第 9 条"质量保证系统"处指明其功能包括"确认、验证的实施"；第 10 条"生产质量管理要求"中明确"生产工艺及其重大变更均经过验证"。单列第七章"确认与验证"（第 138-149 条），说明了在药品生产中进行确认、验证工作的主要内容。

（一）确认与验证

"药品生产质量管理规范（2010 年修订）"对验证的定义是——证明任何操作规程（或方法）、生产工艺或系统能够达到预期结果的一系列活动；对于确认的定义是——证明厂房、设施、设备能正确运行并可达到预期结果的一系列活动。

确认针对"硬件"，验证面向"软件"；确认要求能"正确运行"，验证只要求达到结果。因此，相比于"软件"达到预期结果，"硬件"的"正确运行"究竟有什么特殊的含义？

进一步的分析可以发现，"硬件"本身有一定的通用性，其功能发挥"正常"即是"正确运行"；而"软件"是针对特定对象设计的，只能用于特定产品的实现。因此，借用软件开发的术语，确认是面向设备的机能，而验证面向工艺的结果。例如，我们对压片机进行确认，以了解其是否能正常地进行设计指标内的各种规格的、形状的片剂压制；我们同时对 8mm 圆形单层片压片工艺进行验证，以便了解其能否保证获得所需规格的片剂产品。这里，我们知道，为了实施压片工艺验证，必须首先通过对压片机的确认。这就是我们为什么要引入"确认"这一术语。

最后，明确一下：在制药行业中，我们是在设备、设施确认的基础上进行工艺验证的。

(二) 验证工作基本内容

验证工作主要内容如图 8-7 所示。

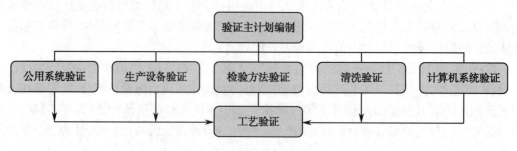

图 8-7 验证工作主要内容

通常,生产过程验证必须包括:空气净化系统、工艺用水系统、生产工艺及其变更、设备清洗、主要原辅料变更;对于无菌生产过程还应增加灭菌设备、药液过滤与灌封系统。

过程(工艺)验证的目的是:为系统控制提供文件化依据,评价生产方法,保证工艺/产品达到标准,保证可靠性,保证产品均一。

过程(工艺)验证的前提是:空气净化、水系统、公用工程系统的运行已经过验证合格,生产设备已完成仪器的校正和确认,检验方法已通过验证,原辅料、内、外包装材料供应商已通过质量审计,人员已经过相关培训,标准规程等已建立。

(三) 验证的组织

企业应制订验证主计划(validation master plan),阐述企业应进行验证的各个系统、验证所遵循的规范、各系统验证应达到的目标,即验证合格标准和实施计划。验证主计划应覆盖生产工艺、清洁程序、分析方法、中间控制测试程序以及计算机系统的验证。此外,还应规定起草、审核、批准和实施验证各阶段工作人员的职责和要求。

企业可设立专职机构,如验证委员会,或者质量部内设验证部门或专职验证工程师;也可以组建临时的项目管理机构,设立项目验证经理、验证小组等。

三、药品生产验证的正确运用

验证概念的引入,标志着 GMP 由质量控制层次发展到质量保证层次,有力地促进了药品生产质量的稳定和提高。

(一) 确定验证对象

可以参考以下 5 点来考虑是否进行验证:

(1) 确认和验证的范围和程度应经过风险评估来确定;

(2) 厂房设施设备、仪器应确认,生产工艺、操作规程和检验方法保持连续验证状态;

(3) 新生产工艺在采用前,应验证其常规生产的适用性;

(4) 当影响产品质量的主要因素发生变更时,应进行确认和验证;

(5) 清洁方法应当验证,防止交叉污染;

(6) 确认和验证不是一次性行为,生产工艺和操作规程应定期再验证。

(二) 验证实施程度

验证的实施范围理论上可以说是无限制的,但是验证是需要投入大量的人力、物力和财力的,可以从现实性、可验证性和安全性 3 个侧面(图 8-8)进行一定的权衡。

（1）现实性：验证不能超越客观条件限制，或造成沉重的经济负担，以致无法实施。

（2）可验证性：标准是否达到，可以通过检验或者其他手段加以证实。

（3）安全性：应能保证产品的安全性。

（三）充分发挥验证在工艺改进中的支撑作用

"药品生产质量管理规范（2010 年修订）"体现了"实施 GMP 应基于科学知识和风险分析"的理性思维，承认任何 GMP 法规都不可能把药品生产方方面面的细节要求都规定清楚，对于法规没有

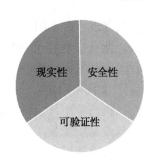

图 8-8　验证项目评价

明确规定的，企业可基于科学和风险来判断可采纳的恰当方式或方法。在药品生产实践中，因工艺、设备、人员的不同，企业在每件事上的具体做法都会有所不同，可以采用经过验证的替代方法。

这就是验证为工艺技术改进提供的科学化、文件化支持。为了充分发挥验证的效用，需要对影响产品属性和工艺过程的全部变量有深刻的理解，完整采集数据并进行正确的统计处理。

第四节　药品技术转移

技术转移，technology transfer，最早是由美国为把其空间技术向民用部门扩散而提出的，现在经济学者常指技术在技术领域之间或地理地域之间的流动和渗透。经济学者对此进行了大量的研究。但是在制药行业，技术转移有着特定的含义，对药品生产有着重要影响。

一、药品技术转移的概念

药品技术转移是指将产品研究、工艺研究、质量标准研究相关的知识由产品研发机构或原生产厂（持有方）转移到特定的产品生产厂（接收方）的系统工作。药品技术转移可覆盖的范围较大，既包括从技术开发机构向生产部门的垂直转移，也包括不同企业之间、同一企业不同生产设施之间的水平转移。

垂直转移模式中还可以进一步扩展到药物发现 - 药品工艺开发之间的技术转移，在实践中比较重要的是企业外的研究机构向企业的开发部门进行的新药生产技术转移。

水平转移模式主要是已注册进行生产的药品在不同生产设施之间的生产转移，转移相关的生产设施可以是同一个厂区的新旧车间，也可以是同一企业不同厂区的两个车间（如从夏威夷工厂转移到乌兰巴托工厂），也可以是两个公司之间的转移（如通过收购、兼并而引入国外产品在国内生产）等。水平转移模式的核心是确保技术转移能够有效支持产品生产变更的申请与审核。

对药品技术转移的重点关注，目的在于通过工作流程和标准的执行，降低风险；实现一次性成功，提高工作效率；缩短转移时间，节约成本；提高管理水平。

确保技术转移成功的基本原则：一致的质量体系和工艺，接收方早期参与，完整的工艺理解，基础设施的匹配，过程风险评估，全规模验证。

显然，药品技术转移工作的质量将直接决定药品生产过程能否顺利实现、产品质量能否

达到要求。日本国立卫生研究院和世界卫生组织都编写、公布了药品技术转移的建议文件，国际制药工程协会(ISPE)、注射剂协会(PDA)已经出版了两部关于药品技术转移的指南。我国的药品审评中心也于2013年5月公布了"新药研发生产技术转移指导原则(征求意见稿)"，文稿中指出：

新药生产技术转移的内容包括生产工艺、中控项目、原辅料和成品标准、检验方法及其他与产品质量相关联的技术、知识。以上内容，在实验室研究开发阶段已经确立，但仅适用于实验室规模产品的生产。对于商业化生产，需要对以上内容进行评估，必要时，有些内容可能需要修改。

新药生产技术转移是一个比较大的项目，不是一朝一夕就能完成的，需要涉及多部门或机构，所需费用也较多。商业化生产能得到与实验室样品同样质量的产品、按时、在预算范围内完成转移，是衡量药品技术转移是否成功的标尺。

药品技术转移对于当前的中国制药行业而言有着更为重要的价值。我们多简单地认定国内企业的生产技术水平不高，但就其历史原因而言，常可用"不合格的药品技术转移"加以说明。技术接收企业没有严格的技术转移管理程序和相关知识、甚至更多时根本不知道"药品技术转移"这个规范性环节，无法对技术提供方提出严格、全面的技术要求，也就无法进行系统、完整的技术考核；而技术提供方面对如此"宽松"的技术接收方，自然没有压力和动力去完善技术研究和资料准备。由此进行的药品技术转让，其可靠性、稳健性可想而知；企业也不得不仅将技术转让资料作为参考，自己重新进行现场技术开发与工艺设计。

因此，普及"药品技术转移"的概念、方法，可以显著提高企业药品生产和质量控制水平，进而逼迫上游技术提供方付出空前的努力以全面理解工艺过程、系统研究技术细节和编撰完整转移文件。

二、药品技术转移的实施

药品生产技术转移通常按图8-9所示的基本流程实施。

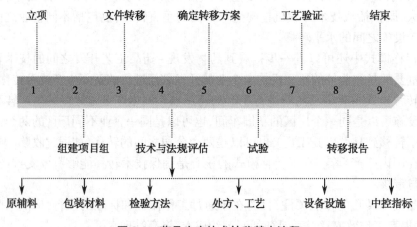

图8-9 药品生产技术转移基本流程

1. 建立项目负责人及项目组 由持有方(研发单位或部门／原生产商)和接收方共同组建药品技术转移项目组，项目负责人应由接收方担任。转移小组的人员构成(包括但不限于)：

研发部门(持有方)、生产部门(接收方/持有方)、质量部门(持有方+接收方)、供应部门(持有方+接收方)、工程部门(如适用)(持有方+接收方)。

2. 建立项目计划和进度表　转移过程中,首先由项目负责人建立进度表和各项转移任务的职责;协调并跟踪项目的进程。

3. 技术文件准备和传递　项目负责人应与持有方(研发单位或部门或原生产厂)联系获取需要的文件资料和样品以及帮助,包括:化学、生产和工艺控制(chemistry, manufacturing and control, CMC)文件,原料供应商和标准,产品和药品包装样品,对产品和生产工艺、产品检验的技术培训。

4. 变更控制　转移过程中,项目负责人启动工厂的产品变更控制,并进行法规符合性评估以及差距分析。

5. 转移项目　转移项目过程中,质量、生产及供应部门需获取的相关信息分别为:

(1) 质量部门
- 持有方(研发单位或部门/原生产厂)和接收方之间的生产技术合同;
- 原辅料、包装材料和中间产品的内控标准以及产品质量检验报告;
- 分析方法验证或分析方法转移以及稳定性研究方案。

(2) 生产部门
- 生产处方、生产规程及工艺流程图;
- 制备工艺验证方案;
- 图纸(如冲模、铝塑泡罩模具)及其编号方法;
- 包装设计和样品试机;设备系统能力的和资格确认;
- 设施、公用系统的能力和资格确认。

(3) 供应部门
- 原辅料供应商信息、审批;
- 包装材料供应商信息、审批;
- 准备用于试机的包装材料样品。

6. 验证　验证作为技术转移的关键性环节,接收方在技术转移开始阶段就应该着手考虑验证。技术转移中的验证应包括:

(1) 设备与系统的确认,以确定是否需要新购置或改造现有设备设施。

(2) 清洁验证,需要评价所转移工艺过程的清洁要求是否影响目前清洁验证状态,如果确认对当前清洁验证系统状态有影响,则应进行清洁验证。

(3) 分析方法验证,采用药典收载的方法应至少进行系统适应性确认,企业内部的技术转移需要在比较持有方和接收方实验室设备和能力的基础上,按照既定的方案,两方共同进行样品检验和分析方法传递,企业外部进行的技术转移则应进行分析方法验证。

(4) 工艺验证,通过风险评估的方法确定预验证批次以及验证的范围和方法。

7. 编写技术转移报告　完成所有转移任务,编写技术转移工作报告,提交申报资料,待获得国家食品药品监督管理总局批准后进行注册产品的生产。

因此,药品生产技术转移完全实施的更为详细的参考流程如图8-10所示。

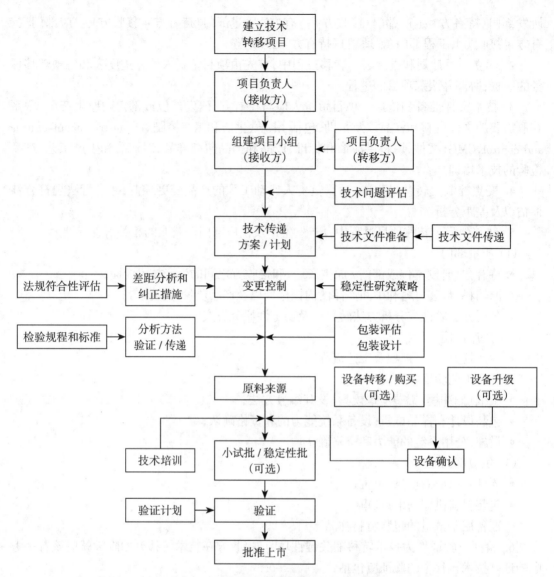

图 8-10 药品生产技术转移实施参考流程

思 考 题

1. 药品生产的行政监管有何必要？包括哪些基本内容？
2. 简述 GMP 的基本含义。实施 GMP 包括哪五方面的要素？
3. 注意药品生产风险有何意义？有哪些基本内容？
4. 何为药品生产验证？其基本内容有哪些？
5. 实施药品生产技术转移的基本流程包括哪些内容？

（承　强）

第九章 制药工程设计

> **学习目标**
> 1. 初步熟悉工艺流程设计的内容,物料衡算和能量衡算的意义。
> 2. 了解制药洁净车间布置的一般要求,车间布置设计的程序。
> 3. 初步了解制药工程设计程序,车间组成及布置形式。

第一节 概 述

一、制药工程设计的基本概念和程序

制药工程设计是以药学理论和工程技术为基础,结合具体的制药工程项目和生产实际进行筹建、策划和设计,从而实现药品规模生产和质量控制的一项综合性技术工作。其研究对象就是如何组织、规划并实现药物的人规模工业化生产,最终成果是建设一家质量优良、生产高效、运行安全、环境达标的药物生产企业。制药工程设计属于国家基本建设的一个重要组成部分,有一定的规范程序可以遵循。在尊重客观规律的基础上,还要遵守制药工程项目设计的程序和规范,诸如国家医药管理局颁发的《GMP 医药设计规范》、《医药工业洁净厂房设计规范》等。制药工程设计的内容既包括新产品的规模化生产设计,也包括现有生产工艺的技术革新和改造。根据制药工程项目生产的产品形态不同,医药工程项目设计可分为原料药生产设计和制剂生产设计,根据医药工程项目生产的产品不同,医药工程项目设计可分为合成药厂设计、中药提取药厂设计、生物制剂药厂设计等。

制药工程项目从计划建设到交付生产整个过程分为设计前期、设计中期和设计后期三个阶段,三个阶段前后衔接,基本工作程序如图9-1所示。其中项目建议书、批准立项、可行

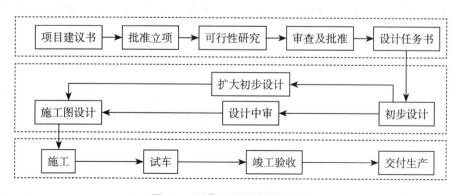

图 9-1 制药工程设计基本程序

性研究、审查及批准和设计任务书为设计前期,初步设计、设计中审和施工图设计为设计中期,而施工、试车、竣工验收和交付生产等则统称为设计后期。

根据制药工程项目的生产规模、所处地区、建设资金、技术成熟程度和设计水平等因素的差异,设计工作程序可能有所变化。例如,对于一些技术成熟又较为简单的小型工程项目(如小型制药厂、个别生产车间或设备的技术改造等),工程技术人员可按设计工作的基本程序进行合理简化,以缩短设计时间。

(1) 项目建议书:项目建议书是法人单位根据国民经济和社会发展的长远规划、行业规划、地区规划,并结合自然资源、市场需求和现有的生产力分布等情况,在初步调研的基础上,向国家、省、市有关主管部门推荐项目时提出的报告书,主要说明项目建设的必要性,同时初步分析项目建设的可能性。其主要内容有:项目建设的背景、工艺技术方案、投资的必要性和经济意义、产品方案及拟建生产规模、工艺技术方案等。项目建议书是投资决策前对工程项目的轮廓设想,是为工程项目取得立项资格而提出的。项目建议书经主管部门批准后,即可进行可行性研究。

(2) 可行性研究:可行性研究是根据国民经济发展的长远规划、地区发展规划和行业发展规划的要求,结合自然和资源条件,对工程项目的技术性、经济性和可实施性,进行系统的调查、分析和论证,并作出是否可行的科学评价。可行性研究的成果是编写可行性报告,根据《医药建设项目可行性研究报告内容规定》(GSJ26-93),可行性报告应包括总论,需求预测,产品方案及生产规模,工艺技术方案,环境保护,投资估算,研究结论等内容。从技术、经济等方面论述工程项目建设的可行性,列出项目建设存在的主要问题,得出可行性研究结论。可行性报告是设计前期工作的核心,其研究报告是国家主管部门对工程项目进行评估和决策的依据。

(3) 设计任务书:设计任务书是在可行性研究报告的基础上,从技术、经济效益和投资风险等方面对工程项目进行进一步分析,若确认项目可以建设并能落实建设投资,则编制出设计任务书,报国家主管部门批准后下达给设计单位,作为设计的依据。设计任务书是确定工程项目和建设方案的基本文件,是设计工作的指令性文件,也是编制设计文件的主要依据。

(4) 初步设计:初步设计是根据设计任务书、可行性研究报告及设计基础资料,对工程项目进行全面、细致的分析和研究,确定工程项目的设计原则、设计方案和主要技术问题,在此基础上对工程项目进行初步设计。初步设计阶段的成果主要有初步设计说明书、总概算书和配套的设计图纸,其内容一般包括总论、总平面布置及运输、制药工艺设计、土建工程设计、工程概算以及有关附件等。在初步设计阶段,工艺设计是整个设计的关键。

(5) 施工图设计:施工图设计是根据初步设计及其审批意见,完成各类施工图纸、施工说明和工程概算书,作为施工的依据。施工图设计阶段的主要工作是使初步设计的内容更完善、更具体、更详尽,达到施工指导的要求。施工图设计阶段的主要设计文件有图纸和说明书。

(6) 施工、试车、验收和交付生产:工程项目建设单位(甲方)应根据批准的基建计划和设计文件,在具备施工条件后,通过公开招标的方式选择施工单位(丙方)。施工单位(丙方)应根据设计单位(乙方)提供的施工图,编制好施工预算和施工组织计划。施工前,由项目建设单位、施工单位和设计单位对施工图进行会审,明确工程质量要求。

工程项目在施工完成后,应及时组织设备调试和试车工作。调试过程总的原则是:从单机到联机到整条生产线;从空车到以水代料到实际物料。当试车正常后,由建设单位组织施工和设计等单位按工程承建合同、施工技术文件及工程验收规范组织验收,并向主管部门提交竣工验收报告,绘制竣工图以及整理技术资料,在竣工验收合格后,作为技术文件交由生产单位保存;建设单位编写工程竣工决算书,报上级主管部门审查。验收合格后,工程项目即可交付使用方,形成产品的生产能力。

二、制药工程设计的基本规范

制药工程设计必须执行一定的规范和标准,才能保证设计质量。标准主要指企业的产品,规范侧重于设计所要遵守的规程。标准与规范是不可分割的,由于它们会不断更新,设计人员要将最新的内容用于设计中。按指令性质可将标准和规范分为强制性与推荐性两类。强制性标准是法律、行政法规规定强制执行的标准,是保障人体健康、安全的标准。而推荐性标准则不具有强制性,任何单位均有权决定是否采用,如违反这些标准并不负经济或法律方面的责任。按发行单位又可将规范和标准分为国家标准、行业标准、地方标准和企业标准。表 9-1 为制药设计中常用的有关规范和标准。

表 9-1 制药设计中常用的有关规范和标准

标准名称	颁布(修订)时间及机构
《药品生产质量管理规范》	2010 年修订,国家食品药品监督管理局
《药品生产质量管理规范实施指南》	2010 年修订,国家食品药品监督管理局
《医药工业洁净厂房设计规范》(GB50457-2008)	2008 年修订,住房和城乡建设部
《洁净厂房设计规范》(GB50073-2001)	2009 年修订,信息产业部
《建筑设计防火规范》(GB 50016-2006)	2006 年修订,住房和城乡建设部
《爆炸和火灾危险环境电力装置设计规范》(GB50058-1992)	1992 年修订,国家技术监督局,住房和城乡建设部
《工业企业设计卫生标准》(GBZ1-2010)	2010 年修订,卫生部
《污水综合排放标准》(GB8978-1996)	1996 年颁布,环境保护部
《工业企业厂界噪声标准》(GB12348-2008)	2008 年颁布,环境保护部,国家质量监督检验检疫总局
《工业企业采暖通风与空气调节设计规范》(GB50019-2003)	2003 年颁布,住房和城乡建设部
《工业企业采光设计标准》(GB50033-91)	1991 年颁布,住房和城乡建设部
《工业企业照明设计标准》(GB50034-92)	1993 年颁布,住房和城乡建设部
《化工企业安全卫生设计规定》(HG20571-95)	1995 年颁布,原化学工业部
《化工装置设备布置设计规定》(HG/T 20546-2009)	2009 年颁布,工业和信息化部
《自动化仪表选型设计规定》(HG/T20507-2000)	2000 年颁布,国家石油和化学工业局

第二节 工艺设计及设备选型

一、工艺流程设计与优化

制药工程设计的基础是工艺设计,工艺流程设计亦是工艺设计的核心,也是工程设计中最重要和最基础的设计步骤,对后续的物料衡算、能量衡算、工艺设备设计、车间布置设计和管道布置设计等单项设计起着决定作用,并与车间布置设计一起决定着车间或装置的基本面貌。按照产品的工艺技术成熟程度,工艺流程设计分为试验工艺流程设计和生产工艺流程设计两大类。对工艺技术比较成熟的产品,如国内已大量生产的产品、技术比较简单的产品以及中试成功需要通过设计实现工业化生产的产品,其工艺流程一般属于生产工艺流程设计;而对于仅有文献资料、尚未进行试验和生产且技术比较复杂的产品,其工艺流程设计一般属于试验工艺流程设计。工艺流程设计的任务是在确定的原料路线和技术路线的基础上,通过图解和必要的文字说明将原料变成产品(包括污染物治理)的全部过程表示出来,一般包括下列具体内容。

(1) 确定工艺流程的组成:确定工艺流程中各生产过程的具体内容、顺序和组合方式,是工艺流程设计的基本任务。生产过程是由一系列的单元反应和单元操作组成的,在工艺流程图中可用设备简图和过程名称来表示;各单元反应和单元操作的排列顺序和组合方式,可用设备之间的位置关系和物料流向来表示。

(2) 确定载能介质的技术规格和流向:制药生产中常用的载能介质有水、蒸汽、冷冻盐水、空气(真空或压缩)等,其技术规格和流向可用文字和箭头直接表示在图纸中。

(3) 确定操作条件和控制方法:保持生产方法所规定的工艺条件和参数,是保证生产过程按给定方法进行的必要条件。制药生产中的主要工艺参数有温度、压力、浓度、流量、流速和 pH 等。在工艺流程设计中,对需要控制的工艺参数应确定其检测点、显示仪表和控制方法。

(4) 确定安全技术措施:对生产过程中可能存在的各种安全问题,应确定相应的预防和应急措施,如设置报警装置、爆破片、安全阀、安全水封、放空管、溢流管、泄水装置、防静电装置和事故贮槽等。在确定安全技术措施时,应特别注意开车、停车、停水、停电等非正常运转情况下可能存在的各种安全问题。

(5) 绘制不同深度的工艺流程图:工艺流程设计通常采用两阶段设计,即初步设计和施工图设计。在初步设计阶段,需绘制工艺流程框图、工艺流程示意图、物料流程图和带控制点的工艺流程图;在施工图设计阶段,需绘制施工阶段带控制点的工艺流程图。

工艺流程框图是一种定性图纸,是最简单的工艺流程图,其作用是定性表示出由原料变成产品的工艺路线和顺序,包括全部单元操作和单元反应。图9-2是阿司匹林的生产工艺流程框图。图中以方框表示单元操作,以圆框表示单元反应,以箭头表示物料和载能介质的流向,以文字表示物料及单元操作和单元反应的名称。

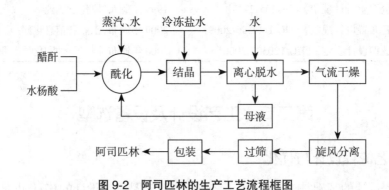

图9-2　阿司匹林的生产工艺流程框图

在工艺流程框图的基础上,分析各过程的主要工艺设备,在此基础上,以图例、箭头和必要的文字说明定性表示出由原料变成产品的路线和顺序,绘制出工艺流程示意图。图 9-3 是阿司匹林的生产工艺流程示意图。图中各单元操作和单元反应过程的主要工艺设备均以图例(即设备的几何图形)表示,物料和载能介质的流向以箭头表示,物料、载能介质和工艺设备的名称以文字表示。

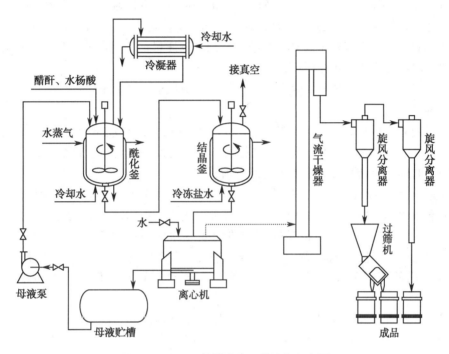

图 9-3　阿司匹林的生产工艺流程示意图

(6) 工艺流程优化:在进行工艺流程设计时,应以工业化实施的可行性、可靠性和先进性为基点,使流程满足生产、经济和安全等多方面的要求,因此设计流程需不断优化。一般涉及以下几方面:①根据生产规模、产品品种、设备能力等确定生产线数目;②根据物料性质、反应特点、生产规模、工业化条件是否成熟等因素,决定采用连续、间歇或是联合的操作方式;③考虑主要设备生产能力,提高设备利用率;④考虑全流程的弹性;⑤以化学反应为中心,完善生产过程;考虑物料回收,循环套用,提高能量利用率,降低能耗;⑥合理设计各单元操作,从全系统最优出发,确定各单元的流程方案和设备类型等;⑦工艺流程的完善与简化,整个流程确定后,还要全面检查、分析各过程的操作手段和相互连接方法,要考虑非正常生产状态下的预警和防护措施。

二、物料与能量衡算

(一) 物料衡算

在制药工程设计中,当工艺流程示意图确定之后,即可进行物料衡算。通过物料衡算,可以深入地分析和研究生产过程,得出生产过程中所涉及的各种物料的数量和组成,从而使设计由定性转入定量。在整个工艺设计中,物料衡算是最先进行的一个计算项目,其结果是后续的能量衡算、设备选型或工艺设计、车间布置设计、管道设计等各单项设计的依据,因此,物料衡算结果的正确与否直接关系到整个工艺设计的可靠程度。在实际应用中,根据需要,也可对已经投产的一台设备、一套装置、一个车间或整个工厂进行物料衡算,以寻找生产中的薄弱环节,为改进生产、完善管理提供可靠的依据,并可作为判断工程项目是否达到设计要求以及检查原料利用率和"三废"处理完善程度的一种手段。

在医药生产中,物料衡算,按照物质的变化过程,可分为物理过程的物料衡算和化学过程的物料衡算;按照操作方式,可分为连续操作的物料衡算和间歇操作的物料衡算。物料衡算以质量守恒定律和化学计量关系为基础,即"在一个特定物系中,进入物系的全部物料质量加上所生成量之和必定等于离开该系统的全部产物质量加上消耗掉的及积累起来的物料质量之和",计算通式如式(9-1)所示。

$$进料量 + 生成量 = 出料量 + 消耗量 + 累积量 \qquad 式(9-1)$$

(二) 能量衡算

当物料衡算完成后,对于伴有热效应的过程,则还必须进行能量衡算,才能确定设备的主要工艺尺寸。在药品生产中,无论是进行物理过程的设备,还是进行化学过程的设备,大多存在一定的热效应,因此,通常要进行能量衡算。

对于新设计的设备或装置,能量衡算的目的主要是为了确定设备或装置的热负荷。根据热负荷的大小以及物料的性质和工艺要求,可进一步确定传热设备的型式、数量和主要工艺尺寸。此外,热负荷也是确定加热剂或冷却剂用量的依据。在实际生产中,根据需要,也可对已经投产的一台设备、一套装置、一个车间或整个工厂进行能量衡算,以寻找能量利用的薄弱环节,为完善能源管理、制定节能措施、降低单位能耗提供可靠的依据。

能量衡算的理论基础是热力学第一定律,即能量守恒定律。能量守恒定律的一般方程式为:

$$输出能量 = 输入能量 + 生成能量 - 消耗能量 - 积累能量 \qquad 式(9-2)$$

能量有不同的表现形式,如内能、动能、势能、热能和功等。在药品生产中,热能是最常见的能量表现形式,多数情况下,能量衡算可简化为热量衡算。热量衡算分为单元设备的热量衡算和系统热量衡算。

物料衡算和能量衡算的基本方法和步骤:

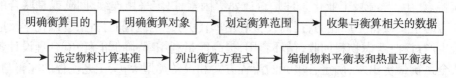

三、工艺设备选型与设计

工艺设备选型与设计是工艺流程设计的主体,是先进工艺流程能否实现的保证。制药生产中所用的设备可分为机械设备、化工设备和制药专用设备。一般来说,原料药生产以机械设备和化工设备为主,药物制剂生产以制药专用设备为主。

(一) 制药设备的分类

根据 GB/T15692 的规定,制药生产设备可分为八大类,如表 9-2 所示。

表 9-2　制药生产设备

设备类别	用途
原料药机械及设备	实现生物或化学物质转化以及利用动、植物与矿物制取原料药
制剂机械	将药物制成各种剂型
药用粉碎设备	药物粉碎或研磨
饮片机械	对天然药用动物、植物、矿物进行选、洗、润、切、烘、炒、煅等方法制取中药饮片
制药用水设备	制备制药用水
药品包装机械	药品包装
药物检测设备	检测各种药物制品或半制品质量
其他制药机械与设备	执行非主要制药工序的有关机械与设备

（二）设备选型的基本原则

设备的选型应遵循合理性、先进性、安全性和经济性的原则。此外，根据 GMP 要求，制药设备的选型还应遵循下列基本原则：①设备应与药品的具体生产工艺相适应；②设备的生产能力应与批量相适应，并能经济、合理、安全地运行；③设备的材料及所用的润滑剂、冷却剂等不得对药品或容器产生污染，应注意选用卫生型设备及管道、管件、阀门和仪表；④设备应便于安装、操作、维修和保养；⑤设备的运行能耗低，价格便宜。

（三）工艺设备设计与选型的步骤

设备选型与设计工作一般分为两阶段进行。第一阶段的设备设计可在生产工艺流程草图设计前进行，内容包括：计量和储存设备的容积计算和选定；某些标准设备的选定；非定型设备的主要参数确定；编制工艺设备一览表。第二阶段的设备设计可在生产工艺流程草图设计中交错进行，主要解决工艺过程中的技术问题。

定型设备的设计与选型一般可按图 9-4（a）中所示步骤进行；而对于没有实现标准化的制药设备，应根据药品的具体生产工艺要求进行设计，即非定型设备的设计，一般可按图 9-4（b）所示步骤进行：

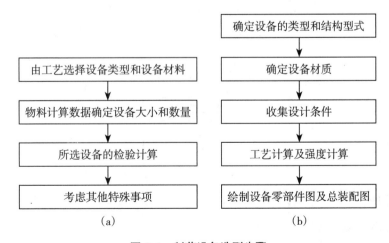

（a）　　　　　　　　　　　　（b）

图 9-4　制药设备选型步骤

第三节　车间与厂房设计

车间布置设计是制药工程设计中的一个重要环节,是以工艺专业为主导,在大量非工艺专业如土建、采暖通风和自控仪表等的密切配合下完成的。车间布置是否合理,不仅与施工、安装等建设投资密切相关,而且与车间建成后的生产、管理、安全和经济效益密切相关。因此,车间布置设计应按照设计程序,进行细致而周密的考虑。制药车间设计一般分为原料药生产车间设计和制剂生产车间设计两大类型。

车间一般包括生产区、辅助生产区和行政生活区三部分。根据生产规模、生产特点以及厂区面积、地形、地质等条件的不同,车间厂房布置形式可采用集中式或单体式。一般而言,对于生产规模较小且生产特点(主要指防火防爆等级和毒害程度)无显著差异的车间,常采用集中式布置形式,如小批量的医药、农药和精细化工产品,其车间布置大多采用集中式。在药品生产中,采用集中式布置的车间很多,如磺胺脒、磺胺二甲基嘧啶、氟轻松、吡诺克辛钠(白内停)、甲硝唑(灭滴灵)、利血平等原料药车间以及针剂、片剂等制剂车间;而对于生产规模较大或各工段的生产特点有显著差异的车间,则多采用单体式布置形式。药品生产中因生产规模大而采用单体式布置的车间也很多,例如,对于青霉素和链霉素的生产,可将发酵和过滤工段布置在一栋厂房内,而将提取和精制工段布置在另一栋厂房内。

在进行车间布置设计时,一般应考虑下列因素:①车间与其他车间及生活设施在总平面图上的位置,力求联系方便、短捷;②满足生产工艺及建筑、安装和检修要求;③合理利用车间的建筑面积和土地;④车间内应采取的劳动保护、安全卫生及防腐蚀措施;⑤人流、物流通道应分别独立设置,尽可能避免交叉往返;⑥对原料药车间的精制、烘干、包装工序以及制剂车间的设计,应符合《药品生产质量管理规范》的要求;⑦要考虑车间发展的可能性,留有发展空间;⑧厂址所在区域的气象、水文、地质等情况。

车间布置设计一般可按下列程序进行:

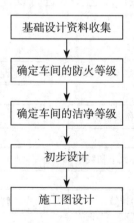

一、原料药生产车间设计与 GMP

(一)设计的一般程序

原料药生产车间一般是指中药前处理提取车间、化学制药车间和生物制药车间。原料药生产车间工艺设计的基本顺序如下:

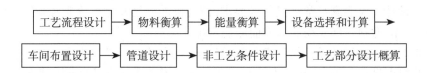

车间工艺设计是整个车间设计的中心,而工艺流程设计又是车间工艺设计的中心。工艺流程设计和车间布置设计是决定整个车间基本面貌的关键步骤。

GMP 的目的是防止药品生产中的混批、混杂、污染和交叉污染,以确保药品的质量,GMP 同样要求原料药生产车间设计要物流短捷、顺畅,人流和物流分开等,同时在我国 GMP 中规定药材的前处理、提取、浓缩以及动物脏器、组织的洗涤或处理等生产操作,必须与其制剂生产严格分开,其中原料的精烘包(精制、干燥、包装)车间的洁净化级别与其制剂生产的净化级别一致。

(二) 化学原料药生产车间设计

化学原料药生产的合成岗位是最关键和最复杂的岗位,是设计的难点;精烘包岗位为辅助岗位,这类岗位要布置在洁净区,达到药品制剂的要求。车间平面布置在满足生产工艺、GMP、安全、防火等方面的有关标准和规范条件下,尽可能做到人、物流分开,工艺路线畅通,物流路线短捷、不返流。

在化学原料药的合成车间设计时,需根据产品的工艺流程进行合理布局。其生产级别一般为甲级,无洁净度要求,但防火防爆要求高。车间独立设置,采用敞开或半敞开式的厂房,并要设置泄压设施,厂房与其他建筑距离应在 10m 以上。化学制药的精烘包车间在厂区中布局应考虑人、物流出入口尽量与厂区人、物流通道相适应。操作区域要求宽敞,通风良好,易于操作,尤其是有溶媒散发的设备需设局部通风。

(三) 中药提取车间设计

中药提取车间一般分提取区、浓缩区、醇沉区、干燥包装区,在设计时既要考虑到各种提取操作的方便性,又要考虑到提取工艺的可变性。提取一般采用立体式布置,要考虑操作方便,醇提、醇沉和溶媒回收区要采取防火、防爆措施。干燥包装区的洁净级别与所对应的制剂厂房一致。中药材的前处理在一般生产区进行,并且有通风设施,其中直接入药的中药材的配料和粉碎筛分操作在洁净区进行。提取和浓缩岗位设置在一般生产区,中药针剂的提取区要设置纯化水。

(四) 生物原料药车间设计

生物原料药包括细菌疫苗、病毒疫苗、血液制品、重组技术产品、发酵的抗生素产品等,每种生物原料药的生产工艺都不相同,所以每个品种的生产车间岗位不同,房间和设备的设计要点也各不相同。因此,设计中要严格按照建设单位提供的生产工艺进行设计。

二、制剂生产设计与 GMP

制剂车间是由各种制剂设备以系统合理的方式组合起来的整体。进行制剂车间工艺设计时,在工艺方面要考虑同时满足下述几个条件:①产品数量和质量要求。②最经济的工艺路线,即要求最经济地使用资金、原辅材料、公用工程和人力。要达到这一目的,必须进行工艺流程优化和参数优化的工作。③安全,在设计时必须充分考虑各种明显的和潜在的危险因素,保证生产人员的健康安全。④符合国家和地方政府的法律和法规,如消防、劳动安全、环境保护和节能等法规。⑤必须符合 GMP 的规定。⑥整个系统必须是可操作和可控制的,可操作是指设计不仅能满足常规操作的要求,而且也能满足开停车等非常规操作的要求;可控制是指系统能抑制外部变动的影响而能稳定生产。

药物制剂生产过程的设计是许多专业的组合,在设计中以工艺为主导,工艺设计人员要以工艺专业提出设计条件,而相关专业又要相互提交设计条件和返回设计条件。因此,制剂车间设计是一个系统工程,工艺设计人员不仅要熟悉工艺,还要熟悉各专业和工厂的要求,在设计中起主导和协调作用。

(一)无菌制剂车间设计

无菌制剂是指法定药品标准中列有无菌检查项目的制剂,包括大小容量注射剂,无菌制剂按生产工艺可分为两类:采用最终灭菌工艺的为最终灭菌产品;部分或全部工序采用无菌生产工艺的为非最终灭菌产品。由于这类制剂直接注入人体,因而有无菌、无热原以及澄清度、pH、稳定性等方面的特殊要求。因此,在其车间设计过程中除了车间环境及设备布置要符合 GMP 的规范外,要高度关注所有设备如灭菌柜、空气过滤系统、水处理系统的可靠性以及采用的相应灭菌方法。在设计中可以根据生产规模和企业的需要,将一类或几类注射剂布置在一个厂房内,也可以和其他剂型布置在同一个厂房内,但各车间要独立,生产线和空调系统完全分开。图 9-5,图 9-6 为典型无菌制剂的工艺流程示意图及对环境的洁净等级要求。

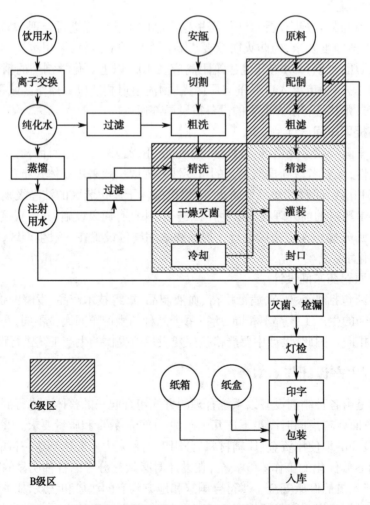

图 9-5 可灭菌小容量注射剂工艺流程示意图及环境区域划分

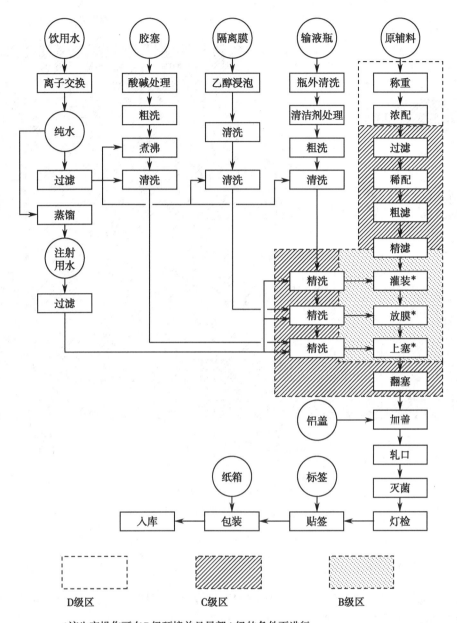

图 9-6 可灭菌大容量注射剂工艺流程示意图及环境区域划分

（二）非无菌制剂车间设计

口服液体和固体制剂、腔道用药（含直肠用药）、表皮外用药品等非无菌制剂生产的暴露工序区域，以及其直接接触药品的包装材料最终处理的暴露工序区域，应当参照无菌药品 D 级洁净区的要求设置，企业可根据产品的标准和特性，对该区域采取适当的微生物监控措施。图 9-7 为片剂的生产工艺流程及区域划分示意图。

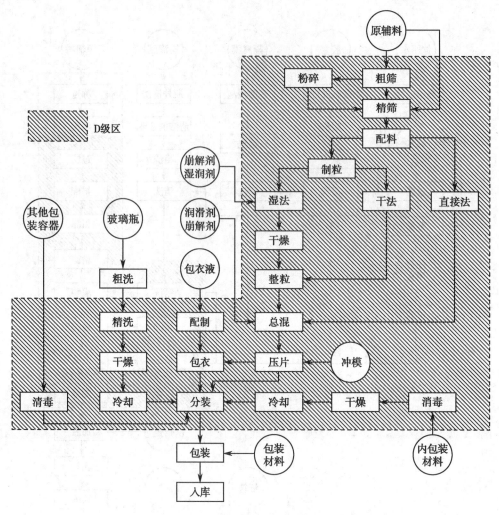

图 9-7　片剂的生产工艺流程及区域划分

三、公用工程的设计

公用工程主要是指与工厂的各个车间和工段等有着密切关系,且为这些部门所共有的一类动力辅助设施的总称。公用工程的设计,可见表 9-3。

表 9-3 公用工程设计

	项目	内容	设计要点
公用工程	供排水系统	包括生产用水(工艺用水和冷却循环水)、辅助生产用水(清洗设备及清洗工作环境用水)、生活用水和消防用水	水源的选择;单独供水系统设计;排水分流系统设计;洁净区域排水系统的要求
	供电系统	强电、弱电和电动控制三方面	根据用电设备对供电可靠性的要求(负荷分为三级)进行设计
	冷冻系统	空调系统或换热设备的冷源	生产所需的总冷量以及运行工况;环保与安全;节能与操作方便

续表

	项目	内容	设计要点
公用工程	采暖通风系统	调节生产车间和生活场所的温度;排除车间或厂房内余热、余湿、有害气体或蒸汽、粉尘等	集中采暖方式为主;按洁净度要求进行气流组织,选择通风方式
	供热和供气系统	供热包括生产设备的加热及冬季采暖而提供的蒸汽、热水(油)或热空气等;供气系统包括压缩空气系统及特种气体供气系统	工艺加热温度确定热源(蒸汽或导热油等);供气系统压力和洁净度要求,惰性气体或营养性气体的需求

第四节　洁净(无菌)生产区域的气流组织

一、我国 GMP 对空气净化的要求

空气中含尘浓度是指单位体积空气中所含浮游尘粒的数量。洁净度是指空气中含尘量的多少,含尘浓度越高,则洁净度越低。另外,微生物数量也是医药工业洁净厂房污染控制的主要对象。为提高我国制药业的整体水平,在中国最新版 GMP 标准中,充分借鉴欧盟GMP 标准,特别是对无菌药品生产区空气洁净等级提出了更高要求。无菌洁净室(区)是指医药工业洁净厂房中用于无菌作业的洁净室(区),如无菌冻干粉注射剂、无菌分装注射剂、无菌原料药等生产的关键操作区,无菌药品的取样、称量和质量检验室的无菌检查、微生物限度检测等区域。无菌药品生产所需的洁净区可分为 4 个级别,各级别空气悬浮粒了和微生物的标准规定如表 9-4 和表 9-5 所示。无菌药品的生产操作区域的环境洁净等级要求可参照表 9-6 的示例进行选择。

表 9-4　洁净室(区)空气洁净度级别表

洁净度级别	悬浮粒子最大允许数 /m³			
	静态		动态	
	≥0.5μm	≥5.0μm	≥0.5μm	≥5.0μm
A 级	3520	20	3520	20
B 级	3520	29	352 000	2900
C 级	352 000	2900	3 520 000	29 000
D 级	3 520 000	29 000	不作规定	不作规定

表 9-5　洁净区微生物监测的动态标准

洁净度级别	浮游菌 cfu/m³	沉降菌(φ90mm) cfu /4 小时	表面微生物	
			接触(φ55mm) cfu / 碟	5 指手套 cfu / 手套
A 级	<1	<1	<1	<1
B 级	10	5	5	5
C 级	100	50	25	–
D 级	200	100	50	–

表 9-6   无菌药品的生产操作环境洁净等级参照表

洁净度级别	最终灭菌产品生产操作示例
C 级背景下的局部 A 级	高污染风险的产品灌装(或灌封)
C 级	1. 产品灌装(或灌封) 2. 高污染风险产品的配制和过滤 3. 眼用制剂、无菌软膏剂、无菌混悬剂等的配制、灌装(或灌封) 4. 直接接触药品的包装材料和器具最终清洗后的处理
D 级	1. 轧盖 2. 灌装前物料的准备 3. 产品配制(指浓配或采用密闭系统的配制)和过滤直接接触药品的包装材料和器具的最终清洗

我国 GMP 对空气净化的要求可归纳为以下几点:①药品生产洁净室的空气洁净度划分为 4 个级别。②要有必要的采暖、通风、降温及防尘、防污染、防虫、防鼠等设施,按各区域空气洁净度的要求,进入空气需经各种不同效率的过滤器过滤,室内温度应符合工艺要求,并保持一定的压力。③当使用或生产某些致病性、剧毒、放射性或活病毒、活细菌的物料与产品时,空气净化系统的送风和压差应适当调整,防止有害物质外溢。必要时,生产操作的设备及该区域的排风应作去污染处理(如排风口安装过滤器)。

二、气流组织

为了达到特定目的而在室内造成一定的空气流动状态与分布,称为气流组织。洁净生产车间气流组织的基本原则是:要最大限度地减少涡流;使气流经过最短流程尽快覆盖工作区;希望所流方向能与尘粒的重力沉降方向一致,并使回流能有效地将室内灰尘排出室外。洁净室的气流组织主要有 3 种形式:乱流式、层流式和矢流式。

乱流式气流组织是依靠气流的混合作用,如图 9-8 所示,把室内尘粒逐渐排出直至达到平衡。由于是乱流,室内发生的尘粒可以向任一点扩散,其所能达到的洁净度有一个界限。

层流式又分垂直层流、水平层流和局部层流,层流洁净室内以平行气流为主方向气流,几乎没有横向之间混掺,平行气流形成一个"活塞",迅速排除室内产生的污染。局部层流式是集乱流和层流的优点而避免其不足,具体做法是在乱流洁净室内加局部层流或加洁净工作台,或加层流罩以满足生产工艺所需要的局部层流,而大面积乱流可以使结构简单、减少费用,在药品制剂生产中使用较多的就是这种气流组织形式。图9-9 为垂直层流洁净室的气流组织示意图。

矢流式是一种新型的气流组织方式,矢流是采用

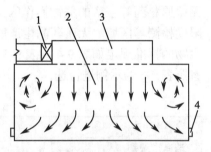

图 9-8   局部孔板顶送乱流洁净室
1- 高效过滤器;2- 洁净室;3- 静压箱;
4- 回风口

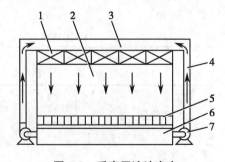

图 9-9   垂直层流洁净室
1- 高效过滤器;2- 洁净室;3- 送风静压箱;4- 循环风道;5- 格栅地板及中效过滤器;6- 回风静压箱;7- 循环风机

弧开送风口送风,侧上角送风,对侧下角回风,其净化功能不同于乱流方式的掺混稀释作用,也不同于层流方式时均流线平行的活塞作用,而是靠流线不交叉气流的推动作用,将室内污染物排出室外。矢流方式可以达到 A 级洁净度,其设备投资和能耗少于层流式。

为防止交叉污染,还需控制各级压强差,阻止室外或邻室污染空气的侵入,切断空气传播微生物污染的途径。为此,各级洁净区域压差至少保证 5Pa 的正压,洁净区与室外的压差保证在 10Pa 以上,使空气的流向必须是从关键区或更清洁的区域到环绕区域或低级别的区域,如图 9-10 所示,即由送风口(装高效过滤器)把经过净化处理的来自送风管路系统的洁净空气送入洁净室,室内产生的尘菌被洁净空气稀释后,强迫其由回风口进入回风管系统,在空调机组的混合段与从室外引入的经过初步过滤的新风混合,再经空调机组初、中效和送风口高效三级过滤后又送入洁净室。洁净室空气经过如此反复循环,就可以在相当一个时期内把污染控制在一个稳定的水平,保持一个适宜的洁净度等级。在洁净空间净化设计及实施过程中,还需考虑室内气流流向,换气次数和气流速度等因素的影响。

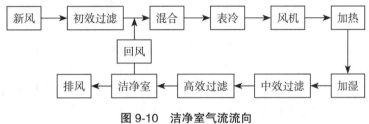

图 9-10 洁净室气流流向

洁净度水平的高低,除由净化空调系统三级过滤效果控制外,还由换气次数控制。在净化系统处于稳定状态时,洁净室内的洁净度与发尘量成正比,与进风量成反比。当空气过滤器效率很高时,进风量越大,微尘经稀释,室内洁净度也越高。换气次数是通过室内的洁净空气量相当于房间体积的倍数(单位是次/小时)来表示的。换气次数越大,洁净度级别越高,相应的能耗也越高。

气流速度对洁净度是一个重要的影响因素,因为室内微粒污染为均匀分布,净化过程是洁净空气与微粒混合稀释后清除的过程。低流速的有序状态不利于室内微尘的清除,适当的返混是必要的。

另外实际生产时,由于机器运行、人流、物流建筑物表面尘粒等原因,均会引起细菌的滋生。因此,洁净室内空气必须进行消毒处理,必须采取清场、清洗、消毒、灭菌等专门技术,以弥补空气净化措施对微生物污染控制能力的不足。对于可搬出洁净室的容器具则送入清洗室清洗、消毒、灭菌,大部分不能移动的设备、生产线,必须在洁净室内进行在位清洗(CIP)和在位灭菌(SIP),并定期对空调风管系统进行臭氧灭菌处理。

第五节 制药过程的安全设计及环境保护

一、制药过程的安全设计

制药过程的安全生产指在药品生产活动中,为避免发生造成人员伤害和财产损失的事故而采取的相应事故预防和控制措施,保证从业人员的人身安全和生产活动的顺利进行。由于药品生产工艺的复杂性,使药品在生产过程中存在着大量的安全隐患,因此在进行车间和厂房设计时应考虑防火、防爆、防雷、防静电和噪声控制的要求,合理布置生产工序。为保证生产安全,应按照有关设计规范和规定的要求,首先从厂房结构上下工夫,并设置应急设施如设置泄压面积和安全出口等。其次是采取措施杜绝各种火源,如杜绝各种明火、选用防爆电气设备、设置防雷和抗静电装置、防止摩擦和撞击火花等。最后,应设置完善的消防设施。

(一)厂房和车间的防火、防爆设计

我国的《建筑设计防火规范》对厂房的耐火等级、层数和面积都作了适当的规定和限制,厂房的结构和构筑材料应与厂房的耐火等级相适应。一般情况下,一级耐火等级的厂房,由钢筋混凝土结构的楼板、屋顶和砌体墙组成;二级耐火等级的厂房和一级相似,但所用材料的耐火极限可适当降低;三级耐火等级的厂房,可采用钢筋混凝土楼板、砖墙和木屋顶组成的砖木结构;四级耐火等级的厂房,可采用木屋顶、难燃烧楼板和墙组成的可燃结构。

由于洁净厂房在建筑设计上要考虑密闭和安装净化空调系统的要求,存在许多不利于防火防爆的因素,一旦发生火灾,往往会造成严重损失。因此,有洁净度要求的厂房更应重视防火防爆问题。首先,洁净厂房的耐火等级不能低于二级;其次,无窗的洁净厂房应在适当位置设置门或窗,以备车间工作人员疏散和消防人员进出。洁净厂房的每一层、每一防火分区或每一洁净区的安全出口均不能少于两个;第三,洁净厂房内的建筑材料应选用非燃烧或难燃烧材料,以提高整个洁净厂房的防火性能;第四,净化空调系统及其附属设施应符合建筑防火的要求;第五,应防止风管或孔道成为火及烟的扩散通道。

(二)防雷与防静电

雷电的火灾或爆炸危险性主要由雷电放电所产生的各种物理效应或作用(如电效应、热效应、机械效应、静电感应、电磁感应)所引起,其破坏性很大。因此,设计人员必须根据建筑物的防雷要求,设置相应的防雷设施。常用的避雷装置由接闪器、引下器和接地极组成。

一般情况下,药品生产中所产生的静电电量都很小,但电压可能很大。当物体之间的静电电位差达到 300V 以上时,就会发生静电放电现象,并产生放电火花,引起火灾或爆炸事故。为防止静电放电产生火花,必须采取相应的防静电措施。首先是应尽可能从工艺、材质、设备结构和操作管理等方面入手,采取措施控制静电的产生量,使其不能达到危险的程度;其次是采用静电接地、空气增湿等方法,将物体所带的静电导入大地,以达到消除或减少静电,保证生产安全的目的。

二、环境保护

环境是人类赖以生存和社会经济可持续发展的客观条件和空间。环境污染直接威胁人类的生命和安全,也影响了经济的顺利发展,成为严重的社会问题。我国先后完善和颁布了《环境保护法》、《大气污染防治法》、《水污染防治法》、《固体废物污染环境防治法》、《环境噪声污染防治法》等一系列法律法规和环境保护标准,基本形成了一套完整的环境保护法律体系。凡是新建、扩建和改造项目都必须按国家基本建设项目环境管理办法的规定,切实执行环境评价报告制度和"三同时"制度,做到先评价,后建设,环保设施与主体工程同时设计、同时施工、同时投产,防止发生新的污染。

制药厂排出的污染物通常具有毒性、刺激性和腐蚀性,这也是工业污染的共同特征。此外,化学制药厂的污染物还具有数量少、组分多、变动性大、间歇排放、pH 不稳定、化学需氧量高等特点,这些特点与防治措施的选择有直接的关系。

药品的生产过程既是原料的消耗过程和产品的形成过程,也是污染物的产生过程。药品所采取的生产工艺决定了污染物的种类、数量和毒性。因此,防治污染首先应从工艺路线入手,尽量采用那些污染小或没有污染的绿色生产工艺,改造那些污染严重的落后生产工艺,以消除或减少污染物的排放。其次,对于必须排放的污染物,要积极开展综合利用,尽可能化害为利。最后才考虑对污染物进行无害化处理,表9-7为制药生产设计过程中废水、废气和固体废弃物处理的常用方法。

表9-7　制药生产过程中"三废"处理的常用方法

项目	处理对象	方法
废水处理	生产废水和生活污水	物理法、化学法、物理化学法和生物法(好氧生物处理和厌氧生物处理)
废气处理	含尘(固体悬浮物)废气	机械除尘、洗涤除尘和过滤除尘
	含无机污染物废气	吸收法、吸附法、催化法和燃烧法等
	含有机污染物废气	冷凝法、吸收法、吸附法、燃烧法和生物法
废渣处理	固体、半固体或浆状废物	化学法、焚烧法、热解法、填埋法、生物法和湿式氧化法等

此外,洁净区(室)内不仅有一定的洁净度、温度和湿度要求,而且对噪声也有一定的要求,噪声的控制技术很多,常用的有吸声、隔声、消声和减振等。

第六节　技术经济与工程概算

制药工程项目,尤其是大型制药工程项目,从项目建议书到可行性研究,从初步设计到施工图设计,都要涉及大量的技术经济问题。制药工程设计的水平高低、质量优劣,可通过技术经济分析和编制工程概算来分析和评判。因此,制药工程设计应该是技术上的先进性与经济上的合理性的完美结合。

一、技术经济的指标体系

技术经济分析是借助于一系列技术经济指标,对制药工程设计的不同技术方案或措施进行经济效果的分析、计算、论证和评价,以寻求技术与经济之间的最佳关系,为确定技术上先进、经济上合理的最佳设计方案提供科学依据。技术经济分析的根本目的是使拟建制药工程项目能以最小量的投入,生产出最大量的合格产品——药品,以实现最大的经济效益。

技术经济指标体系所包含的单项指标也很多。这些单项指标既有数量、时间指标,又有效益、效率指标;既有静态指标,又有动态指标。具体来说,单项指标主要有3类:一类是反映劳动成果的指标,如产品及副产品的种类、数量和质量等指标;另一类是反映劳动消耗的指标,如原材料、辅助材料及燃料的消耗量,水、电、汽等公用工程量,产品成本和基建投资等;还有一类是反映经济效益的指标,如总产值、利润、税金、投资回收期、投资收益率和内部收益率等。技术经济指标体系所包含的单项指标及技术经济分析的详细程度随工程项目的性质、外界条件及技术经济分析的目的不同而有所不同。

(一) 项目投资

投资指标是技术经济分析中的主要指标,是投资决策的重要依据。工程项目的总投资是指投资主体为获取预期收益,在选定的工程项目上投入的所需全部资金。为使工程项目的各项投资和总投资降至最低,必须对各种技术方案的投资指标进行认真地分析和比较。根据工程项目建设阶段的不同,投资指标的计算可分为设计前期的投资估算、初步设计阶段的(总)概算、施工图设计阶段的(总)预算和设计后期的竣工决算。工程项目在可行性研究阶段的投资估算对其总投资起着重要的控制作用,它应作为工程项目总投资的最高限额,不得随意突破。然而,要比较准确地估算一个工程项目的总投资很不容易。在可行性研究阶段,为提高投资估算的准确度,我国一般采用与编制初步设计概算相同的方法对投资指标进行计算。

(二) 财务评价

财务评价是指在现行的财税制度和价格条件下,以财务预测为基础,计算一个工程项目的财务收支情况,测算项目投资所能产生的利润,分析工程项目的投资获利能力、财务清偿能力和资本结构等,从而判断该工程项目在财务上的可行性。根据是否考虑资金的时间价值,评价指标分成静态评价指标和动态评价指标两大类。项目的财务评价以动态分析为主,辅以必要的静态分析。动态评价指标主要有财务净现值、净现值率、财务内部收益率、动态投资回收期等;静态评价指标主要有静态投资回收期、投资利润率、投资利税率和静态偿还期等。为使经济评价结果更符合客观实际,提高经济评价的可靠性,减少工程项目投资所冒的风险,还需进行不确定因素分析如盈亏平衡分析、敏感性分析等。

(三) 国民经济评价

国民经济评价是从国民经济的角度,站在国家的立场上,考察项目要求经济整体支付的代价和为经济整体提供的效益,分析和评价工程项目为国家或全民所作贡献的大小,以此评价工程项目的可行性。国民经济评价特别注重工程项目对整个经济的贡献,即审查工程项目的净效益能否充分抵偿项目所耗用的资源,以求合理有效地配置和使用国家的有限资源。国民经济评价使用的价值标准是根据市场价格调整计算出来的接近于社会价值的影子价格。在最佳社会生产环境和充分发挥价值规律作用的条件下,供求达到平衡时产品或资源的价格即为影子价格,它能比较准确地反映出社会平均劳动量的消耗和资源的稀缺程度。国民经济评价指标体系主要有赢利能力分析指标和外汇效果分析指标。

二、工程概算

工程概算是编制工程项目投资计划、签订承包合同和贷款合同、实行投资包干、控制施工图预算以及考核设计经济合理性和建设成本的主要依据。工程概算是工程项目设计文件不可缺少的重要组成部分,在总体设计阶段为估算,初步设计阶段为总概算,技术设计阶段为修正概算,施工图设计阶段为预算。工程概算的编制工作由设计单位负责完成,设计单位必须保证设计文件的完整性。为便于工程概算的编制,常将工程项目按一定的层次进行分类划分。根据我国的现行规定,工程项目一般可划分为建设项目、单项工程、单位工程,相应的概算编制如表 9-8 所示。

表 9-8 工程概算

工程项目	概算	主要内容
单位工程	单位工程概算	设备购置费、安装工程费、建筑工程费和其他费用
单项工程	综合概算	各单位工程概算的汇总文件
建设项目	总概算	工程概况、资金来源与投资方式、编制依据、投资分析、其他必要说明等方面

思　考　题

1. 简述制药工程项目设计前期进行可行性研究的必要性。
2. 制药工艺设计过程中进行物料衡算和能量衡算的意义是什么？
3. 制药生产厂房或车间为什么要划分为不同的洁净区域，如何实现？
4. 制药生产过程中强调环境保护的意义？处理"三废"的常用方法是什么？

(武法文)

第四篇　药物生产技术发展及新药研发

第十章　药物生产制造技术

> **学习目标**
> 1. 初步了解药物生产单元和设备领域的部分新技术和工艺及发展前景。
> 2. 初步了解生物制药中的一次性生产技术和设备的特点及发展前景。
> 3. 初步了解制药清洁工艺的基本理念以及典型的技术途径。

第一节　生产单元和设备

药物生产技术的实现方式是药品生产工艺及其设备,生产工艺由多个具有不同功能或作用的生产单元及其设备构成。本节将介绍反映药物生产技术进步的几个有一定代表性的生产单元及设备。

一、反应器的计算模拟

计算模拟方法是随着化学反应工程学和计算机科学技术的进步,在 20 世纪 60 年代发展起来的一种比较理想的反应器放大方法,其实质是通过数学模型来设计反应器,预测不同规模的反应器工况,优化反应器操作条件。所建立的数学模型是否适用取决于对反应过程实质的认识,而认识又来源于实践。因此,实验仍然是数学模型法的主要依据。但是,这与逐级经验放大方法截然不同。

(一)反应器计算模拟方法的一般过程

用数学模型来模拟反应器过程,一般包括下列步骤。

1. 实验室研究　这一步骤包括新产品的合成,新型催化剂的开发和本征反应动力学的研究等。这一阶段的工作属于基础性的,其目的是在排除传递过程影响的条件下,着重研究过程化学方面的问题。

2. 大型冷模试验　其目的是在没有化学反应的条件下研究反应器中的流动、传热、传质过程规律,在实验的基础上对传递过程进行合理的简化,建立反应器的传递模型。前已指出,化学反应过程总是受到各种传递过程的干扰,而传递过程的影响往往是随着设备规模而改变的。

3. 小型试验　这一步骤仍属于实验室规模,但反应器要比上一步实验来得大,且反应器的结构大体上与将来工业装置要使用的相近。例如,采用列管式固定床反应器时,就可采用单管试验。这一阶段的目的在于考察物理过程对化学反应的影响、工业原料的影响及工艺条件框架等,在实验的基础上对化学反应过程进行合理的简化,从而建立反应宏观动力学模型。

4. 建立反应器数学模型　在实验室研究、大型冷模试验和小型试验的基础上,通过物料衡算和能量衡算,把反应动力学模型与传递模型结合起来,建立反应器数学模型,再通过计算机求解,预测放大的反应器性能,寻求最优工艺条件。

5. 中间试验　这一阶段的试验不仅在于规模上的增大,而且在流程及设备型式上都与生产车间十分接近。其主要目的是对反应器数学模型进行检验与修正;其次是对催化剂的寿命、使用过程中的活性变化进行考察,同时研究设备材料在使用过程中的腐蚀情况等。

在前述五个步骤中,均要采用计算机对各步的试验结果进行综合与寻优,检验和修正数学模型,预测下一阶段的反应器性能,最终建立能够预测大型反应器工况的数学模型,从而完成工业反应器的设计,并形成设计软件包。反应器计算模拟方法的一般过程如图 10-1 所示。

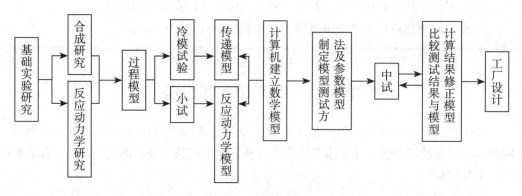

图 10-1　反应器计算模拟方法的一般过程

(二) 反应器计算模拟方法处理问题的基本方式

1. 着眼于过程的内部规律,对过程进行分解与综合。将化学与物理过程交织在一起的复杂反应过程分解为相对独立或联系较少的两个子过程:化学过程(实验室研究)与物理过程(大型冷模试验),分别研究各子过程本身特有的规律,再将各子过程联系起来(小型试验、建立数学模型、中间试验),以探索各子过程之间的互相影响和总体效应。这样做的优点是由简到繁,先考察局部,后研究整体。

2. 抓住主要矛盾,忽略次要因素,对过程进行简化。数学模型法虽然已将化学反应过程分解为化学和物理两个子过程,但多数情况下子过程的影响因素仍过于复杂,要想写出数学模型,必须对其进行合理简化,建立简化的物理模型。要使简化后的模型不失真,就必须抓住过程的特征即主要矛盾,而忽略一些影响程度小的因素即次要因素。例如,研究管式反应器中流动物料的传递问题,可将其简化成物料沿反应器轴向为均匀流动,仅在径向存在传递作用,这样问题就简化成一传递问题:管式固定床反应器中,物料在颗粒层中的流动可简化成物料沿一组平行细圆管中的层流流动。

3. 在反应工程理论和传递过程理论指导下建立数学模型。数学模型法的核心是数学模型的建立,这不是一朝一夕之事。它是在掌握对象规律的基础上,通过合理简化,在反应工程理论和传递过程理论指导下对反应过程进行数学描述,在计算机上综合,以等效为标准建立设计模型。反应工程理论认为:化学反应规律不因动量、热量和质量传递这些物理过程的存在而发生变化,也即不因设备尺寸而变化。传递过程理论告诉人们,传递规律随着设备结构型式、尺寸大小而变化,这些物理过程将会影响反应场所的浓度、温度等变量在时间、空间上的分布,进而影响到化学反应的最终结果,更明确地讲,物理过程的存在不影响化学反应速率的微分表达式,但却改变了它在反应器中的积分结果。

4. 设计模型来源于实践,又为实践所检验。实验是建立数学模型的基础,通过实验室研究、大型冷模试验和小型试验提供的数据,认识了化学过程和物理过程的特征,得到了参数估值,粗选了反应器的型式,并且确定了工艺条件框架。建立的数学模型还必须通过小型试验和中间试验的验证,根据反馈的信息进一步对数学模型作修改和完善,最后获得适合设计较大规模装置的数学模型。

(三) 反应器计算模拟方法的优点

数学模型法是建立在广泛实验基础上的一种反应器放大方法,不实践就无法掌握反应过程的本质;但它更离不开化学工程理论的指导,否则将是盲目的实践。同时计算机的应用也必不可少,通过它完成大量的计算和评价,使模型去伪存真、择优舍劣。因此,反应器的数学模型放大方法应是理论、实践和计算机应用的结晶。

数学模型方法比逐级经验放大方法能更好地反映过程的本质,因掌握了化学反应过程内在规律,数学模型法叮增大放大倍数,缩短放大周期。并可通过数学模拟评比各类反应器的结构和预期要达到的效果,进行反应器的优化设计。还可通过数学模型研究反应过程中操作参数改变时反应装置行为,达到优化操作。所以,数学模型法既是进行工程放大和优化设计的基础,也是制定优化操作和控制方案的基础。

(四) 数学模拟建立的基础——反应器物理模型的基本特征

化学反应器的类型、操作方式及其特点已在前面第三章有关部分做了介绍。但是,为了处理问题方便,化学反应工程学把反应器的结构类型和操作方法结合起来考虑,将各种各类的反应器归纳为:理想反应器和非理想反应器。理想反应器的情况比较简单,进一步分成:理想间歇反应器(间歇釜)、平推流反应器(管式反应器)、全混流反应器(高效连续搅拌釜)、多级全混流反应器(多釜串联)四大类。

1. 间歇反应器 间歇反应器主要用于液相反应,其优点是:操作弹性大,灵活性大,常用于多品种、小批量产品的生产。其缺点是:不易实现自控,每批产品质量不一致,占用劳力多,不易实现大规模生产。

2. 平推流反应器 长径比较大($l/d>50$)的管式反应器是平推流反应器的典型代表,其结构非常简单,一般是直管。反应物料以稳定的流量由反应器的一端连续进入,边流动边反应,从管的另一端出料,并达到预定的转化率。各物料微团沿流动方向齐头并进,完全没有轴向混合与扩散,就好像活塞在气缸里向前平推一样,所以称为平推流反应器或者活塞流反应器(plug flow reactor,PFR)。

3. 全混流反应器 连续釜式反应器的结构与间歇反应釜(batch stirred tank reactor,BSTR)完全相同,但是其操作方式不同。连续釜的物料按均匀的速率连续进料,连续出料,称为连续搅拌釜(continuous stirred tank reactor,CSTR)。同样,如果搅拌效率特别高,原料加入后立即与釜内物质混合均匀一致,即为理想连续釜或者全混釜。

CSTR是连续稳定的过程,釜内各点的浓度、转化率、反应速率都是相同的,在温度、压力和流量恒定条件下,反应器内物料组成不随时间变化,也不随空间变化,即釜中反应物浓度与生成物浓度分别等于出口反应物浓度和生成物浓度。物料微团在反应器内的停留时间不一致,返混程度最大,停留时间分布的离散程度最大。因此,在反应体积和其他条件完全相同时,CSTR所能达到的转化率低于PFR。带强烈搅拌的连续釜式反应器,以及沸腾床中的固相颗粒运动,鼓泡塔中的液相流动和大循环量的实际反应器,都可视为CSTR。CSTR多用于反应物的浓度要求较低的液相均相反应。

4. 多级全混流反应器 使用具有N个相同容积的CSTR的串联组合称为多级全混流反应器或多釜串联反应器(continuous stirred tank reactor in series,CSTRs)。上一釜的出口物料即为下一釜的进料,物料从第一釜连续加入,顺次流过各釜,最终从最后一釜排出。由于反应器型式、操作条件和物料性质不同,实际连续反应器总是属于偏离PFR或CSTR的非理想反应器。通过CSTRs可以模拟偏离理想流动状态,对实际反应器进行研究。

就每一个单独的釜而言,都具有CSTR的特征。釜与釜之间为管道连接,相当于PFR,可认为不存在返混。虽然在任意一个单独釜内的反应物浓度、温度、反应速度都一样,但由于反应不是在一个釜内完成,而是在多个串联的釜中逐步进行的,因此,反应物浓度从第一个釜起依次到最后一个釜呈阶梯式降低。这种反应物浓度阶梯式特征便于实现分段操作和控制。物料通过串联的多釜之后,其停留时间可相对集中,串联的釜数越多,停留时间越趋于一致,整个CSTRs的性能越接近PFR。

如果用N个容积为V_R/N的理想混合反应釜串联,代替一个容积为V_R的理想混合反应釜,若两者的起始和最终浓度及反应温度都相同时,CSTRs体系中只在最后一个釜(第N釜)内的反应物浓度与CSTR内的浓度相同,CSTRs其余各釜内的浓度均高于第N釜。

在CSTR中,反应物浓度是最低的。在CSTRs中,反应物浓度处于CSTR和PFR两者之间。串联的釜数越多,浓度的分布越趋于PFR,釜数越少,浓度的分布越趋于CSTR。反应物浓度高,反应速度快,完成同样的反应,在相同条件下,所需多釜串联反应器的容积比单釜的小;反之,若容积相同,多釜串联反应器的处理量比单釜的大。因此,多釜串联反应器既可以克服单个CSTR的返混大、反应物浓度低的缺点,又可以避免PFR的温度差大,不易控制的缺点。但是,串联釜数增多,会使设备投资和操作费用增加。因此,实际生产中常采用2~4釜串联。多釜串联反应器和单个连续釜式反应器一样,多用于液相反应。

(五)反应器的计算模拟举例

以活性炭纤维(active carbon fiber,ACF)脱除SO_2/NO_x反应器数学模型的建立为例。这里采用气固催化反应动力学方法进行模拟,考虑SO_2/NO_x的相互影响因素,建立同时吸附脱除SO_2/NO_x的ACF反应器数学模型。

对于反应器的设计,重要的任务是确定进行化学反应的最佳操作条件和确定规定的生产任务所必需的反应体积,即催化剂的体积,然后以此作为决定反应器主要尺寸的依据。ACF反应器设计为固定床反应器,ACF在反应器内固定不动。为了简化模型,我们可作如下假设:①吸附质在吸附剂上的吸附过程是可逆的;②考虑轴向扩散,忽略径向扩散;③不考虑温度梯度的影响;④活性炭纤维是均匀的;⑤床层压降忽略不计;⑥不考虑吸附剂活性衰减问题。

根据试验数据发现,从气体开始进入到达到稳定阶段,需要30~60分钟,此时反应器中的污染物气体浓度是时间和位置的函数,可运用瞬态反应模型进行描述。取轴向 Z 和 $Z+dZ$ 之间的微元体对组分 i 做质量衡算,如图10-2所示。

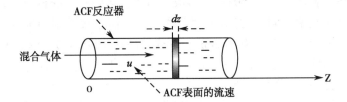

图10-2　管式反应器模拟物理模型

$$\frac{\partial c_{ig}}{\partial t} - D_Z \frac{\partial^2 c_{ig}}{\partial Z^2} + u \frac{\partial c_{ig}}{\partial Z} + \frac{1-\varepsilon_B}{\varepsilon_B}\rho_P \frac{\partial q_i}{\partial t} = 0 \qquad 式(10\text{-}1)$$

$$初始条件:t=0, c_{ig}(Z,0)=0$$
$$边界条件:t>0, Z=0, C_{ig}=C_{io} \qquad 式(10\text{-}2)$$

$$D_Z\left[\frac{\partial c_{ig}}{\partial Z}\right]_{Z=0} = u\left(c_{ig}\big|_{Z=0^+} - c_{ig}\big|_{Z=0^-}\right) \qquad 式(10\text{-}3)$$

$$\left[\frac{\partial c_{ig}}{\partial Z}\right]_{Z=L} = 0 \qquad 式(10\text{-}4)$$

式中: c_{ig} ——组分 i 吸附质气相浓度, $\mu g/m^3$; ρ_P ——吸附剂表观密度, g/m^3 ; ε_B ——床层空隙率; u ——ACF 表面的流速,m/s; Z ——填充床轴向坐标变量,m; D_Z ——床层轴向扩散系数, m^2/s 。

此时宏观反应速率可表示为:

$$-R_A = K_总 f(C_{ig}) = K_总(-r_i)/k_p \qquad 式(10\text{-}5)$$

根据反应机理分析,O_2、H_2O、NO 对 SO_2 的脱除有影响,O_2、H_2O、SO_2 对 NO 的脱除有影响。因此得到如下对各种污染物脱除的微观反应速率方程。

脱除 SO_2 的速率:

$$r_{SO_2} = k_p C_{O_2}^b C_{H_2O}^c C_{NO}^d \qquad 式(10\text{-}6)$$

脱除 NO 的速率:

$$r_{NO} = k_p C_{SO_2}^a C_{O_2}^b C_{H_2O}^c \qquad 式(10\text{-}7)$$

这样我们就建立起了吸附脱除的基本数学模型,由于计算过程过于复杂,本书就不再赘述,有兴趣的同学可以参考有关专业书籍。

二、微反应器及平行放大

微反应器在化工行业中是一个新的概念,是一种借助于特殊微加工技术,以固体基质制造的可用于进行化学反应的三维结构元件。微反应器通常含有小的通道尺寸(当量直径小于 $500\mu m$)和通道多样性,流体在这些通道中流动,并要求在这些通道中发生所要求的反应。这样就导致了在微构造的化学设备中具有非常大的表面积/体积比率。微反应器内部结构如流体通道,其特征尺寸介于微米和毫米之间,因此微反应器又称作微通道反应器。微反应器广泛应用在强放热反应,反应物或产物不稳定的反应,对反应物配比要求严格的快速反应,危险化学反应,高温高压反应,纳米材料及需要产物均匀分布的反应以及聚合反应中。在化学反应过程中,溶解度比较低的物质形成纳米级固体颗粒,在有大量溶液存在的沉淀过程中,晶核形成、生长、聚集同时发生,使用普通的反应器很难控制纳米颗粒的形成过程,而微反应器的通道特征尺寸仅为 $10\sim1000\mu m$,可获得高达 $10\,000\sim50\,000 m^2\cdot m^{-3}$ 的比表面积,微反应技术能很好地解决上述问题,这使得微反应器在化工行业中具有广泛的应用。

(一) 微化学器结构及原理

间断流管式反应器是一种经典的微反应器,最早出现于 1996 年,其装置结构原理如图 10-3 和图 10-4 所示。两股流体在微混合器中快速均匀混合,随后在流经分段器时被另一种与反应液互不相溶的流体间隔开来,形成多个连续的微小液泡,犹如一个个独立的微型反应器。

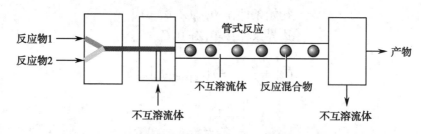

图 10-3　微反应器结构原理示意图

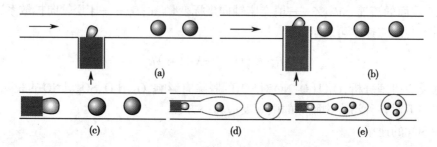

图 10-4　微混合器示意图

在间断流管式反应器中,晶体颗粒的形成和生长条件可以精确控制,每一个微反应器在整个过程中与外部的热量交换、停留时间都是完全相同的,并且由于微反应器本身体积微小,其包含的反应液始终处在均匀混合状态,因此最后所形成的晶体颗粒的特性几乎一致。

(二) 微反应器的优点

1. 温度控制　由于微反应器的传热系数非常大,即使是反应速率非常快,放热效应非常强的化学反应,在微反应器中也能在近乎等温的条件下进行,从而避免了热点现象,并能控制强放热反应的点火和熄灭,使反应在传统反应器无法达到的温度范围内操作。这对于涉及中间产物和热不稳定产物的部分反应具有重大意义。由于微通道反应器传热性质非常好、热容量小及反应时间非常短,对温度分布变化可以作瞬时的响应,非常有利于温度控制。

2. 反应器体积　对于非零级反应(自动催化除外),当物料处理量一样,起始及最终转化率都相同时,全混反应器所需的体积大于平推流反应器,而微反应器中的微通道几乎完全符合平推流模型。微反应器的传质特性使得反应物在微反应器中能在毫秒级范围内完全混合，从而大大加速了传质控制化学反应的速率。所以对于传质控制等类型的化学反应，使用微反应器可以在维持产量不变的情况下，使反应器总体积大大减小。

3. 转化率和收率　微反应器能提高化学反应的转化率和收率。对于化学反应而言，提高收率的因素是多方面的，如对于部分氧化反应微反应器能大大缩短反应物的停留时间，从而大幅度减少了深度氧化的副产物。对于有最佳停留时间以获得最高收率的化学反应，由微反应器的活塞流特性能够很精确地计算出最佳停留时间。而对于强放热反应，微反应器的传热特性使得反应能够及时转移热量，从而减少副反应，提高反应物的选择性。

4. 安全性能　由于微反应器的反应体积小，传质传热速率快，能及时移走强放热化学反应产生的大量热量，从而避免宏观反应器中常见的"飞温"现象。对于易发生爆炸的化学反应，由于微反应器的通道尺寸数量级通常在微米级范围内，能有效地阻断链式反应，使这一类反应能在爆炸极限内稳定地进行。对于反应物、反应中间产品或反应产物有毒有害的化学反应，由于微反应器数量众多，即使发生泄漏也只是少部分微反应器，而单个微反应器的体积非常小，泄漏量非常小，不会对周围环境和人体健康造成危害，并且能在其他微反应器继续生产予以更换。由微反应器等微型设备组成的微化学工厂能按时、按地、按需进行生产，从而克服运输和贮存大批有害物质的安全难题。

（三）微反应器的平行放大

微反应器容易实现工业放大生产。利用微反应器扩大生产时，不需要将反应器尺寸放大，只需并行增加微反应器的数量即可。对整个系统进行优化时，只需对单个微反应器进行模拟和分析即可，从而缩短了产品从实验室小规模到市场大规模转化的时间，并且可以根据市场对产品的需求情况，增加或减少通道数量或模块来调节生产，具有很高的操作弹性。

（四）微反应器及相关技术应用举例

1. 有机合成　有研究者利用伯醇或仲醇为原料，在相对较高的温度下短时间内生产出收率较高的乙醛或酮的方法，如图 10-5 所示。

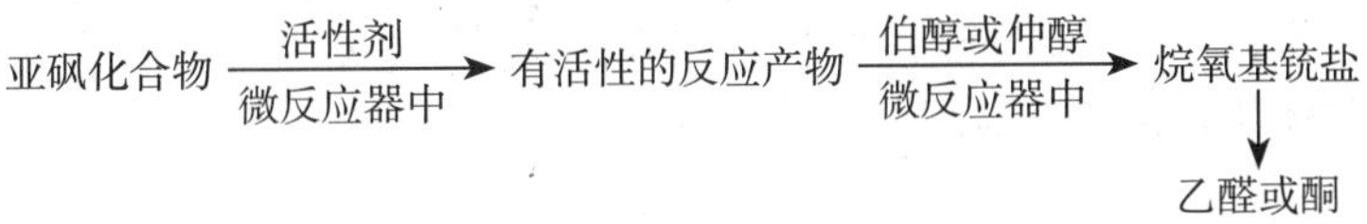

亚砜化合物　$\xrightarrow[\text{微反应器中}]{\text{活性剂}}$　有活性的反应产物　$\xrightarrow[\text{微反应器中}]{\text{伯醇或仲醇}}$　烷氧基锍盐　$\downarrow$　乙醛或酮

图 10-5　应用微反应器合成乙醛或酮

在邻二氟甲苯的合成工业中，有两步反应：首先，邻二氟苯与丁基锂混合反应生成一个高度活泼的中间体邻二氟苯基锂；然后，上述中间体与另一原料硫酸二甲酯混合反应，生成邻二氟甲苯，如图 10-6 所示。两步反应都属于强放热快反应，如果温度高出设定值会导致副产物的生成，使收率大幅下降。因此，两步反应都应在微反应器中进行，才会得到比较稳定的产物。

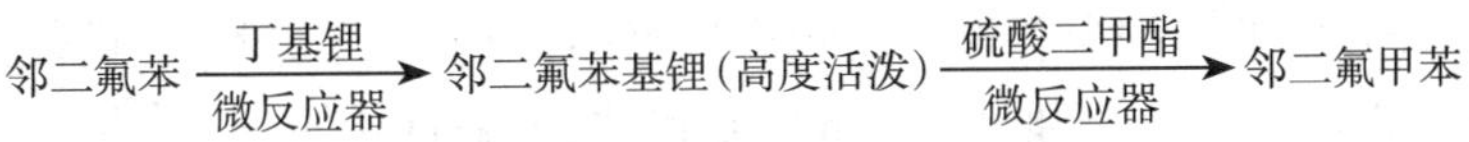

邻二氟苯　$\xrightarrow[\text{微反应器}]{\text{丁基锂}}$　邻二氟苯基锂(高度活泼)　$\xrightarrow[\text{微反应器}]{\text{硫酸二甲酯}}$　邻二氟甲苯

图 10-6　邻二氟甲苯的合成工艺

2. 制备微囊的技术应用　微囊是一种直径在1至几百微米之间的微球状包膜剂。微囊剂的内部可以包埋各种液体半固体或固体药物,较小的在纳米范围内。微囊具有保护物质免受环境条件的影响,掩蔽药物的刺激性,提高药效,减少副作用,增加药物稳定性,延长药物及靶向释放等功能。其形态如图10-7所示。

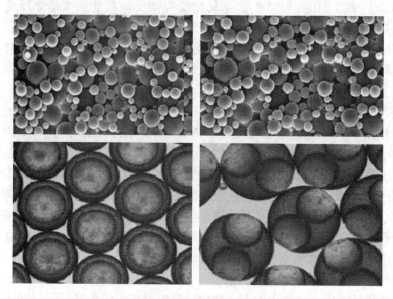

图 10-7　微囊形态

随着生物技术的发展,现在能够生产出高性能的分子如肽类蛋白和核酸,但由于其对化学和水解酶的敏感和低的细胞摄取,使得它们的生物利用度非常低,将它们包封在微囊制成生物微囊,大大提高了分子的吸收和转运。将微囊化技术与组织细胞移植相结合,制备了具有良好生物相容性的海藻酸钠-聚赖氨酸微胶囊作为免疫隔离工具,包埋猪胰岛细胞形成人工细胞,并移植入糖尿病大鼠体内,结果表明该人工细胞成功调节了血糖水平,代行了大鼠胰腺功能,因而被称为人工胰腺。这一研究成果较好地解决了组织细胞移植过程的免疫排斥问题。还有研究者将Co和磁性材料包封在微囊中,在体外用一磁铁使含有Co的磁性微囊定向聚集在病灶处,用于癌症的化疗。

三、挤出制粒

(一) 制粒

制粒是把粉末、熔融液、水溶液等状态的物料经加工制成具有一定形状与大小粒状物的操作。几乎所有固体制剂的制备过程都离不开制粒过程。所制成的颗粒可能是最终产品,如颗粒剂,也可能是中间体,如片剂。制粒操作使颗粒具有相应的目的性,以保证产品质量和生产的顺利进行。如在颗粒剂、胶囊剂中颗粒是产品,制粒的目的不仅仅是为了改善物料的流动性、分散性、黏附性及有利于计量准确、保护生产环境等,而且必须保证颗粒的形状大小均匀、外形美观等。而在片剂生产中颗粒是中间体,不仅要改善流动性以减少片剂的重量差异,而且要保证颗粒的压缩成型性。制粒方法有多种,制粒方法不同,即使是同样的处方,不仅所得制粒的形状、大小、强度不同,而且崩解性、溶解性也不同,从而产生不同的药效。因此,应根据所需颗粒的特性选择适宜的制粒方法。

制粒的目的：

（1）改善流动性。一般颗粒状比粉末状粒径大，每个粒子周围可接触的粒子数目少，因而黏附性、凝聚性大为减弱，从而大大改善物料的流动性。物料虽然是固体，但可使其具备与液体一样定量处理的可能。

（2）防止各成分的离析。混合物各成分的粒度、密度存在差异时容易出现离析现象，混合后制粒或制粒后混合可有效地防止离析。

（3）防止粉尘飞扬及器壁上的黏附。粉末的粉尘飞扬及黏附性严重，制粒后可防止环境污染与原料的损失，有利于 GMP 的管理。

（4）调整松密度，改善溶解性能。

（5）改善片剂生产中压力的均匀传递。

（6）便于服用，携带方便，提高商品价值等。在医药生产中广泛应用的制粒方法可分为三大类，即湿法制粒、干法制粒、喷雾制粒，其中湿法制粒应用最为广泛。此外，还有一种新型制粒法——液相中晶析制粒法。在湿法制粒中，挤出制粒是最有常用的一种方法，下面简单介绍挤出制粒。

（二）挤出制粒

挤出制粒是指往粉末状的药料中加入适宜的润滑剂和黏合剂，经加工制成具有一定形状与大小的颗粒状物体的操作。把药物粉末用适当的黏合剂经设备制成软材之后，用强制挤压的方式使其通过具有一定大小筛孔的孔板或筛网而制粒的方法。这类制粒设备有螺旋挤压式、旋转挤压式、摇摆挤压式等（图 10-8）。

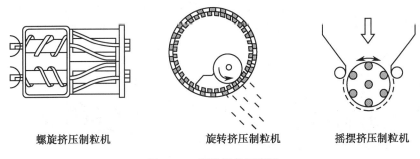

螺旋挤压制粒机　　　　旋转挤压制粒机　　　　摇摆挤压制粒机

图 10-8　制粒设备示意图

挤压制粒机具有以下特点：①颗粒的粒度由筛网的孔径大小调节，粒子形状为圆柱状，粒度分布较窄；②挤压压力不大，可制成松软颗粒，适合压片；③制粒过程经过混合、制软材等，程序多、劳动强度大，不适合大批量生产。

在挤压制粒过程中，制软材（捏合）是关键步骤，黏合剂用量多时软材被挤压成条状，并重新黏合在一起；黏合剂用量少时不能制成完整的颗粒而成粉状。因此，在制软材的过程中，选择适宜黏合剂及适宜用量非常重要。然而，软材质量往往靠熟练技术人员或熟练工人的经验来控制，可靠性与重现性较差。

摇摆式颗粒机是目前国内常用的制粒设备，它结构简单，操作方便。摇摆式颗粒机一般与槽式混合机配套使用，后者将原辅料制成软材后，经摇摆式颗粒机制成颗粒状。也可对干颗粒进行整粒用，把块状或成圆团状的大块整成大小均匀的颗粒，然后去压片。

摇摆式颗粒机制粒的原理是强制挤出型的机制，对物料的性能有一定的要求，物料必须黏松恰当，也即在混合机内制得软材要适宜于制粒，太黏则挤出的颗粒成条而不易断开，太松则不能成颗粒而变成粉末。

摇摆式颗粒机的挤压作用如图 10-8 所示。图中柱状辊由于受机械作用而进行正反转的运动。当这种运动周而复始地进行时,受左右夹管而夹紧的筛网紧贴于滚轮的轮缘上,筛网孔内的软材挤向筛孔而将原孔中的物料挤出。这种原理正是模仿人工在筛网上用手搓压,使软材通过筛孔而成颗粒。

第二节　一次性生产技术及设备

近年来,对生物技术及其在生物医药生产过程的应用提出的要求越来越高。为确保生产过程中的质量稳定可靠,对于传统不锈钢生产设备的材质和加工精度要求提高,尤其是对于使用过程中的消毒、灭菌及清洁要求提出更为严格的要求,可能导致设备投资和运行费用显著增高。同时,也很难可靠地验证其消毒、灭菌及清洁效果,从而使生物制药过程中仍可能有污染的风险。在这种情况下,一次性生产设备就成为人们关注的焦点,为降低总成本及更可靠地控制污染的风险,提供了一种工艺及设备的新途径。

一、一次性生产装置及应用简介

一次性生产设备主要由一次性生物反应釜和相关一次性元器件组成。

(一)一次性生物反应釜

大多数一次性生物反应釜由可带有一次性使用的膜式空气过滤系统、物料容器及其他附属器件组成,确保与物料接触的部分在使用前能够做到可靠清洁、使用后方便更换并集中处置。相关的附属设备大大简化,对于环境的洁净度等要求也能够显著降低,如图 10-9 所示。

图 10-9　典型的传统装置与一次性使用装置

(二)一次性生物反应设备的器件

在一次性反应设备中,必须越来越多地集成全套设备的其他部件和附件,包括必需的传感器等。归纳起来,包括一次性传感器、一次性识别技术及自动化技术为基础的新一代一次性反应设备。在完成每批次和不同产品的生产任务后,仅通过更换这种一次性器件,确保不会出现交叉污染。一些典型的一次性使用元器件如表 10-1 所示。

表 10-1　典型的一次性使用器件与传统器件

传统不锈钢器件举例		一次性使用器件举例	
不锈钢管件		橡胶或塑料管件	
不锈钢连接件		塑料连接件	
不锈钢反应罐或容器		塑料袋	
不锈钢过滤器		微型塑料过滤器	

（三）一次性生产装置的应用

在一些生物制品生产领域中，一次性技术有着广阔的应用前景。当出现流行性感冒时，可以根据疫情迅速作出反应，生产出对症的疫苗。在这种情况下，从费用与必要的生产准备时间的角度考虑，一次性产品成为最佳候选。从疾病预防和疫苗市场的情况来看，在未来的数年中，一次性生物反应设备将在一些生产领域取代其他传统产品。例如，国外曾设计、建设了两套一次性生物反应成套装置，并与成套的装置进行了比较。图 10-10 是 1000L、2000L 与同类传统不锈钢装置的比较，在不少方面优势均突出，展现出良好的发展前景。

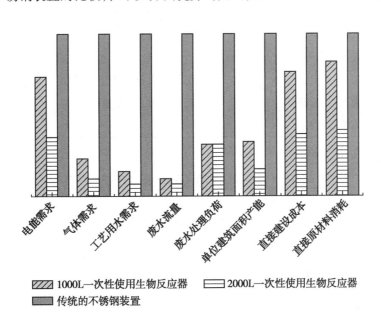

图 10-10　传统性与一次性装置生产每千克药物的主要指标比较

二、一次性使用技术的特点及发展前景

一次性使用元器件及装置其技术尚在发展的初期,但由于其具有显著的优势(表 10-2,表 10-3),必将随着生物制药产品的发展和相关材料、自动控制等技术的发展,在对于一些要求严格控制污染的情况下,取代现有传统装置及元器件,将有着广阔的应用前景。

表 10-2　一次性使用器具及装置的特点

项目	传统的	一次性的	项目	传统的	一次性的
能源消耗	高	较低	员工人数	高	较低
碳排放量	高	较低	满负荷时的运行成本	高	较低
对市场需求的响应	慢	快	低开工率时的运行成本	较高	较低
对新工艺/产品的可适应性	低	高	材料消耗	高	较低
固定资产投资	高	低			

表 10-3　一次性使用技术的特点

项目	传统的	一次性的
产品的改变	很难	容易
工艺和设备的变化或变更	很难	容易
产品类型更改的周期	较慢	较快
对运行场地大小的要求	高	较低
封闭运行要求(防污染)程度	较高	较低
过滤或萃取的验证要求	部分区域	局部区域
固体废弃物处理要求	部分区域	局部区域
工艺用水与排放废水的比例	高	较低
在位蒸汽清洁(包括验证)	复杂/很重要	简单/次要
在位蒸汽灭菌(包括验证)	复杂/很重要	简单/次要
技术集成及完整性的要求	高	低

第三节　物料的循环使用和清洁工艺

对于物料的循环,本节重点介绍化工行业中的物料循环及发酵废液的循环利用。本节第二部分介绍清洁工艺的相关进展,并具体列举了中草药、抗生素的清洁工艺。

一、物料的循环使用

(一)物料循环的一般方式

在复杂的化工过程中常遇到流体返回(循环)至前一级的情况。尤其在反应过程中,由于反应物的转化率低于 100%,为了充分利用原料,降低原料消耗定额,在药厂生产中一般将未反应的原料与产品先进行分离,然后循环返回原料进料处,与新鲜原料一起再进反应器反

应。在以上两种情况下,反应器后往往需要串联一个分离设备,回收未反应完的反应物,并使它返回反应器重新利用,该返回物流称为循环物流。通常下列4种情况采用循环物流:

(1) 对有贵重或稀缺的物质参加的化学反应,在原料配比时,常将其他原料比例大于化学计量系数,则大比例原料转化率低,需循环使用。

(2) 对需加入稀释剂或者催化剂的化学反应,稀释剂或者催化剂需要循环使用。

(3) 对溶液吸收和溶液萃取等分离过程。

(4) 溶剂回收后循环使用和精馏塔的回流。

(二) 有机合成中的物料循环

在某些化学反应的物料循环使用过程中,以产物作为原料重新循环加入反应釜,不仅提高了反应效率,还可以降低有毒有害产物的排放,往往可以达到清洁工艺的效果。

Perkin 法合成芳香族化合物早先是氯苯的亲核取代,一些芳基胺现在仍然使用类似的亲核取代法生产。由于氯并不在产品中出现,该工艺产生的废水含有相当数量的无机氯和微量的有机氯,而这样的废水处理难度是很高的。最近 Monsanto 科学家介绍,使用活泼的芳基化合物可直接进行氢的氧化亲核取代,排除了中间卤化物取代的必要性。类似反应已被认识了很久,称为对氢的亲核取代,但这些反应原来使用污染环境的外加氧化剂。Monsanto 科学家发现的关键是分子氧作为最终氧化剂。以生产对硝基苯胺为例,通常是硝化氯苯得对硝基氯苯,对硝基氯苯再与氨反应得对硝基苯胺。Monsanto 发现在碱性条件下并使用分子氧,苯甲酰胺与硝基苯反应可得 4- 硝基苯酰苯胺,再与醇化胺反应得苯甲酰胺和对硝基苯胺,其中的苯甲酰胺又循环回第一步反应,总体上就成了硝基苯与氨和氧反应得对硝基苯胺和水,如图 10-11 所示。

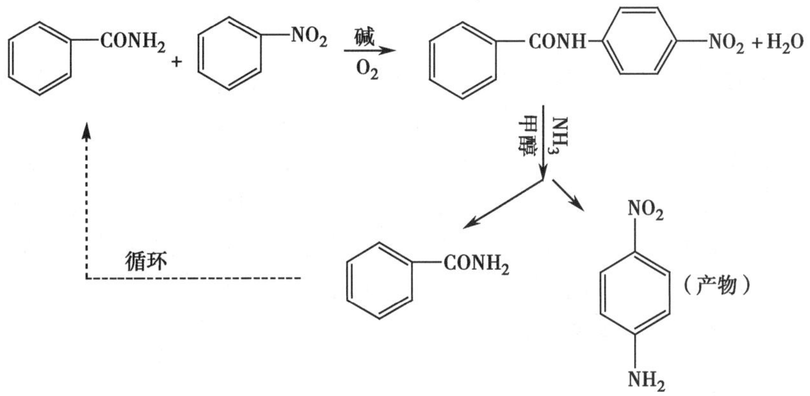

图 10-11　生产对硝基苯胺的绿色工艺

(三) 发酵废液的循环利用

随着生物化学工业的发展,尤其是规模日益大型化之后,发酵废液的处理和利用日趋重要。循环使用发酵废液的流程如图 10-12 所示。这样做我们能够基本上消除发酵废液对环境的污染;同时还可进一步利用废液中的有用成分如残糖等;此外,还可以节约大量生产用水。

国外曾有过将酒精生产废液循环利用的报道,国内对酒精厂酒糟的处理进行了一系列的研究,成功地实现了薯干酒糟和玉米酒糟的固液分离,并对过滤清液在发酵中循环使用进行了试验,结果证明这一方法是可行的。

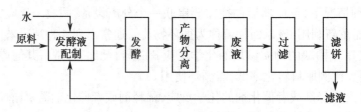

图 10-12　发酵废液的循环利用示意图

发酵废液中含有许多适合于微生物繁殖和生长需要的营养物质,同时也含有某些能抑制微生物生长的物质,这些物质达到一定浓度之后,将会抑制所要培育的微生物生长。如不将此种抑制物除去或使其限制在一定的浓度范围内,就不可能将废液循环使用。发酵废液进行固液分离时,有部分抑制物随滤饼排出,大部分仍残留在过滤清液中。如将滤液循环使用时,则抑制物将在过程中积累。如循环滤液中的物质不参与发酵反应,则每次循环后产生的抑制物是一定的,滤液中的抑制物随循环次数增加而增加,但随滤饼被带走的抑制物亦同时增加。当随滤饼带走的抑制物与新产生的抑制物数量相等时,滤液中抑制物的浓度即不再增加。在此浓度下,微生物的生长不受抑制,滤液可以无限循环使用而不会影响发酵生产。否则,需在循环一定次数后进行排除抑制物的处理。

发酵废液的物料衡算,我们可以设发酵废液量为$F(\mathrm{kg})$,其中不溶物质的分率为X_f,可溶性物质的分率为Y_f;过滤后得到的滤饼量为$W(\mathrm{kg})$,其中不溶性物质的分率为X_w;得到的滤液量为$D(\mathrm{kg})$,则过滤过程的物料衡算如图 10-13 所示,图中$F,X_\mathrm{f},Y_\mathrm{f}$及$X_\mathrm{w}$为已知工艺参数。

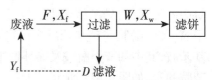

图 10-13　发酵废液的物料循环示意图

当发酵废液经过滤除去不溶性物质并将滤液反复使用于发酵过程中时,如果滤液中的可溶物和抑制物不参与发酵反应,且发酵过程仍能照常进行时,滤液中的可溶物和抑制物将趋于一定值。只要在此浓度下,发酵过程仍能进行,则滤液可以无限次循环使用而不致产生不利影响。为了初步探索某一发酵废液无限次循环的可行性,可将初次过滤获得的滤液蒸发浓缩至此浓度,然后用于代替水配制发酵培养基进行发酵试验,观察其对发酵过程有否影响。如结果不比用清水配制的培养基差,则初步可以确认这种发酵废液是可以反复循环使用的。这样可大大减少探索所需的试验工作量。

二、清洁工艺

(一)清洁工艺的产生和发展

发达国家在经历了发展工业,遭受污染危害,进而治理污染的实践以后,摸索出一条消除工业污染的途径,即开发和采用清洁工艺技术,把消极被动的终端污染处理改变为积极主动的源头污染控制。

1984 年在巴黎召开的世界工业环境管理大会上,国际环保组织提倡在工业上采用少废和无废的清洁技术。随后,几乎每年都有国际性的清洁工艺国际性大会。会上提出,如投资万元在污染发生后的治理上,只能减少 2 吨化学需氧量(chemical oxygen demand,COD)的排放,如从企业生产开始就严格控制原料、设备和工艺等环节,则可减少 6 吨 COD 的排放,应用清洁工艺技术的环境效益是十分显著的。

（二）清洁工艺的应用

清洁工艺的定义：清洁工艺就是不断地、全面地采用环境保护的战略以降低生产过程和生产产品对人类和环境的危害；清洁工艺技术包括节约原料和能量，消除有毒原料，减少所有代谢物的数量和毒性；清洁工艺的战略主要是在从原料到产品最终处置的全过程中减少其对环境的影响；清洁工艺需要应用专有的、改进的技术和更新的态度。

1. 改变原料路线　工业生产将原料转化为产品可以有多种途径，清洁工艺技术正是本着针对污染源，以防为主，防重于治的基点，从工艺技术着手，将污染的减少和消除控制在生产工艺过程之中。在选择少废和无废的工艺技术时，必须兼顾其环境效益和经济效益的统一。

例如，唑来膦酸钠是第三代双膦酸盐类药物，能有效治疗恶性肿瘤所致的高钙血症及多发性骨髓瘤和实体瘤的骨转移。然而传统的合成方法反应条件比较苛刻，而且用到毒性较大的甲醇、三氯甲烷和氯苯，有机溶剂残留量容易超标、产率低、产品纯度低、污染环境，不符合药用标准，不利于工业生产。

后来有研究者发现了以离子液体作为催化剂的新型绿色合成工艺路线（图10-14）。近年来，室温离子液体作为一种新型的环境友好反应介质，已在多种有机合成反应中得到了广泛应用。与传统的有机溶剂相比，离子液体具有蒸汽压极低、不易燃烧、热稳定性好、既可作反应介质又起催化作用、可循环再利用等诸多优点。该工艺原料易得、操作简便、收率高、产品纯度高、环境友好，符合药品生产的要求，适合工业化生产。

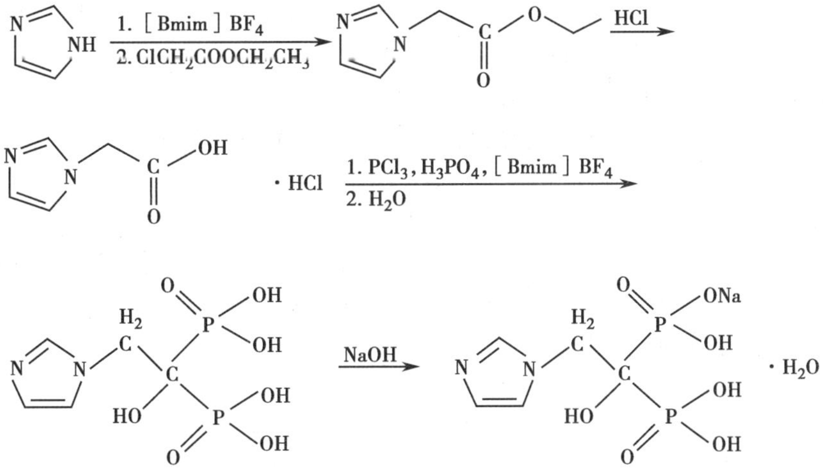

图 10-14　唑来膦酸钠的环境友好合成路线（[Bmim]BF$_4$为四氟磷酸类离子液体）

该合成方法为药物合成提供了一条绿色有效的合成新途径。同时，离子液体所具有的能够回收并重复使用的独特性能，不仅解决了因排放带来的环境污染问题，还避免了在化学反应中反应介质一次性消耗所造成的资源浪费。这些优点都使得该合成工艺在工业化生产中具有良好的应用前景。

2. 采用生物技术　在有机合成反应中，由于反应步骤多，副产物多，或多或少总会产生一些污染物，而利用生物技术则可简化反应，发挥生物潜在的能量，减少对环境污染，这在制药工业中成功的例子就是维生素 C 的生产。传统的维生素 C 的生产采用莱氏合成法，其中间歇式酮化和次氯酸钠氧化，生产周期长，使用的化工原料多，是造成污染的主要原因。改进的莱氏法将酮化改成连续,将氧化改为电解氧化,使其在节能和减污方面有了一定程度的改进。而二步发酵法则是利用生物发酵来代替化学合成,即通过细菌发酵和树脂交换,使山梨糖直接生成 2- 酮基古龙酸,从而避开了莱氏法中的酮化和氧化两个合成工段。莱氏合成法和二步发酵法生产维生素 C 的工艺流程如图 10-15 所示。

山梨醇 $\xrightarrow{\text{一步发酵,醋酸菌}}$ 山梨糖 $\xrightarrow{\text{酮化,丙酮、苯}}$ 双丙酮

山梨糖 $\xrightarrow{\text{氧化}}$ 双丙酮古龙酸 $\xrightarrow{\text{转化}}$ 粗维生素 C $\xrightarrow{\text{精制}}$ 成品维生素 C

（莱氏合成法）

山梨醇 $\xrightarrow{\text{一步发酵,醋酸菌}}$ 山梨糖 $\xrightarrow{\text{二步发酵,特种菌}}$ 2- 酮基古龙酸钠

$\xrightarrow{\text{树脂交换}}$ 2- 酮基古龙酸 $\xrightarrow{\text{转化}}$ 粗维生素 C $\xrightarrow{\text{精制}}$ 成品维生素 C

（二步发酵法）

图 10-15　维生素 C 的合成工艺比较

应用生物发酵技术,缩短了反应过程,减少了化工原料的用量,传统莱氏法中的液氯、苯和发烟硫酸完全不用,丙酮的单耗下降了 80%,液氯单耗下降了 75%。二步发酵法多为液体反应,物料输送方便,有利于生产的连续化和大型化。同时因腐蚀性小,设备维修周期和维修费用均得以下降。

另外生物催化绿色工艺的一个典型例子是抗生素中间体 6- 氨基青霉烷酸和 7- 氨基去乙酸基头孢烷酸的半合成,全球两个中间体的年产量分别为 6000 吨和 500 吨。6- 氨基青霉烷酸的传统工艺如图 10-16（a）所示。尽管这种方法生产了高收率的产品 6- 氨基青霉烷酸,但从环境保护观点来看仍有缺点:使用了化学计量的甲硅烷基化试剂五氯化磷和溶于二氯甲烷的 N,N- 二甲基苯胺。此外,该反应还必须在 –40℃条件下进行。

后来有研究者开发了生物催化技术,如图 10-16（b）所示,不需要保护和分离羧基官能团,绿色、环保并且节能。与此类似,7- 氨基去乙酸基头孢烷酸也是由青霉素 G 酶催化脱酰获得的。几乎所有 6- 氨基青霉烷酸和 7- 氨基去乙酸基头孢烷酸都采用这种“绿色”的生物催化技术生产。为使这种工艺经济可行,脱氧核糖核酸重组技术促进了酶的生产,并提高了酶的固化度以优化其使用。

青霉素 G $\xrightarrow{\text{甲硅烷基化}}$ 羧基官能团被保护 $\xrightarrow{\text{氯化亚铵}}$ 酰胺官能团脱酰

$\xrightarrow{\text{水解}}$ 甲硅烷基化保护的官能团被分离

（a）

青霉素 G $\xrightarrow[\text{水作介质}]{\text{青霉素酰基转移酶}}$ 一步脱酰得到产物

（b）

图 10-16　6- 氨基青霉烷酸的传统工艺（a）与“绿色”工艺（b）

3. 中草药制药的清洁生产　中草药常规的提取方法有热提取法、浸泡提取法等提取工艺,这些工艺操作复杂、提取时间长、有效成分收率低,产生大量的废液、废渣,因此必须在中草药的提取过程中采用清洁生产技术,才能提高提取收率、减轻废物处理负担。

目前银杏有效成分的提取多采用溶剂提取法:以 60% 的丙酮作为提取溶剂,经过一系

列的过程得到产品 EGB761。提取物经测定,含灰分约为 0.25%,重金属约为 20μg/g。此类工艺的共同特点是:需要进行长时间的提取,多次的洗涤、过滤和萃取,工艺路线长;消耗了大量的有机溶剂,劳动强度大,生产成本高;收率低,工艺过程参数控制较难,产品的质量较差;生产过程中产生大量的废液和废渣,对环境污染大,给企业带来较大的环境污染治理负担;产品中含有重金属和有机溶剂的残余,会给服用人群带来毒副作用。

　　为克服上述在生产、消费以及后期治理中存在的缺点,人们一直在研究寻找一种新途径来提取银杏的有效成分,下面介绍的是超临界流体萃取银杏有效成分工艺。超临界流体萃取工艺如图 10-17 所示。

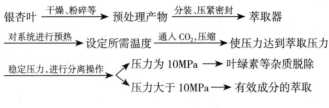

图 10-17　银杏叶的超临界萃取工艺

　　将超临界萃取方法与溶剂萃取法进行比较可以看出:①超临界萃取的萃取率达到 3.4%,比溶剂萃取法高 2 倍,大大提高了收率;②超临界萃取工艺流程短,萃取分离一次完成,萃取操作时间约为 2 小时,比溶剂萃取法萃取时间(24 小时)缩短了 11 倍,提高了效率;③银杏有效成分的质量高于国际上公认标准,银杏黄酮含量达到 28%,银杏内酯含量达到 7.2%;④超临界萃取方法采用了二氧化碳为萃取介质,萃取操作在 35~40℃进行,保持了银杏叶有效成分的天然品质;⑤没有重金属和有毒溶剂的残留。

思 考 题

1. 反应器模拟计算有何作用? 需要具备哪些知识?
2. 微反应器及相关过程的原理、特点及应用领域是什么?
3. 挤出式制粒的基本原理及特点是什么?
4. 一次性制药生产装置及元器件有哪些特点? 主要适合于哪些场合?
5. 什么是清洁生产工艺? 有哪些先进的技术途径?

（宋　航）

第十一章　新药研究与开发

学习目标
1. 了解药物研发的发展历程以及我国药品注册分类情况和申报资料的基本要求。
2. 了解新药研究与开发过程,初步学习新药设计基本原理和方法。
3. 初步学习药物研究的新技术和新方法的基本原理,了解先导化合物发现与优化的基本思路。

第一节　概　　况

一、新药研发的现状及发展趋势

新药研究与开发是为了获得一个经批准上市在临床应用药物的过程。随着人类历史的不断发展,新药研发也在不断发展。新药研发大体上可以分为三个阶段:药物研发雏形、近代药物研发、现代药物研发,或又称为发现、发展、设计三个阶段。

从远古到 19 世纪末这个时期可以称为药物研发的雏形阶段或发现阶段。我国古籍里记载的"神农尝百草"故事及炼丹术可以说是人类最早的药物研发过程,这个阶段的特点是所有的药物都来源于自然界,而且药物研发过程基本都很简单、原始,如从阿片中提纯得到了吗啡,从古柯叶中得到可卡因以及从葛藤科植物得到打猎的箭毒等。

从 19 世纪末到 20 世纪 70 年代左右这个时期可以称为近代药物研发或发展阶段。这个阶段的特点是大量从自然界获取药物,同时有机化学的发展使药物的来源转入到人工合成,涌现了大量的合成药物。此外,还有内源性生物活性物质的分离、鉴定和活性筛选等。水合氯醛、乙醚在临床上的应用,尤其是 1899 年阿司匹林作为解热镇痛药上市为这个阶段开始的标志。这一时期的药物研发得到飞速发展,上市了大批药物,可称为药物发展的黄金时期。在这个时期,人们认识到药物分子的空间排列及距离、分子的几何构型、光学构型、电性参数等性质均与其药理作用有关,形成了新药研究里最核心的理论——构效关系。构效关系指药物的化学结构,包括基本骨架、立体构型、活性基团、结构中链长短等与药理作用之间的特定关系。

20 世纪七八十年代以来,分子生物学等基础医学、各种检测技术及电子计算机技术的迅猛发展及广泛应用,为阐明药物作用机制和深入解析构效关系提供了坚实的理论和强有力的实验技术基础,大大促进了新药研发。这个阶段可以称为现代药物研究或药物研发设计阶段,这个时期出现了计算机辅助药物设计、组合化学、高通量筛选等新技术和新理论。由于生物化学和分子生物学等的巨大进展,人们对药物与机体的相互作用有了更多、更透彻的理解,将药物作用靶点分为受体、酶、离子通道、核酸(DNA 和 RNA)等,对这些作用靶点的三维结构进行解析,然后可以采用计算机辅助药物设计,先期对化合物进行虚拟筛选,找到与这些靶点结合最好的化合物,然后再合成得到化合物,进行生物活性测试,这样有利于减少盲目性、提高化合物的成药性。这种研究新药的方式被称为合理药物设计,因此,这个时期的新药研发可以称为设计阶段。这个时期研究开发出了不少疗效好、副作用相对较小的药物,很多药物上市后,销售额超过 10 亿美元,被称为“重磅炸弹”药物。例如随着对胃酸分泌机制的了解,先后开发上市了第一个组胺 H_2 受体拮抗剂西咪替丁和第一个 H^+/K^+-ATP 酶抑制剂奥美拉唑。

目前的新药研究与开发是一个复杂的系统工程,涉及了药学、生物学、化学、临床医学等多个领域。由于临床试验费用不断增加、日渐严格的新药审评政策等多种因素,新药研发的速度明显放缓,全球上市的新化合物分子由 20 世纪 90 年代的每年 40~50 个减少为目前的每年 20~30 个。据统计,需要合成筛选一万多个化合物才能得到一个上市的药物,一个全新药物从研发到上市,需要 10~13 年的时间,耗资约几亿甚至几十亿美元。因此,新药研发的特点是周期长、高技术、高投入、高风险、高回报。

在人类新药研发的过程中,新药研发有关的法规也从无到有不断完善,可以说每一次完善往往都是深刻教训的结果。早在 20 世纪初,发现毒品和酒精容易成瘾,1906 年美国就通过了《纯净食品和药品法》,禁止酒精、毒品等 11 种成分在市场上的非法交易。20 世纪 30 年代发现的磺胺被制成各种剂型在临床应用,1937 年美国一家制药公司为了减少醉酒及方便儿童服用,将磺胺口服液中的乙醇用二甘醇替代,配制了一种色、香、味俱佳的口服液,叫“磺胺酏剂”,未经实验就上市销售,最后因二甘醇的毒性造成了 100 多人因肾衰竭而死亡。正是因为这个磺胺酏剂事件,美国国会在 1938 年 6 月通过了《食品、药品和化妆品法》。从此,美国法规要求新药必须经过美国食品和药物管理局(FDA)安全性检查,批准后方可合法上市。这是美国第一部正式关于新药研发的法规,该法规在随后的几十年里被不断修改完善,最著名的一次是“反应停(沙利度胺)”药害事件,因为“反应停”药害事件,美国和西欧各国修改了新药试验内容,即增添了“三致试验”(致癌、致畸、致基因突变)项目,从而使后来上市的新药更加安全可靠。

后来进一步的研究显示,沙利度胺分子结构(图 11-1)中含有 1 个手性中心,从而形成两种光学异构体,其中构型 R-(+)的异构体有中枢镇静作用,另一种构型 S-(-)的对映体则有强烈的致畸性,才是引起新生儿畸形的元凶。因此,“反应停”药害事件也加深了人们对手性药物中不同异构体在活性和毒性等方面差异的认识。

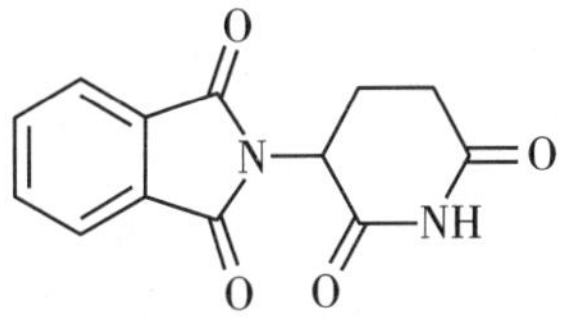

正是因为这样许许多多的药害事件,让各国政府对药品上市销售采取了越来越严格的市场准入制度,制定了严格的新药研发相关法规,指导新药研发。

图 11-1　沙利度胺化学结构式

二、中国的药物研究

新中国成立以来,尤其是 1978 年实行改革开放以来,我国的医药工业有了长足的发展,现已成为国民经济的一个重要组成部分。2011 年,据工业和信息化部数据显示,中国制药企业共计 6154 家,具有一定规模的化学制药企业已达近 4000 家,医药工业总产值由 1978 年的 64 亿元增加到 2010 年的 1.24 万亿元、2011 年的 1.5 万亿元,位居全球第 5 位。我国现在可以生产 24 大类化学原料药近 1500 种,年产量 43 万吨,已成为世界第二大原料药生产国。能生产各类化学药品制剂,片剂、水针、粉针、胶囊和输液等34个剂型4000余个品种,控缓释技术、微囊技术、靶向制剂、透皮吸收制剂等已应用到药品制剂生产中。一些重要的品种如维生素C、青霉素在世界上有举足轻重的地位。虽然我国医药工业品种齐全、产量大,但所生产的产品基本都是仿制药,由我国原创的不多,尤其是受到国际认可的由我国原创的药物仅有治疗疟疾的蒿甲醚等几种,屈指可数。因此,我国被认为是一个制药大国,却不是制药强国。但我国的医药工业也有自己的特点,那就是中医中药。虽然中药因为成分复杂等原因,难以通过欧美国家严格的新药审查作为药物进入欧美市场,但中药在我国有几千年的应用历史,对一些疑难杂症有独到的疗效。我国目前有2000多家中药类企业,生产品种8000多个,中药制剂40多种,产量达80万吨,已改变了手工作坊的生产方式,中药生产实现了现代化、规模化、产业化。我国有31所中医药大学(学院),167所中医药研究机构,具有强大的中药新药开发能力。丰富的中药资源和众多的民间偏方,可以为化学药物研究提供结构独特的先导化合物。至于我国的生化制药行业,目前有大约300家生化制药企业,与化学制药情况差不多。虽然中国已成为全球最大的疫苗生产国,但在生产的382种生物工程药物及疫苗中,只有21个为原创,其余都是仿制,占94.5%。

近些年我国政府采取了一系列重大举措,加大了创新药物研发的资金投入,在全国建立了多个国家级新药筛选中心、新药临床前安全评价中心、国家级新药临床研究中心,在高校和相关的科研机构建立了一批现代新药研发的技术平台,这些平台包括:新药筛选技术平台、新药临床前药效学关键技术平台、新药临床前安全评价技术平台、药动学关键技术平台、临床试验关键技术平台、生物技术药物规模化制备技术平台、动物细胞表达产品大规模高效培养技术平台、生物技术产品的质量标准和检测技术平台等,对新药研发过程中出现的计算机辅助药物设计、组合化学、高通量筛选等新技术、新方法也给予了大力支持,希望建立符合国际规范的新药创新体系和功能完备的创新药物研发技术平台,实现我国新药研发向以创新为主的重大转变,推动我国由医药大国向医药强国的根本性转变。

我国的药事管理可以分为四阶段:集中审批前粗放管理期、初创阶段、发展阶段和整顿发展阶段。

我国第一部有关新药研发、生产、销售及使用的法规——《药品管理办法》是在1985年才开始实施的,在此之前,我国处于计划经济占主导地位的时期,这阶段是集中审批前粗放管理期。药品审批和技术评价均处于不够规范的状态,审批权限主要由省级有关机构履行(化工厅、卫生厅等)。药品技术评价共有的原则虽也可以理解为安全有效,但也是较为粗放的,各省级之间有所借鉴但没有强制的统一性,规章制度、机构、专职人员缺如。

1985年《药品管理办法》实施以来,我国的新药研发经历了初创、蓬勃发展和整顿发展阶段。初期成立了新药审评专家委员会,组织专家对申报的新药资料进行函审或会议审评,相继发布了化学药品、中药和生物制品研究技术指导原则,标志着技术评价科学化、规范化的起步。在随后几年里,药品申报和审批迅速发展,但也出现不少问题,促使政府部门出台了一系列政策加强整顿,鼓励创新、限制仿制。

如下几组统计数据清晰地体现了我国新药研发的发展历程。自1985年实施《药品管理办法》至1996年,卫生部共批准新药3698件,计1733个品种,其中化学药品2315件,990个品种;中药655件,494个品种;生物制品616件,209个品种;诊断试剂112件,40个品种,呈现逐年增加趋势,详见表11-1。但2005年,仅仅一年国家食品药品监督管理局批准的药品申请数量11 086件,其中新药1113个,改剂型药1198个,仿制药8000多个,数量大

表 11-1　1986 年至 1996 年我国药品批准情况

年度	化学药品		中药		生物制品	
	批件数	品种数	批件数	品种数	批件数	品种数
1986	4	4	0	0	3	3
1987	29	29	11	11	3	0
1988	59	49	38	35	5	3
1989	115	68	49	28	2	2
1990	156	87	83	49	41	36
1991	223	82	77	53	278	37
1992	248	93	97	59	34	27
1993	341	151	67	58	67	27
1994	373	131	68	60	67	29
1995	514	194	118	97	81	28
1996	253	102	47	44	35	17
合计	2315	990	665	494	616	209

幅攀升。2005 年开始整顿,使新药研发更规范,据统计,2006—2010 年,国家批准的化学药品批文数量分别为:6098、1478、2390、1515、878 件。而 2011 年所有批准的药品注册申请只有 718 件,其中批准境内药品注册申请 644 件,批准进口 74 件。在 644 件境内药品注册申请中,化学药品 569 件,中药 50 件,生物制品 25 件。从注册分类看,境内药品注册申请中,新药 149 件,改剂型 59 件,仿制药 436 件。今后,我国药品审批将更加严格、规范、科学。

由于新药研发是一个复杂的系统工程,需要分子生物学、生物化学等基础性医学学科做支撑,同时需要大量的投资,因此,过去的几十年我国的新药研发基本都是仿制,但由于我国在 2001 年底加入 WTO,从 1993 年开始实行了新化合物专利保护,自此我们已不能仿制专利保护期内的药物,促使我们的新药研发从以仿制为主向创仿结合并最终以创制为主转变。在国家积极引导和大力支持下,我国的新药研发已取得了积极变化,目前已有不少具有自主知识产权的新化合物分子进入临床研究,有望在不久的将来取得突破。

第二节　新药申报与审批

一、新药分类

按现行的药品注册管理办法,新药是指未在中国境内上市销售的药品,包括:国内外均未上市销售的创新药物,已知药物剂型改变、改变给药途径或增加新的适应证、增加或减少成分的新复方制剂等。按药物来源,药品注册管理办法将药品分为三大类,即化学药品、中药与天然药物、生物制品,每个大类里面又分为若干小类;其中中药是指在我国传统医药理论指导下使用的药用物质及其制剂,天然药物是指在现代医药理论指导下使用的天然药用物质及其制剂,生物制品又分为治疗类和预防类。具体分类见图 11-2 和国家食品药品监督管理总局颁发的《药品注册管理办法》附件。

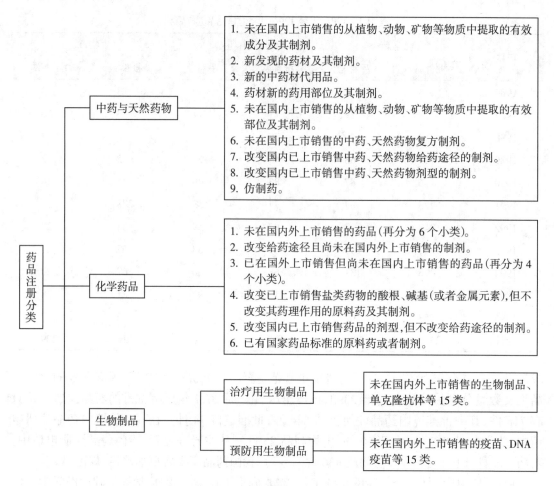

图 11-2 我国现行药品注册分类

二、新药的申报与审批

进行新药研发时,首先应根据所申报的药物在国内的现状进行分类,准备相应的申报材料。不同的类别所要求的申报材料不同,有些材料是必须提供实验研究数据资料,有些可以以文献资料替代,有些资料是免提供的,具体情况须参照现行的《药品注册管理办法》及其附件内容要求。药品注册申请人在完成拟申报药品的有关研究并整理成符合要求格式的申报材料,然后提交申请。我国目前实现的是两报两批,即临床试验的申报和审批、生产的申报和审批。一般的程序是:药品注册申请人首先向当地省级药品注册管理部门申报(生物制品和进口药的申请是直接申报到国家新药审评中心),经形式审查、注册检验、生产现场考察等合格后,向国家食品药品监督管理总局递交申报材料,申请临床研究,国家新药审评中心会对上报的材料组织专家进行一系列的技术评价,技术评价先进行药学专业、药理毒理专业和临床专业三方面,然后进行综合评价,评价其是否已满足进入临床试验要求,从而决定是否批准进行临床试验。国家鼓励研究创新药物,对未在国内外上市的化学药品、中药和天然药物及治疗艾滋病、肿瘤、罕见病的药品注册申请采取特殊审批制度,往往会缩短审批时间。第二阶段是新药生产的申请,药品注册申请人获得临床研究批文后,与具有临床研究资格的单位签订临床研究合同,按规定进行临床试验。临床研究完成后,药品注册申请人再整理相关研究资料,向国家食品药品监督管理总局申报生产,新药审评中心会对上报的材料进行技术评价,决定是否批准生产。获得生产批件后,就可以组织生产销售。我国对新批准上市的药品设立监测期,一般为自批准日起不超过5年,新药自进入监测期之日起,国家食品药品监督管理总局不再受理其他人同品种注册申请,已经批准其他申请人该药品临床试验的可以继续进行,已经受理但尚未批准继续临床试验的其他人同品种申请予以退回。待新药监测期满后,申请人可以提出仿制药申请或进口药品申请。

新药申报资料分为综述资料、药学研究资料、药理毒理研究资料和临床研究资料四部分,每部分又包含若干个单独的资料,具体可以参见《药品注册管理办法》附件里的规定。但为了提高我国药物研发的质量和水平,逐步实现与国际接轨,国家食品药品监督管理总局在研究人用药品注册技术要求国际协调会(ICH)通用技术文件(Common Technical Document,简称CTD)的基础上,结合我国药物研发的实际情况,在2010年组织制定了《化学药品CTD格式申报资料撰写要求》,规定《药品注册管理办法》附件2化学药品注册分类3、4、5和6的生产注册申请的药学部分申报资料,参照印发的CTD格式整理提交,同时提交电子版。需要说明的是,新药申报资料中有关药学、药理毒理学及临床研究等每项研究内容,国家食品药品监督管理总局均制定了相关研究技术指导原则,在进行相关研究时需严格按照技术指导原则规定进行。这些指导原则有:2005年发布的化学药稳定性研究等16个技术指导原则,2007年发布的吸入制剂质量控制等5个药物研究技术指导原则,2013年印发的天然药物新药研究技术要求等。

药品注册申请的基本程序,如图11-3所示。

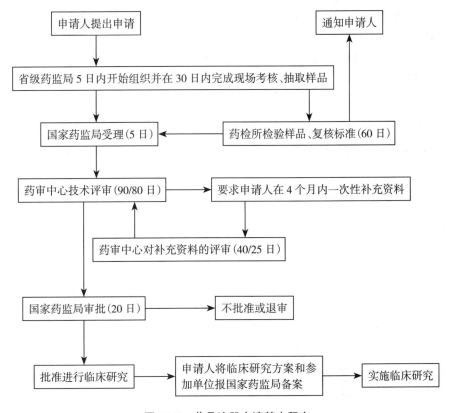

图 11-3 药品注册申请基本程序

第三节　新药研究开发原理和过程

一、新药研究与开发过程

新药研究与开发可以分为两个阶段:研究发现、开发。其中广义的研究发现阶段包括某种疾病和治疗靶点的基础性研究和可行性分析、先导化合物的发现与优化(活性筛选、构效关系研究)。疾病发病机制研究,发现影响疾病进程的关键性因素,确定靶分子可以被认为是新药研发的最起始阶段。近年来由于科学技术的发展,特别是生物技术的发展,使许多与临床疾病有关的受体与酶被克隆和表达出来,更加方便了靶分子的确定和选择,然后通过各种途径发现能作用于这些靶点的先导化合物,对先导化合物进行结构修饰、优化,从而发现有可能成为药物的新化学实体(new chemical entity,NCE),将其作为候选药物(candidate drugs)进行下一步的开发研究,这阶段还包括申请专利等。狭义的研究发现阶段仅仅是指先导化合物的发现和优化。

开发阶段大体分为临床前研究和临床研究两部分。

开发阶段是居于新药的发现研究和市场化之间的重要过程。在研究阶段发现了候选药物,下一步就是临床前研究。临床前研究包括药学部分和药理毒理学两大部分,临床前研究的目标就是发现可以进行临床研究的新药(investigating new drugs,IND),但能进入临床研究的候选药物很少,多数因为各种原因而终止。如果候选药物在临床前研究中表现优异,临床前研究结束后,将研究结果按要求整理成规范的申报材料,按第二节里介绍的程序上报到政府主管部门,经批准后,进行临床研究。很多 IND 因为各种原因在临床研究阶段终止,只有很少 IND 能通过临床研究被批准上市成为药物。也有一些药物批准上市之后,在临床大规模应用后,发现了一些非常罕见的且严重的甚至是致命的不良反应,最终也不得不从市场上撤出。新药研究与开发的大概流程见图 11-4。

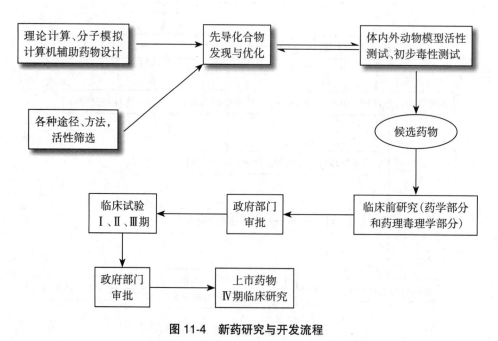

图 11-4　新药研究与开发流程

二、先导化合物的发现与优化

先导化合物有时又称原形物,简称先导物,是通过各种途径或方法获得的具有某种生物活性的化学结构,未必是可实用的药物,可能存在很多缺点,如:药效不强、特异性不高、药动学性质不合理或毒性大等,但可作为新的结构类型和线索物进行结构修饰和改造。获得先导化合物的主要途径或方法有:从天然生物活性物质中发现,以生物化学为基础发现,从临床药物的副作用发现,从药物代谢发现,从药物合成的中间体发现,从组合化学的方法产生,基于生物大分子的结构和作用机制设计,发现等。先导化合物被发现之后,会对其进行一系列药理毒理学研究、结构改造和构效关系研究,往往采用下面介绍的生物电子等排、前药等原理对先导化合物进行优化。有些先导化合物能最终成为药物,或优化得到的化合物成为更有优势的药物。

(一) 从天然生物活性物质中发现先导化合物

几千年前,人类就知道从植物、动物、矿物中得到药物。民间偏方对一些疾病往往有独特疗效,可以从中发掘化学结构独特的先导化合物。目前,从陆地和海洋的动植物及微生物获得了结构丰富多样的药物或先导化合物,为先导化合物最重要的来源之一。这方面的例子很多,比如我国从中药黄花蒿中发现的抗疟有效成分青蒿素,以其为先导化合物进行结构修饰,得到了活性更强的蒿甲醚和青蒿琥酯,其中青蒿琥酯成钠盐,可以做成水溶性针剂,有利于急救(图 11-5)。

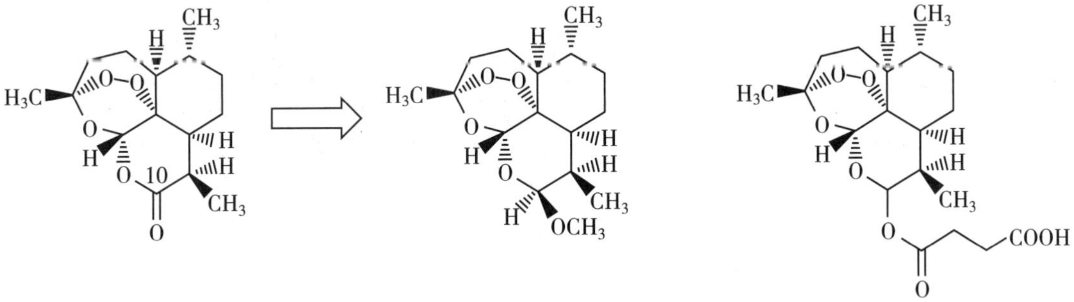

青蒿素　　　　　　　　蒿甲醚　　　　　　　　青蒿琥酯

图 11-5　先导化合物发现与优化实例 1

(二) 以生物化学为基础发现先导化合物

人体是一个复杂的统一机体,经过各种生化反应和生理过程来调节机体的正常功能。研究这些生化反应和生理调节过程,是新药设计的靶点和先导化合物的源头之一。人体的各种生化反应往往会有活性物质与相应的酶、受体或离子通道发生作用,这些活性物质往往就是先导化合物或参考其结构设计出的先导化合物。近些年,分子生物学等生命科学的迅速发展,为寻找体内具有生物活性的先导化合物开辟了广阔前景。临床上应用广泛的血管紧张素转化酶(ACE)抑制剂、H_2 受体拮抗剂类抗溃疡药物等的发现,都是通过研究体内生化反应过程,以体内活性物质为先导化合物,进行结构优化得到的。例如西咪替丁的研制,就是基于组胺通过作用于胃壁 H_2 受体,刺激胃酸分泌这一生理过程,以组胺为先导化合物,进行结构改造得到的(图 11-6)。

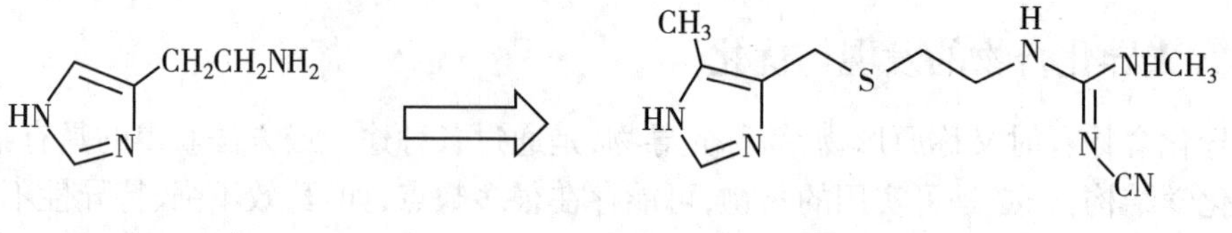

组胺　　　　　　　　　　　　西咪替丁

图 11-6　先导化合物发现与优化实例 2

（三）从临床药物的副作用发现先导化合物

药物对人体的作用往往是多方面的，将其最主要的生物活性用于某种疾病治疗，则该药物其他的生物活性往往就是副作用。认真观察这些副作用，以此药物为先导化合物进行结构优化，往往可以将其某种副作用增强，达到一定要求后可以将副作用变为治疗作用，用于其他疾病的治疗。例如临床上应用的磺酰脲类降血糖药和噻嗪类利尿药，都是源自磺胺药物的不良反应。在 20 世纪 40 年代用磺胺异丙噻二唑治疗伤寒，剂量大时会造成死亡，研究发现其原因为该药造成血糖过低引起的，经结构优化，最终发现了磺酰脲类降血糖药物。吩噻嗪类抗精神病药的发现也是源自抗过敏药 H_1 受体拮抗剂异丙嗪的副作用，H_1 受体拮抗剂都存在一定程度的中枢神经系统抑制作用，将异丙嗪侧链异丙基用直链的丙基替代时，抗过敏作用下降，而精神抑制副作用增强，进一步在环上引入脂溶性的氯原子则有利于透过血脑屏障，最后得到了一个里程碑式的精神病治疗药物氯丙嗪（图 11-7）。

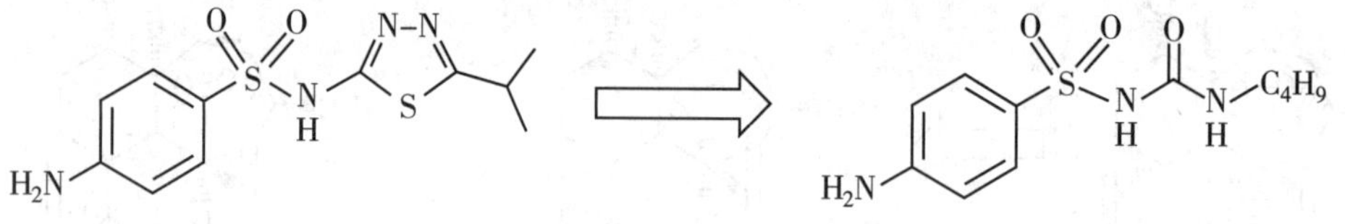

磺胺异丙噻二唑　　　　　　　　氨磺丁脲

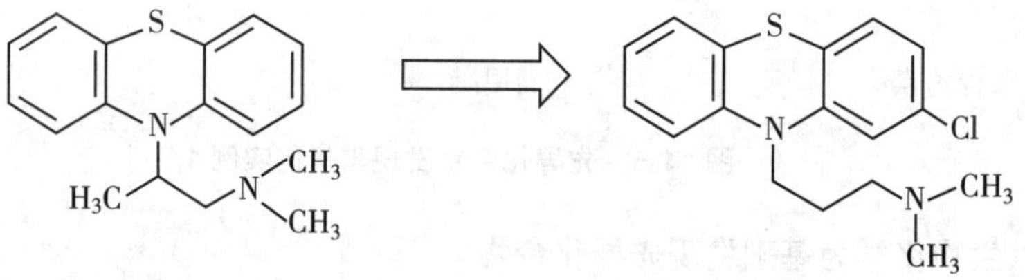

异丙嗪　　　　　　　　　　　　氯丙嗪

图 11-7　先导化合物发现与优化实例 3 和 4

（四）从药物代谢中发现先导化合物

药物进入体内会对人体产生一系列的生物活性，反过来，人体也会对药物产生作用，药物在机体里的吸收、分布、代谢和排泄是药物研究非常重要的内容。药物进入人体会被人体代谢，药物代谢分为两种情况，一种是代谢为活性小或无活性的代谢物，称为代谢失活；另外一种是代谢为活性更强的代谢物，称为代谢激活。研究药物代谢产物往往可以发现活性更好、不良反应更小的药物。这方面的例子很多，如抗过敏药物 H_1 受体拮抗剂阿司咪唑（astemizole，商品名息斯敏）在体内经 *N*- 脱烷基的代谢产物诺阿司咪唑（norastemizole），对 H_1

受体的选择性比代谢前强，而且活性是代谢前的 40 倍，现已作为新药上市，同时阿司咪唑因为心脏毒性已从市场撤销（图 11-8）。

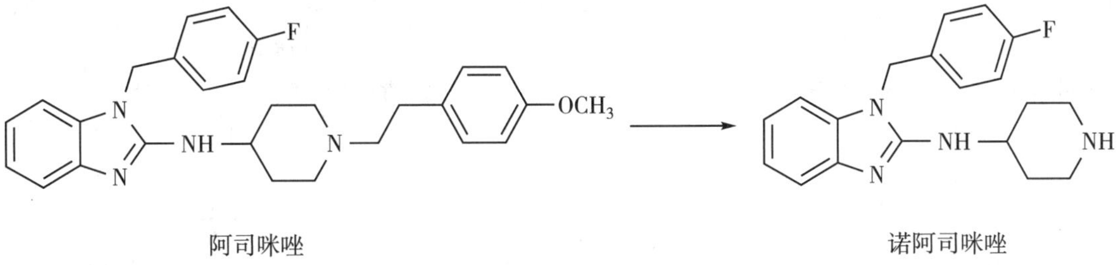

阿司咪唑　　　　　　　　　　　　　　　　　　　　　　诺阿司咪唑

图 11-8　先导化合物发现与优化实例 5

三、新药设计（先导化合物优化）的原理和方法

新药设计最基本的原理和方法有：拼合原理、前药原理、生物电子等排原理等，这也是先导化合物优化时常用到的方法。

（一）拼合原理

主要指将两种药物的结构拼合在一个分子内，或将二者的药效基团兼容在一个分子中，使形成的药物或兼具二者的性质，强化药理作用，减少各自相应的毒副作用；或使二者取长补短，发挥各自的药理活性，协同地完成治疗过程。

拼合原理是药物设计中非常经典的方法，常常用到而且能取得较好效果。这样的例子很多，例如临床上使用的贝诺酯是由两个解热镇痛药阿司匹林和对乙酰氨基酚通过酯键连接得到的，由于两药的协同作用，可以相对减少二者药量，降低二者的副作用，同时也消除了阿司匹林结构中的羧基对胃黏膜的直接刺激性。另一个临床常用的抗生素类药物舒他西林也是采用拼合原理得到的药，研究发现金黄色葡萄球菌等细菌会产生青霉素酶或 β-内酰胺酶将 β-内酰胺类抗生素开环而丧失抗菌活性，即细菌产生了耐药性。基于这个发现，人们将半合成抗生素氨苄西林（ampicillin，氨苄青霉素）和 β-内酰胺酶抑制剂舒巴坦（sulbactan，青霉烷砜）通过一个亚甲基拼合在一起，得到了舒他西林。该药进入体内可以释放出氨苄西林和舒巴坦两种药物，舒巴坦可以抑制耐药菌产生的 β-内酰胺酶对氨苄西林的破坏，从而增强对耐药菌的杀灭作用（图 11-9）。

（二）前药原理

前药是一类体外活性很小或无活性，在体内经酶或非酶的作用，释放出活性物质而发挥药理作用的化合物。

药物存在很多缺点，如：口服吸收不完全，影响血药浓度；体内分布不理想，产生不良反应；水溶性小，不便于制成注射剂或易在注射部位析出而造成疼痛；在到达作用部位前在肝脏被代谢酶代谢失活了，即首关效应大，或转运过程中受到有关酶系攻击而发生降解，造成半衰期短；有难闻的臭味或苦味等情况，这些缺点往往可以采用前药方法解决。因此，针对上面这些缺陷，前药的目的可以分为：提高生物利用度、增加水溶性、延长作用时间、克服首关效应、利用一些特异性的生化过程降低不良反应等。在设计前药时，往往是利用药物结构中的一些取代基如羟基、羧基、氨基、巯基等，通过一些经典的有机反应，在药物结构上引入一些结构片段，改善药物相关缺点。需要注意的是，引入的结构片段在体外应该有一定的稳

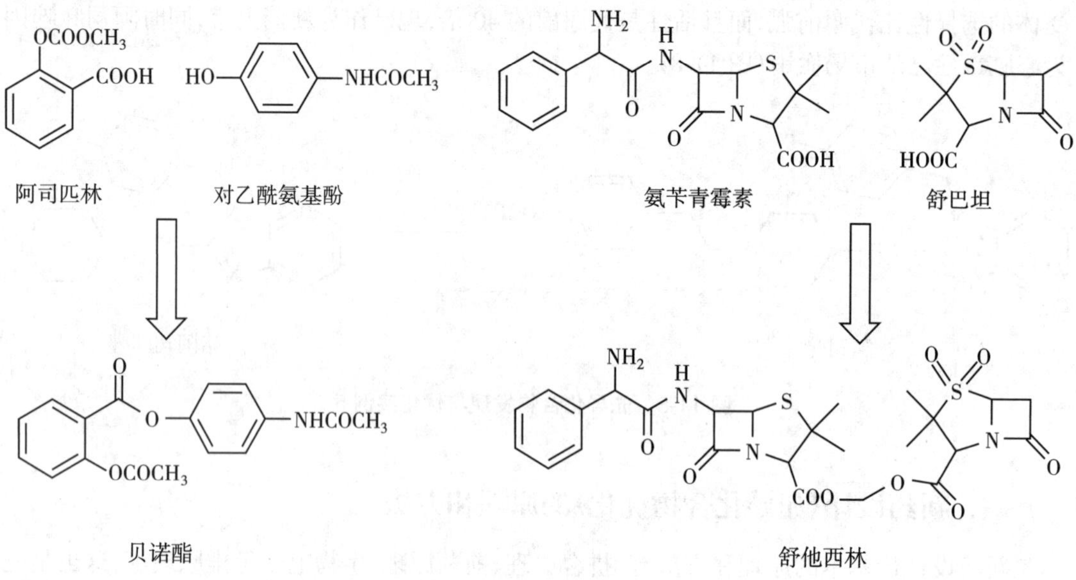

图 11-9 拼合原理实例 1 和 2

定性,但在体内应该能经过各种代谢方式脱去,释放出原来的药物,以便发挥作用。例如非甾体抗炎药地塞米松水溶性非常小,要做成注射水针剂比较困难,以前采用加入一些助溶剂如 1,2- 丙二醇的方法,但这些助溶剂往往具有一定的心脏毒性,后来利用地塞米松结构中的羟基做成磷酸酯,磷酸酯中剩下的两个羟基再成盐,得到地塞米松磷酸二钠,水溶性大大增强,方便做成注射水针剂。地塞米松磷酸钠经注射进入体内后,其磷酸酯容易被体内的酯酶代谢脱去,变为地塞米松而发挥抗炎作用(图 11-10)。

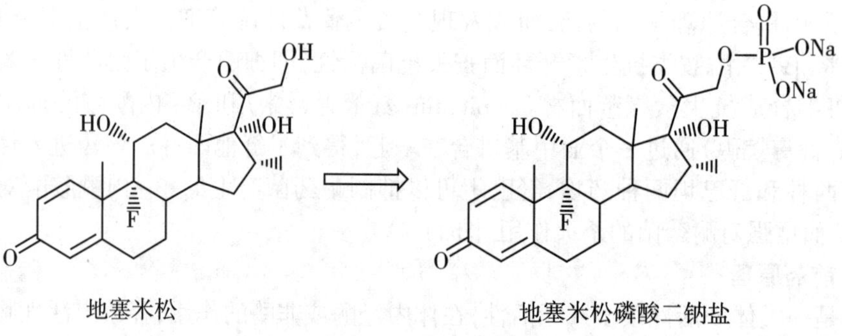

图 11-10 前药原理实例 1

红霉素是临床常用的一种大环内酯类抗生素,但存在胃肠道刺激和味苦等缺点。研究发现,将红霉素 5 位的氨基糖 2′ 位羟基制成各种酯的前药,可以改善一些缺点,如做成琥珀酸酯得到的琥乙红霉素(erythromycin ethylsuccinate)则无苦味,到体内水解后释放出红霉素而起作用,且在胃中稳定,可制成不同的口服剂型,供儿童和成人应用(图 11-11)。

(三)生物电子等排原理

生物电子等排这一术语是在电子等排概念基础上发展而来的。电子等排是指具有相同外层电子数目的不同分子或原子,其理化性质相似。众所周知,元素周期表中的同族元素最

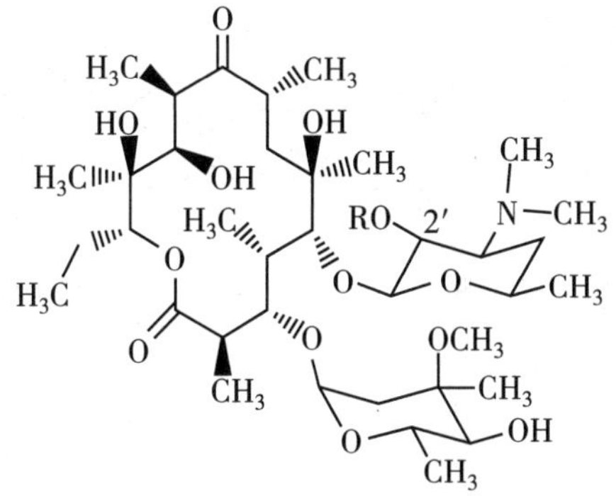

R＝H，红霉素

R＝—CO(CH₂)₂OCOCH₂CH₃，
琥乙红霉素

图 11-11 前药原理实例 2

外层的电子数相等，它们的理化性质都相似，后来把这个概念由元素扩大到分子与离子，提出"电子等排"的概念——相同原子数和价电子的类似性，如 N_2 与 CO，N_2O 与 CO_2，NO_3^- 与 CO_3^- 往往具有相似的理化性质。将电子等排概念应用到药物研发，就是所谓的生物电子等排，其含义是：凡具有相似的物理和化学性质，又能产生相似生物活性的基团或分子都称为"生物电子等排体"。

生物电子等排体可分为经典的和非经典的两大类，应用比较多的还是经典的。经典的生物电子等排体的形状、大小、外层电子数构型、价键、不饱和程度和芳香性等方面极其相似，非经典的则仅在 pK_a、静电势能、最高占有分子轨道及最低空缺分子轨道等相似。经典的生物电子等排可以分为一价、二价、三价、四价和环内等价等几类，见表 11-2。

表 11-2 经典的生物电子等排

一价等排体	—F、—Cl、—Br、—I、—CH₃、—OH、—NH₂、—SH、—PH₂
二价等排体	—CH₂—、—NH—、—O—、—S—、—Se—、—Te—
三价等排体	—N＝、—CH＝、—P＝、—As＝、—Sb＝
四价等排体	＝N⁺＝、＝C＝、＝P⁺＝、＝As⁺＝、＝Sb⁺＝
环内等排体	—CH＝CH—、—NH—、—O—、—S—、—CH₂—

生物电子等排原理是药物分子设计的常用方法之一，应用该原理将化合物结构中的取代基用其等排体替换得到的新化合物，往往有相似的生物活性，活性与原化合物比较可能会增强也可能会降低；但利用药物体内代谢的特点等知识，有意识地将化合物结构中容易被代谢或容易产生毒性的取代基用其生物电子等排体替代，往往可以得到在体内代谢稳定性、毒性和作用选择性方面有显著改善的化合物。例如最早从磺胺药物的不良反应发现的降血糖药物氨磺丁脲，用氨基的生物电子等排体甲基替代后得到甲苯磺丁脲，降血糖活性有较大提高，但甲苯磺丁脲中的甲基容易在体内发生代谢，作用时间较短。为了寻找效果更好、作用时间更长的药物，用难以代谢的电子等排体氯原子替代甲基，并将丁基改为丙基，得到氯磺丙脲，其作用时间更长，毒性也有所降低（图 11-12）。

在对头孢类抗生素的结构修饰中，将头孢类抗生素结构中的—S—用其电子等排体—CH₂—替代，得到碳头孢类化合物，其抗菌活性往往更强、抗菌谱也更广些，而且其代谢稳定性增强，如图 11-13 所示。

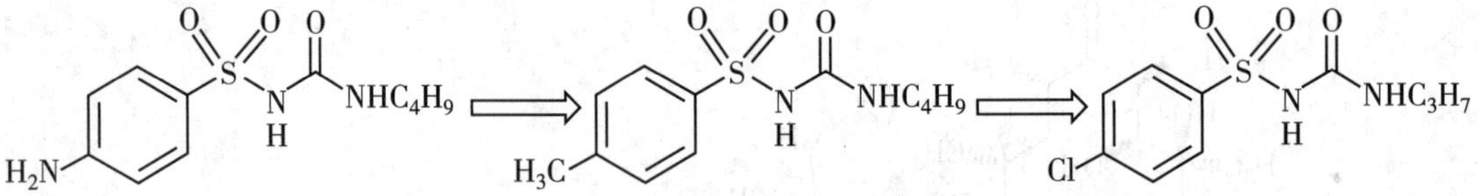

氨磺丁脲　　　　　　甲苯磺丁脲　　　　　　氯磺丙脲

图 11-12　生物电子等排原理实例 1

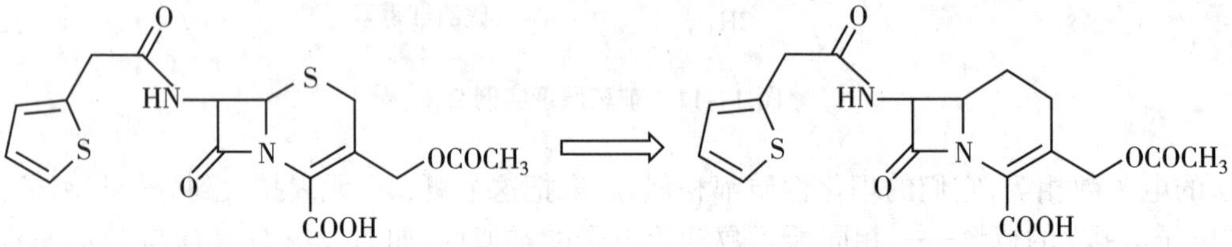

头孢噻吩　　　　　　　　　　　碳头孢噻吩

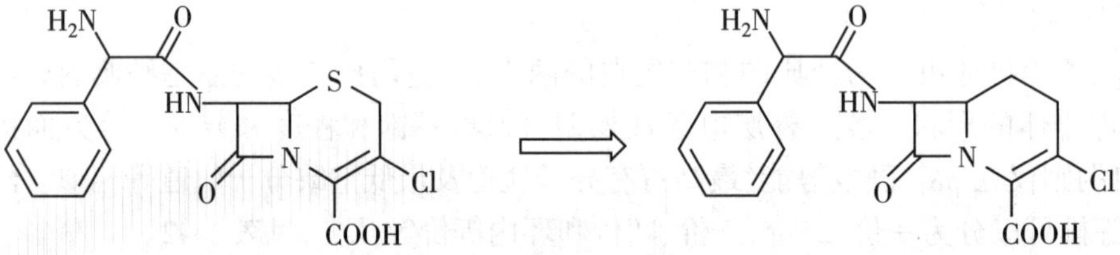

头孢克洛　　　　　　　　　　　氯碳头孢

图 11-13　生物电子等排原理实例 2 和 3

四、药学研究

药学研究又可分为药物化学、制剂学、药物分析(质量标准、稳定性等)研究几部分。

药物化学部分:合成工艺研究、结构确证、理化性质、规模化生产可行性、合理的成本价格、"三废(废水、废渣和废气)"的处理等。药物化学部分是药物临床前研究工作的起点,为后面的制剂、药理、毒理和临床研究提供合格的原料药。要设计或选择一条合理的合成路线,得到质量符合要求的原料药,要对拟申报药物的结构通过红外、紫外、元素分析、核磁共振波谱、质谱、X-衍射、热分析等进行确证,根据需要可能还要进行其他如比旋度、单晶 X-衍射等分析测定。对于多晶型的药物,不同的晶型其生物利用度往往会有差异,从而造成活性和毒性不同,因此,合成工艺要保证得到药用晶型。要对每步合成工艺进行优化,必须能满足工业化大生产需要,同时考虑降低成本,对一些毒性较大的溶剂、试剂需进行替换试验,在环保要求日益严格的今天,"三废"的处理显得尤为重要。

制剂学部分:目前制剂的种类很多,需要根据药物的特性、临床需要等制成合适的剂型,涉及选择什么剂型、制剂处方的筛选及制备工艺。评价制剂的依据主要有体外溶出度和生物利用度(3 个参数:达峰时间、达峰浓度、药时曲线下面积)。为临床提供有效性、安全性、稳定性、生物等效性、均匀性和适用性相统一的临床用制剂。中药制剂还包括原药材的来源、加工及炮制等的研究;生物制品还包括菌毒种、细胞株、生物组织等起始原材料的来源等。

药物分析部分:研究药物质量标准、稳定性研究、杂质研究、溶剂残留研究等,制定临床用药(原料与制剂)质量标准草案、提供合格的临床用制剂标准、生物制品还包括菌毒种、细胞株、生物组织等起始原材料的质量标准、保存条件、生物学特征、遗传稳定性及免疫学的研究等。这部分研究内容很多,我国法定的药品标准有 3 级,即国家药典、卫生部标准(部颁标准)和省、自治区、直辖市药品标准(地方标准)。质量标准内容主要有理化性质、含量、杂质、溶剂残留、微生物等,对制剂往往还需要检测溶出度、含量均匀度、热原等,在稳定性研究里,需要按要求考察强光、高温、高湿等因素对药物稳定性的影响;此外,还要考察直接接触药品的包装材料对药品的影响。

五、药理毒理学研究

药理学研究:分为主要药效学研究、一般药理学研究两部分。

主要药效学研究:该候选药物是治疗什么病的,即适应证。主要药效学研究应当采用体内、外两种以上试验方法获得证明,其中一种必须是整体的正常动物或动物病理模型,一类新药还必须有两种动物以上的实验方法证明其药效,必须按要求选择动物类型、年龄和性别,给药途径应该与临床应用途径一致,实验设计需符合统计学要求,即随机、对照、重复等。

一般药理学研究:主要药效学以外的药理研究,包括药动学和复方药效学。主要是候选药物对主要系统(神经、呼吸、心血管系统)的影响,由于药物进入人体,往往是分布在全身,需要研究候选药物对人体的全面作用,可以发现药物的不良反应,补充毒性观察的不足、了解其作用机制,同时,也可发现其新的用途或发现新的先导化合物。药动学研究是研究药物在动物体内的吸收、分布、代谢和排泄规律,测得药物血浆蛋白结合率、药时曲线、半衰期、最大血药浓度、达到最大血药浓度的时间及代谢产物等,对于化学药品的复方制剂,需要研究复方对药效学的影响。

毒理学部分:急性毒性、长期毒性(慢性毒性)、三致试验(致突变、致癌、致畸)、其他特殊毒性(如依赖性、刺激性、溶血性等)。动物急性毒性试验是指动物一次或 24 小时内多次给予受试物后,一定时间内所产生的毒性反应,往往采用两种啮齿类动物或一种啮齿类动物和一种非啮齿类动物,按要求进行试验,测试受试物的动物半数致死量(LD_{50})。长期毒性试验是通过重复给药的动物实验表征受试物的毒性作用,预测其可能对人体产生的不良反应,降低临床受试者和药品上市后使用人群的用药风险,是药物非临床安全性评价的核心内容,与急性毒性、生殖毒性及致癌性等毒理学研究有着密切关系,是候选药物从实验室研究进入临床试验的重要环节。一般化学药品长期毒性试验采用两种实验动物,一种为啮齿类,另一种为非啮齿类,至少设高、中、低剂量给药组和一个赋形剂对照组,根据受试物适应证的临床疗程,给药期限从 1 个月到 9 个月不等,按要求严格检测受试物对所试动物的毒性反应。

关于"三致"试验,对于育龄人群的药物,应当根据其适应证和作用特点等因素,进行致畸(生殖毒性)研究。对于临床预期连续用药 6 个月以上(含 6 个月)或治疗慢性复发性疾病而需经常间歇使用的药物、致突变阳性、新药或其代谢产物的结构与已知致癌物质的结构相似的、在长期毒性试验中发现有细胞毒作用或者对某些脏器、组织细胞生长有异常促进作用的,需要进行致癌性研究。所以,在药物致突变和致癌性研究,往往先进行致突变研究,如果药物致突变试验为阴性且不属于以上几种情况,则不需进行致癌试验。

对于经眼、耳、鼻、注射等非口服途径给药的产品,还需要研究对用药局部产生的毒性(如刺激性和过敏性等)和(或)对全身产生的毒性(如过敏性和溶血性等)。中枢神经系统类药物如镇痛药、抑制药、兴奋药以及人体对其化学结构具有依赖性倾向的新药,还需要进行依赖性试验研究。

六、临床试验与生物等效性试验

临床试验(生物等效性试验):候选药物经过系统规范的临床前研究及国家主管部门审批后,在临床按要求系统地对候选药物进行人体安全性和有效性的研究,临床试验分为Ⅰ、Ⅱ、Ⅲ期临床试验,有时国外一些药厂会进行Ⅳ期临床研究,各期研究内容和研究目的不同,见表11-3。

表11-3　临床试验分期

临床试验分期	病例数	主要研究内容和研究目的
Ⅰ期	健康受试者,20~100例,癌症化疗药物等,采用相应的患者	初步的人体安全性及临床药理学评价试验。主要考察安全性、人体药动学、人体生物利用度,为制定给药方案提供依据
Ⅱ期	患者,最低病例数为100例	治疗作用初步评价阶段。初步评价药物对目标适应证患者的治疗作用和安全性,也包括为Ⅲ期临床试验研究设计和给药剂量方案的确定提供依据
Ⅲ期	患者,最低病例数为300例	治疗作用确证阶段。进一步验证药物对目标适应证患者的治疗作用和安全性,评价利益与风险关系,最终为药物注册申请的审查提供充分的依据
Ⅳ期	患者,最低病例数为2000例	新药上市后应用研究阶段。考察大规模应用下药物的疗效和不良反应,评价在普通或者特殊人群中使用的利益与风险关系及改进给药剂量等

生物等效性试验,是指用生物利用度研究的方法,以药动学参数为指标,比较同一种药物的相同或者不同剂型的制剂,在相同的试验条件下,其活性成分吸收程度和速率有无统计学差异的人体试验。

不同类别药物的注册申请对临床试验或生物等效性试验的要求,可以参考《药品注册管理办法》。一般情况是注册分类1和2的化学药品,应当进行临床试验;分类3和4的化学药品,应当进行人体药动学研究和至少100对随机对照临床试验;分类5和6中的口服固体制剂的化学药品,应当进行生物等效性试验,一般为18~24例。难以进行生物等效性试验的口服固体制剂、其他非口服固体制剂、缓控释等特殊制剂和注射剂等品种,要求进行临床试验,多数为100例。

第四节　新药研发中的新技术与新方法

一、计算机辅助药物分子设计

计算机辅助药物设计(computer-aided drug design,CADD)是以计算机为工具,利用计算化学、分子图形学、统计学和数据库等技术,通过理论计算、模拟和预测药物与靶标生物大分子的相互作用,指导新型药物分子的设计与发现,以减少药物设计中的盲目性,缩短药物研发的周期。随着理论计算方法、分子图形学和蛋白质结构测定技术等的飞速发展，CADD 技术日益成为药物研究中非常重要的工具。根据靶标生物大分子的三维结构是否已知，计算机辅助药物设计可以分为直接设计法和间接设计法（图 11-14）。

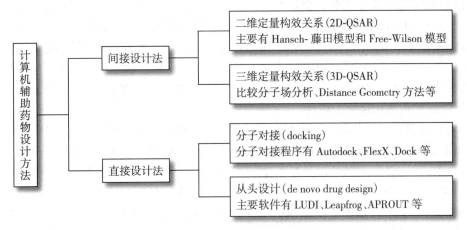

图 11-14　计算机辅助药物设计方法分类

所谓间接设计法，就是在不知道药物作用靶标的三维结构情况下，从一系列对该靶标有作用的药物（或化合物）出发，分析、归纳和总结构效关系，在计算机辅助下找出药效团，并依据药效团的特征，设计或发现新的活性分子。在药物设计研究早期，人们对靶标分子大多缺乏了解，基本都是采用这种间接设计方法。间接设计法主要有二维定量构效关系（2D-QSAR）和三维定量构效关系（3D-QSAR），要获得 QSAR，至少需要 3 个条件：化合物结构参数化，生物活性定量化或半定量化，结构与生物活性相关联的数学模型。

二维定量构效关系主要有 Hansch-藤田模型和 Free-Wilson 模型等。药物在体内的吸收、分布和与靶标分子的相互作用主要与药物的化学结构即其油/水分配系数、电性效应、立体效应等有关。1964 年，Hansch 和藤田两位科学家将有机化学中定量描述化学结构与反应速率常数或平衡常数的 Hammett 方程中方法应用到化合物化学结构与生物活性的定量关系上，他们认为化合物取代基对生物活性的影响主要是由其电性、油/水分配系数、立体性引起的，并且假设这 3 种效应彼此独立相加，从而提出了著名的 Hansch 方程：

$$\lg(1/C)=a\lg P+bE_s+c\sigma+d$$

式中，P 为取代基的油/水分配系数，σ 为 Hammett 常数，E_s 为 Taft 立体参数，d 为常数项，a、b、c 代表各项因素对活性贡献大小的系数（又称权重），与化合物和测定条件有关，C 为药物的摩尔浓度或摩尔剂量。

Hansch 方程对药物研究起到极大的推动作用，但也存在一些局限性，因此，后来又有不少研究者提出了不少理论进行改进。

药物与靶标分子的相互作用是在三维空间中进行的，二维定量构效关系虽然有立体参数，但只是利用了分子与基团的理化性质为结构参数，没有考虑化合物空间结构，基本是把化合物分子视为平面，以致在研究构效关系时遇到构型（如光学异构体和几何异构体）和构象问题的困扰。因此，在 20 世纪 80 年代，在化合物三维结构基础上进行的三维定量构效关系研究得到迅速发展。3D-QSAR 与 Hansch-藤田分析不同，不需要预先测定或计算化合物的理化性质或基团取代基常数，而是考察整体分子的性质。一般是首先确定分子活性构象，提取所研究系列化合物中共有的结构信息,进行定量构效关系分析:将这些化合物按一定的规则重叠起来,计算分子的性质参数,用数理方法寻找结构参数与生物活性的定量构效模型,再用三维图形显示出分子周围对活性有利和不利的区域,以指导化合物的设计与改造。比较重要的 3D-QSAR 方法有:比较分子场分析(comparative molecular field analysis,CoMFA 方法)、Distance Geometry 方法等。CoMFA 方法的主要原理是一组结构类似的化合物以同一种方式作用于一个靶标,药物与靶标的作用是可逆的、非共价键结合的弱作用力,其生物活性取决于化合物周围静电场、范德华力场、氢键场等分子场的差别,通过数学方法建立化合物生物活性与化合物周围这些力场空间分布之间关系的模型。在靶标三维结构未知的情况下,可以较好地预测化合物的活性。

所谓直接设计法,就是在靶标生物大分子的三维结构已知的情况下,以其三维结构为基础,借助 X- 晶体衍射、多维核磁共振或同源蛋白模建靶标或靶标 - 配体复合物的三维结构及其数据,经计算机图形学设计出从空间形状和化学性质两方面都能很好地与靶标分子"结合口袋"相匹配的药物分子,这种方法就像根据"锁"的形状来配"钥匙"一样。随着细胞生物学、分子生物学和多维核磁共振的发展与应用,越来越多的药物作用靶标分子被确定及三维结构被阐明,直接药物设计已逐渐成为药物设计研究的主要方法。直接药物设计方法可以分为分子对接(docking)和从头设计(de novo drug design,全新药物设计)。

分子对接是分子模拟的一种方法,通过研究药物小分子(又称配体)与生物大分子(受体)的相互作用,确定受体的活性位点、对配体分子的空间要求(形状和大小)和电性特征(正负电荷、偶极和氢键等),预测其结合模式和亲和力,从中找出与靶标分子结合最佳的化合物分子,即对化合物进行虚拟筛选,然后通过合成等方法获得结合最佳的分子结构化合物实物,再进行一系列的活性测试。目前应用较为广泛的分子对接程序有 Autodock、FlexX、Dock 等。

从头药物设计或全新药物设计是根据靶标分子活性部位的形状和性质要求,由计算机自动构建出形状、性质互补的分子,这个分子可能是已知的或想象出的,筛选过程犹如对一把已知构造的锁配一(或数)把钥匙。全新药物设计方法按药物分子构建时所用基本构建单元的不同,主要分为自动分子模板定位法、原子生长法、分子碎片法等,其中以分子碎片法为主,根据形成分子方式的不同,分子碎片法可以分为碎片生长法和碎片连接法。碎片生长法首先从靶标分子的结合腔穴的一端开始,逐渐增大药物分子结构,在增大过程中,需对每次增加的片段(取代基)种类及其方位进行计算比较,选择最佳的片段,然后再进行下一步延伸,直至完成。碎片连接法是先根据靶标活性位点的特征,在其结合口袋腔穴中相应的位点放置若干个相匹配的片段,然后再用合适的连接片段将这些片段连接成一个完整的分子。全新药物设计整个过程可以分为如下几方面:①靶标活性位点的确定,计算活性位点的各种势场和关键功能残基的分布;②结构的生成,即采用不同的策略把基本构建片段放置在活性位点中并生成完整分子;③计算生成的新分子与靶标的结合能,预测其生物活性,以期发现先导化合物。目前这方面有关的软件有不少,主要软件有 LUDI、Leapfrog、APROUT 等。

二、高通量药物筛选

高通量筛选(high throughput screening,HTS)技术是指运用自动化的筛选系统,在短时间内、在特定的筛选模型上完成数以千计甚至万计化合物样品的活性测试,以期发现先导化合物。一般而言,日筛选能力应在 10 000 次以上方可称为高通量筛选,其特点是微量、快速、灵敏和经济等。高通量筛选主要由以下五部分组成:自动化操作系统;高灵敏度检测系统;分子、细胞水平的高特异性体外筛选模型;样品库和数据处理系统。从这 5 个组成部分可以看出,要建立高通量筛选系统,首先要针对某一特定靶点,设计一种生物活性检测方法并使之适用于自动化操作。另外,需要化合物样品库,事实上,高通量药物筛选技术是随着组合化学的发展而发展起来的,组合化学技术往往能在短时间内合成大量化合物,然后通过高通量筛选,寻找先导化合物。

三、组合化学

组合化学(combinatorial chemistry)是 20 世纪 80 年代末发展起来的一种合成策略,是在固相多肽合成技术的基础上发展起来的,是将化学合成、组合理论、计算机辅助设计及机械手相结合,将不同构建模块用巧妙构思,根据组合原理,系统反复连接,在短时间内构建具有分子多样性的化合物库。在不进行混合物的分离情况下,结合高通量筛选等群集筛选技术,找出其中具有生物活性的化合物,再确定活性化合物的结构,对没有活性的大量化合物就不做分离和结构确证工作,这样可以节约大量的人力物力。组合化学主要用于新药(包括农药、兽药等)研究与开发中先导化合物的发现,在新材料开发等领域也有着广泛的应用。

组合化学研究的三个基本阶段如下。

(1) 分子多样性化学库的合成:包括设计模板分子、研究和优化组合合成方法、选择构建单元、规定化学库的容量、保证化学库的再生、寻求化学库的质量监控方法及优化条件、完成自动化合成等。

(2) 群集筛选:设定液相或固相筛选方法,即合成产物是挂在树脂上还是切落于溶液中进行筛选;选择筛选模型,包括细胞功能性筛选,受体、抗体、基因表达蛋白筛选,采用的指示方法如染料染色、荧光标记、放射性核素标记及自动化筛选等。

(3) 化学库解析、译码:即确认活性分子结构。

化学库的合成技术主要有同步合成技术、混合 - 裂分技术等。

在同步合成法中,所有的产物都是在单独的反应容器中分别合成的。该方法的主要优点是便于纯化,很容易确定活性化合物。但其所需的时间与化合物的数目成正比,当要合成的化合物数目增加一倍,相应的合成时间也增加一倍。虽然现在可以利用机器人协助进行同步合成工作,但无法改变合成时间与化合物数目的这一比例关系。因此,同步合成法主要用于合成规模较小的化学库。

与同步合成法不同,混合 - 裂分技术是由同一容器来产生具有结构相似性的化合物,因此,显著地减少了所需的容器数以及相应的反应时间,所以混合 - 裂分法能够用于合成规模达几百万的化学库。但随后的集群筛选和活性化合物的确定相对较困难。

组合化学常被认为是一种非合理的药物设计方法,即通过增加化合物库中的数量来增加得到活性化合物的概率。但是,如果盲目合成大量的化合物,势必增加许多合成和药理筛选的费用和时间,如果库的质量不高,未必能得到预期的结果。因此,目前组合化学发展的一种趋势是和合理药物设计结合起来,通过分子模拟和理论计算方法合理地设计化合物库,在增加库中化合物多样性的同时适当减少库化合物的数量、提高库的质量。目前的研究趋势是根据受体生物大分子结合位点的三维结构设计集中库(focus library),以期提高组合化学物库的质量和筛选效率。

四、纳米药物技术

纳米技术是 1981 年扫描隧道显微镜发明后发展起来的,是在纳米尺度(0.1~100nm)下对物质进行制备研究和工业化,利用纳米尺度物质进行交叉研究和工业化的一门综合性的技术体系。1993 年,第一届国际纳米技术大会(INTC)在美国召开,纳米技术划分为 6 大分支:纳米物理学、纳米生物学、纳米化学、纳米电子学、纳米加工技术和纳米计量学。物质制备成纳米粒子,其比表面积大、表面活性中心多、表面反应活性高,其很多理化性质会发生改变,如溶解性、吸附能力、磁性、导电性等。

药剂学领域中纳米粒子的研究早于纳米技术概念的出现,20 世纪 70 年代即已经对纳米脂质体、聚合物纳米囊和纳米球等多种纳米载体进行了研究,在药物传输系统领域一般将纳米粒的尺寸界定在 1~1000nm。目前,纳米类药物大体可以分为两类,一类为纳米载体,指溶解或分散有药物的各种纳米粒如纳米脂质体、纳米脂质微粒、聚合物纳米囊、纳米球及聚合物胶束等,主要用于建立缓控释系统;另一类为纳米药物,即直接将原料药加工成纳米粒,在表面活性剂和水等附加剂存在的条件下,直接将药物粉碎加工成纳米混悬剂,适合于包括口服、注射等途径给药以提高吸收或靶向性,通过对附加剂的选择可以得到表面性质不同的微粒,特别适合于大剂量难溶性药物的口服吸收和注射给药。也有根据特性,将纳米类药物分为磁性、温度敏感性、pH 敏感性、光敏感性、免疫等纳米药物。

纳米药物的主要优势:

(1) 纳米药物载体可以进入毛细血管,在血液循环系统自由流动,还可穿过细胞,被组织与细胞以胞饮的方式吸收,提高生物利用度。

(2) 纳米载体的比表面积高,水溶性差的药物在纳米载体中的溶解度相对较高,可以克服常规方法难以解决的制剂难题。

(3) 纳米载体经特殊加工可以制成靶向定位系统,增加药效、降低药物不良反应,如磁性载体纳米粒等。

(4) 延长药物的体内半衰期,藉由控制聚合物在体内的降解速率,能使半衰期较短的药物维持一定的有效血药浓度,可改善疗效及降低不良反应,减少患者服药次数。

(5) 可消除特殊生物屏障对药物作用的限制,如血脑屏障、血眼屏障及细胞生物膜屏障等,纳米载体微粒可穿过这些屏障发挥疗效。

五、药物作用靶点

药物作用靶点是生物机体内能够与特定药物特异性结合并调节生理功能,从而产生治疗疾病的生物大分子或生物分子结构。研究某种疾病的发病机制,寻找影响该疾病发生及发展的关键性因素是包括分子生物学在内的基础医学研究内容,也是广义上新药研究与开发的药物作用靶点的发现与确证。

目前已经发现的药物作用靶点约有 500 个,可以分为受体、酶、离子通道、核酸、糖等。现有药物中,以受体为作用靶点的药物超过 50%,是最主要和最重要的作用靶点;以酶为作用靶点的药物超过 20%;以离子通道为作用靶点的药物约占 6%;以核酸为作用靶点的药物仅占 3%;其余近 20% 药物的作用靶点尚待研究发现。

(1) 受体(receptor):是一类介导细胞信号转导的功能性蛋白质,与内源性、外源性配基相互作用,通过信息放大系统,触发后续的生理或药理效应。以受体为作用靶点的药物习惯上称为激动药或拮抗药。激动药按其活性大小可分为完全激动药和部分激动药,拮抗药分为竞争性拮抗药和非竞争性拮抗药。竞争性拮抗药与激动药同时应用时,能与激动药竞争与受体的结合,降低激动药与受体的亲和力,但不降低内在活性;非竞争性拮抗药与激动药同时应用时,既降低激动药与受体的亲和力,又降低内在活性。受体的类型主要包括:①G 蛋白偶联受体,是鸟苷酸结合调节蛋白的简称,大多数受体属于此种类型。诸多神经递质和激素受体需要 G 蛋白介导细胞作用,例如 M 型乙酰胆碱、肾上腺素、多巴胺、5-羟色胺、嘌呤类、阿片类、前列腺素、多肽激素等。②门控离子通道型受体,存在于快速反应细胞膜上,受体激动时导致离子通道开放,细胞膜去极化或超极化,引起兴奋或抑制。N 型乙酰胆碱、γ-氨基丁酸(GABA)、天冬氨酸等属于此类受体。③酪氨酸激活性受体,例如上皮生长因子、血小板生长因子和一些淋巴因子等。④细胞内受体,例如甾体激素、甲状腺素等。

(2) 酶:是由活细胞合成的对特异底物高效催化的蛋白质,是体内生化反应的重要催化剂。此类药物多为酶抑制剂,酶抑制剂一般对靶酶具有高度的亲和力和特异性。全球销量排名前 20 位的药物中,就有 50% 是酶抑制剂。如羟甲戊二酰辅酶 A(HMG-CoA)还原酶抑制剂氟伐他汀、瑞苏伐他汀等因具有良好的血脂调节作用,其年销售额都在几十亿甚至上百亿美元。

(3) 离子通道:是细胞膜上的蛋白质小孔,属于跨膜的生物大分子,具有离子泵的作用,可选择性地允许某种离子出入,离子经过通道内流或外流跨膜转运,产生和传输信息,成为生命活动的重要过程,以此调节多种生理功能。机体内的钙、钠、钾、氯等离子都有相应的通道。离子通道药物分为激活剂、拮抗剂、调节剂等。

(4) 核酸:包括 DNA 和 RNA,是指导蛋白质合成和控制细胞分裂的生命物质。干扰或阻断细菌、病毒和肿瘤细胞增殖的基础物质核酸的合成,就能有效地杀灭或抑制细菌、病菌和肿瘤细胞。以核酸为作用靶点的药物主要包括一些抗生素、抗病毒药、喹诺酮类抗菌药、抗肿瘤药等。该类药物可以分为直接作用于 DNA、干扰 DNA 合成、干扰 RNA 合成和反义寡核苷酸等。

(5) 糖:其结构的专属性和特异性使糖类物质成为天生的精密信息包载体,适合生化上重要的细胞识别功能和信号传递作用,如细胞间的黏附、信号转导、肿瘤转移、细菌和病毒感染往往通过细胞表面的糖链介导。虽然目前以糖为靶点的药物还很少,但这是未来药物研究发展的一个方向。

六、生物芯片技术

生物芯片技术是指通过微加工技术和微电子技术在固相基质表面构建的微型生物化学分析系统,以实现对生命机体的组织、细胞、蛋白质、核酸、糖类以及其他生物组分的准确、快速与大信息量的检测。生物芯片技术是生命科学研究中继基因克隆技术、基因自动测序技术、PCR 技术后的又一次革命性技术突破,已应用于分子生物学,疾病的预防、诊断和治疗,新药开发,生物武器的研制,司法鉴定,环境污染监测和食品卫生监督等诸多领域。根据探针分子的不同、研究对象的差异和制作工艺的发展,可以将生物芯片分为以下几种:基因芯片、蛋白质芯片、组织芯片、细胞芯片、糖芯片、微流路芯片和芯片实验室。

生物芯片技术在新药研究与开发的应用主要有药物作用靶点的发现、药物作用机制研究、超高通量筛选平台应用于新药筛选、疫苗研制、中药安全性的检测、中药材品质的检测、药物基因组学、耐药性分析、个体药物研究等。目前国外几乎所有的大型制药公司都不约而同地采用了生物芯片技术。我国在该领域虽然起步较晚,但潜力较大,生物芯片技术的应用将加速我国创新药物的研究与开发以及中医药现代化研究。

思 考 题

1. 先导化合物的定义是什么?
2. 先导化合物获得的主要途径有哪些?
3. 先导化合物优化方法主要有哪些?
4. 生物电子等排体的含义是什么?
5. 新药申报资料分为哪几部分?
6. 合理药物设计的概念是什么?

(陈国良)

主要参考文献

1. (美)Jie Jack Li. 药物考——发明之道[M]. 邓卫平, 游书力, 译. 上海: 华东理工大学出版社, 2007

2. 宋航. 制药工程技术概论[M]. 北京: 化学工业出版社, 2013

3. (美)钱德勒. 塑造工业时代: 现代化学工业和制药工业的非凡历程[M]. 罗仲伟译. 北京: 华夏出版社, 2006

4. (美)欧阳莹之(Auyang S Y). 工程学——无尽的前沿[M]. 李啸虎, 吴新忠, 闫宏秀, 译. 上海: 上海科技教育出版社, 2008

5. 嵇耀武. 工艺设计有机物合成的关键[M]. 长春: 吉林大学出版社, 1989

6. 荣国斌. 高等有机化学基础[M]. 上海: 华东理工大学出版社, 2009

7. 吴毓林, 姚祝军. 现代有机合成化学——选择性有机合成反应和复杂有机合成设计[M]. 北京: 科学出版社, 2002

8. 刘汉卿. 中药药剂学(含中药炮制学)[M]. 北京: 中国医药科技出版社, 2000

9. 陈平. 中药制药工艺与设计[M]. 北京: 化学工业出版社, 2009

10. 齐香君. 现代生物制药工艺学[M]. 北京: 化学工业出版社, 2010

11. 严希康. 生物物质分离工程[M]. 北京: 化学工业出版社, 2010

12. 朱盛山. 药物制剂工程[M]. 北京: 化学工业出版社, 2003

13. 崔福德. 药剂学[M]. 北京: 人民卫生出版社, 2007

14. 朱艳华. 药物制剂技术[M]. 北京: 中国轻工业出版社, 2013

15. 李萍, 贡济宇. 中药分析学[M]. 北京: 中国中医药出版社, 2012

16. 曾苏. 药物分析学[M]. 北京: 高等教育出版社, 2008

17. 王志祥. 制药工程学[M]. 北京: 化学工业出版社, 2003

18. 程景才. 药品生产管理规范与质量保证[M]. 南京: 南京大学出版社, 1989

19. (美)James Agalloco, Frederick J Carleton. 顾维军主编. 制药工艺的验证[M]. 北京: 中国质检出版社, 2012

20. 杨三可, 李白玉, 汤仁恒. 微反应器在化工行业中的应用[J]. 化工技术与开发, 2012, (12): 24-27

21. Sabine Mühlenkamp. 一次性生产设备在生物制药中的应用[J]. 流程工业, 2007, (2): 87-90

22. 周伟澄. 高等药物化学选论[M]. 北京: 化学工业出版社, 2006

23. 仇缀百. 药物设计学[M]. 北京: 高等教育出版社, 1999